水文水资源监测与评价应用技术论文集

Proceeding of Applied Technology
of Hydrology & Water Resources Monitoring
and Evaluation

主编 ◎ 英爱文　章树安
　　　　孙　龙　刘庆涛

河海大学出版社
HOHAI UNIVERSITY PRESS
·南京·

图书在版编目(CIP)数据

水文水资源监测与评价应用技术论文集 / 英爱文等主
编. — 南京 ：河海大学出版社，2020.5
ISBN 978-7-5630-6315-4

Ⅰ. ①水… Ⅱ. ①英… Ⅲ. ①水文学－文集②水资源
－文集 Ⅳ. ①P33-53②TV211.1-53

中国版本图书馆 CIP 数据核字(2020)第 045744 号

书　　名	水文水资源监测与评价应用技术论文集	
	SHUIWEN SHUIZIYUAN JIANCE YU PINGJIA YINGYONG JISHU LUNWENJI	
书　　号	ISBN 978-7-5630-6315-4	
责任编辑	章玉霞	
责任校对	齐　岩	
装帧设计	徐娟娟	
出版发行	河海大学出版社	
地　　址	南京市西康路 1 号(邮编：210098)	
电　　话	(025)83737852(总编室)　　(025)83722833(营销部)　　(025)83787746(编辑室)	
经　　销	江苏省新华发行集团有限公司	
排　　版	南京布克文化发展有限公司	
印　　刷	虎彩印艺股份有限公司	
开　　本	787 毫米×1092 毫米　1/16	
印　　张	19	
字　　数	496 千字	
版　　次	2020 年 5 月第 1 版	
印　　次	2020 年 5 月第 1 次印刷	
定　　价	198.00 元	

序

我国水资源时空分布不均,与人口、经济发展以及土地资源等不相匹配,需要通过水资源的时空合理调配及实施最严格的水资源管理制度才能满足经济社会发展和生态环境改善需求。而我国的水资源管理涉及城乡生活、工业供水、农业灌溉、发电、防洪和生态环境等诸多方面,与之相应的水资源监测同样是问题复杂、难度大。此外,水资源合理调配及严格管理的重要基础是科学动态的水资源评价。因此,开展水文水资源监测与评价是水资源精细化管理与科学化调度,保障我国粮食安全、供水安全、经济安全、生态安全和能源安全的基础性工作,是实现水资源可持续利用的重要技术支撑。

现阶段,水资源监测较传统的水文监测有如下转变:从监测自然水要素向监测自然水要素和社会水要素并重转变,从过去的流域水系一条线向流域和行政相结合转变,从以驻测、巡测人工监测为主向自动化和信息化监测转变,因此需要不断完善水资源监测站网,不断提高水资源监测现代化技术水平。传统水资源评价主要是服务于水资源规划配置的年尺度评价,而随着人类活动对自然水循环影响程度的加深和全球水危机的加重,对水资源评价时效性与准确性的需求不断提高;并且随着社会和行业信息化建设的不断推进,日益丰富的数据源将改变水资源评价中天然与水资源开发利用过程的信息耦合方式,因此,传统的侧重于统计数据的年尺度静态评价,正在逐渐向基于多源信息的月尺度水资源动态评价转变。

为总结凝练当前水文水资源监测评价新技术、新方法以及国家地下水监测工程、全国水资源调查评价等项目成果,水利部信息中心(水利部水文水资源监测预报中心)组织出版了《水文水资源监测与评价应用技术论文集》。

本论文征集得到了国内相关水利部门和广大科研人员的热烈支持和积极响应,共征集出版论文38篇,分3个栏目,其中监测技术类10篇、分析评价类14篇、专题研究类14篇。这些论文既有对新技术和新方法的总结和凝练,又有对区域水资源规律性、趋势性问题的分析、研判和总结,反映出当前水文水资源监测评价的新情势、新变化和新特点。论文的作者大多来自生产一线,既有经验丰富的专家、学者,又有许多新崛起的中青年业务骨干。

本论文集涉及地表水和地下水水量水质的科技成果、数据处理技术、分析评价方法、图集制作、预测模型技术、系统建设经验、专题实验研究等诸多方面,内容广泛,读者可通过论文集了解水文水资源监测评价的新技术、新方法，对于水文水资源工作者、高等院校相关专业的师生、水文水资源领域相关的科研人员来说是一本有价值的参考资料。由于论文集征稿、编辑、出版的时间较为仓促，可能存在不足和差错，请予以理解，并恳请批评指正。

本论文集在出版过程中，河海大学吴志勇、张珂、姚成、王军、高成老师，对每篇论文进行了认真审阅，提出了很多宝贵的修改意见，提高了该书的质量，在此对几位老师做出的辛勤劳动，表示衷心的感谢。

章树安

2020 年 4 月 15 日

目　　录

监测技术

分析评价

专题研究

监测技术

对我国地下水监测技术发展的几点思考

章树安[1]，章雨乾[2]

(1. 水利部国家地下水监测中心，北京　100053；2. 中国水权交易所，北京　100053)

摘　要：本文概述了地下水监测的重要性，从三个方面简介了我国地下水监测现状；对目前我国常用的地下水监测仪器设备就测量原理和结构进行了较为详细的介绍；着重对地下水水位监测精度、地下水水质采样与检测、地下水水量监测等进行了探讨与分析，并提出了相应的技术研究发展方向。

关键词：地下水；监测技术；发展；思考

1　地下水监测重要性的基本认识

地下水是水资源的重要组成部分，是北方地区重要的供水水源，是维护生态环境系统的重要影响因子，其作用无可替代。受我国自然地理、气候特征和人类活动影响，目前我国还存在着水资源短缺、水环境污染、水生态受损等主要水问题，特别是在我国北方地区由于地下水的不合理开发，引发了区域地下水水位持续下降、地面沉降、海水入侵、泉流量锐减、植被退化等一系列生态环境问题。

地下水监测是掌握地下水水位(埋深)、水温、水质、水量等动态要素，研究其变化规律的一项长期性、基础性工作；是分析评价地下水资源、制定合理开发利用与有效保护措施、减轻和防治地下水污染及其相关生态环境等问题的重要基础。

加强地下水监测是贯彻落实新时代党中央重要治水思路，实施最严格的水资源管理，加强水生态文明建设，保障国家水安全的战略性、基础性、长期性工作。

2　我国地下水监测现状

2.1　地下水监测发展历程

(1) 据统计，2015 年以前水利系统共有地下水基本监测站点约 16 000 处，主要集中在我国北方地区，南方地区基本空白；大部分监测站点主要利用生产井、民井，委托观测人员进行人工观测，采用的测量工具主要是测钟，监测要素主要为埋深；监测频次以五日为主，部分站也有每日观测和十日观测；以信件、电话等方式报送信息。这种监测方式监测频次低、时效性差，利用生产井监测受动水位影响，其精度也较差。总的来说，地下水监测工作基础差、专业技术人员少、机构不完善。

(2) 在此期间，随着管理需求的提高，以前的人工监测方式难以满足管理应用需要，北京、天津、山西、河南、辽宁等地开始尝试建设部分地下水自动监测站，新建了部分监测专用井,采用分体式自动测报方式建设地下水监测系统,解决了上述部分问题,但监测要素主要为水位(埋深),要素较单一。受当时技术条件限制,其自动测报系统稳定性较差,监测仪器设备故障率较高。

(3)随着 2015 年国家地下水监测工程开工建设,以及国家水资源监控能力项目一、二期工程建设,目前可实现地下水水位(埋深)、水温、水量自动监测,部分站实现了水质自动监测。

2.2 地下水监测主要技术要求

GB/T 51040—2014《地下水监测工程技术规范》,对水位(埋深)、水质、水量、水温等要素的监测基本要求见表1。

表 1 地下水监测要素与主要技术要求

监测要素	监测频次	监测精度
水位(埋深)	实行自动监测的基本监测站每日 6 次,未实现自动监测的基本监测站每日监测 1 次; 普通水位站每 5 日 1 次; 水位统测站每年监测 3 次	±2 cm
水质	水质基本站每年丰、枯水期各采样检测 1 次; 自动监测仪器每天至少监测 1 次	
水量	包括开采量和泉流量。可采用人工、自动、调查方式,监测信息按月进行统计	
水温	自动监测频次同水位监测频次,人工监测每年监测 4 次	0.4℃

2.3 主要监测技术方法

(1)水位(埋深)。人工监测主要包括测绳、测钟、悬锤式水位计、钢卷尺等;半自动监测主要是指可模拟或数值记录,但不能自动传输的仪器设备,如传统浮子水位计,可模拟记录,但无 RTU;自动监测主要是指可实现数值记录和自动传输仪器设备,如浮子水位计、压力式水位计和 RTU。

(2)水质。主要依靠人工采样,送至水质实验室检测,其采样方法有抽水、贝勒管等方式;部分水质指标可采用水质分析仪在现场获取,也可采用电极法等方法实现部分参数自动监测。

(3)水量。泉流量一般可采用堰槽法、流速仪法、水位-流量关系曲线等方法监测;开采量一般可采用调查统计法,如用水定额、普通水表等;自动测量,如采用水工建筑物、超声流量计、电磁流量计等;间接测量,如采用电量转换法、油量转换法等。

(4)水温。人工监测一般采用玻璃温度计、数字式温度计等;自动监测可采用独立传感器和RTU,也可用集成传感器:水位、水温、pH、电导率等水质参数和RTU实现水温自动监测。

3 常用的水位(埋深)测量仪器设备概述

人工观测地下水水位时,由于水面在地下深处,不可能像地表水那样直接看到水面,读取水尺水位;而必须使用地下水水位测量工具或仪器,通过相应测具和仪器接触或感应地下水水面,从而测得埋深。按应用测具和仪器的不同,人工测量地下水水位分为以下几种方式:

（1）用测钟测量地下水水位。

（2）用悬锤式（地下水）水位计测量地下水水位。

（3）用钢卷尺水痕法测量地下水水位。

（4）用测压气管法（压力法）测量地下水水位。

还可能运用一些并不正规的简单方法,如在浅井中使用浮子法。用测绳系一较重浮子放入测井,凭手感使浮子漂浮在地下水水面上,拉直测绳,测量地下水埋深。国内水文部门普遍运用的方法是用测钟测量地下水水位,以及用悬锤式水位计测量地下水水位。钢卷尺水痕法、悬锤式水位计、测压气管法（压力法）等方法是国际标准 ISO21 413《人工测量测井中地下水水位的方法》推荐的方法。

3.1 测钟

测钟也称为测盅,是最早使用的地下水水位测具,见图 1。测钟钟体是长约 10 cm 的钟形薄壁金属中空圆筒,直径数厘米,圆筒一端开口,另一端封闭,类似一个倒放的酒盅,也呈"钟"型。封闭端用牢固、稳定的连接方法系测绳,开口端向下。测钟端口平整,外部涂有油漆防腐。

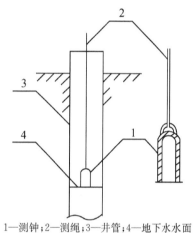

1—测钟;2—测绳;3—井管;4—地下水水面

图 1　测钟测量地下水水位原理示意图

测钟具有一定重量,可以拉直测绳,也有利于下放时测量人员的手感掌握。钟体应经过简单的机械加工,以保证其形状正规、对称、钟口平整。测钟宜用钢质材料制造,涂以油漆防蚀,实际上多用铁质材料铸造,防腐性能较差。目前测钟都是定制加工产品,无工业化产品,这导致有的形状不正规、不对称、钟口不平整,可能影响测量效果;所用的测绳也不一定是正规测绳产品。其主要特点是加工简单、价格便宜,但精度较差。

图 2　悬锤式水位计外形图

3.2 悬锤式水位计

悬锤式水位计（Electric Tape）是国内测量地下水水位普遍应用的人工测量方法,也是国际标准《测井中地下水水位的人工测量方法》所推荐的应用方法之一。

这种地下水水位测量设备常被称为"电接触悬锤式水尺""悬锤式电水尺""悬锤式水尺""水位测尺""电测尺"等。在国际标准中的名称是"Electric Tape",是电水位测尺的意思。在以前的国际标准中其名称是"Wire Weight Gauge",主要用于地表水水位测量,当时这种产品并不是都有电接触信号产生装置,他是通过人工观察测深锤是否接触地表水水面的方法来判读水位的。

用于地下水埋深测量的悬锤式水位计都具有接触水面时产生电信号的功能。仪器由水位测锤、测尺、水面信号发生器(音响、灯光、指针偏转形式)、电源、测尺收放盘、机架组成,见图2。

3.3　钢卷尺水痕法

这是国际标准推荐的地下水水位人工测量方法之一。

仪器结构类似于悬锤式水位计,但是其测锤只是一个细长金属重锤,没有触点。测尺是一个黑色不锈钢卷尺,没有附着的导线,也没有塑料覆盖层,卷尺上有分辨力为厘米或毫米的刻度。

测量时宜使用镀黑色铬的钢卷尺,因为在黑色钢卷尺上涂上色粉后,容易区分出水在色粉上的痕迹,一个可分离的测锤系挂在卷尺端的环上,系绳的强度足以悬吊测锤,但其牢度不能大于钢卷尺。如果测锤在井下被挂、卡住,当用力向上拉时,如力量太大,系绳将先被拉断,钢卷尺则可以完整地拉上井,这样只损失了测锤。测锤可用黄铜、不锈钢或铸铁制造。钢卷尺测量原理示意图见图3。

3.4　自流井(有压井)水位测量

有压自流井中的地下水能自动流出井口,其地下水水位具有高出地面的压力水头。测量地下水水位,实际上是测量该测井中压力水头的高度,它们都是高出地面高程(LSD)的,也高于井口固定点标志(MP)。以地面高程或井口固定点标志为基准,自流井的地下水水位(压力水头)"埋深"值一般取为负值。下述方法被国际标准推荐使用,用于有压自流井的地下水水位测量,其测量基本原理示意图见图4。

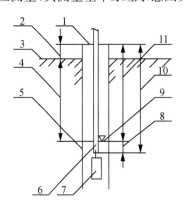

1—水位测量基准,井管端面(MP点);2—MP离地面距离(MP修正值0.85 m);3—地面高程(LSD);4—以地面为基准的埋深(12.85 m);5—井管;6—测量钢尺;7—重锤;8—水痕长度(1.3 m);9—地下水位;10—MP处的测量钢尺长度(15 m);11—以井管截面MP为基准的地下水埋深(13.7 m)

说明:11＝10-8;4＝11-2

图3　钢卷尺测量原理示意图

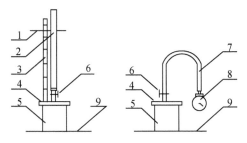

1—水柱面;2—水柱软管;3—标尺;4—水位测量基准(MP);5—井管;6—控制阀;7—压力管;8—压力表;9—地面高程(LSD)

图4　自流井测量基本原理示意图

3.5　浮子式地下水水位计

3.5.1　浮子式地下水水位计的原理

浮子式地下水水位计和测量地表水水位用的浮子式水位计的原理相同。用浮子感应水位,浮子漂浮在水位井内,随水位升降而升降,浮子上的悬索绕过水位轮,可能悬挂一平衡锤,也可能采用自收缆索装置代替平衡锤,自动控制悬索的位移和张紧。悬索在水位升降时带动水位轮旋转,从而将水位的升降转换为水位轮的旋转。浮子式水位计水位感应示意图见图5。

用模拟划线记录水位过程的浮子式水位计,水位轮能够带动一个传统的水位划线记录装置记下水位过程。用于自动化系统或数字记录的浮子式水位计,水位轮的旋转通过机械传动使水位编码器轴转动。其结果是一定的水位或水位变化使水位编码器处于一定的位置或位置发生一定的变化。水位编码器将对应于水位的编码器机械位置转换成电信号输出,达到编码目的。此水位编码信号可以直接用于水位遥测。同时水位轮仍可带动一个传统的水位划线记录装置记下水位过程,或者用数字式记录器(固态存储器)记下水位编码器的水位信号输出。

3.5.2 浮子式地下水水位计的结构

浮子式地下水水位计的基本结构和测量地表水水位用的浮子式水位计相同,有浮子、悬索、水位轮系统,一般也有平衡锤,或者用自收悬索机构取代平衡锤。浮子式遥测地下水水位计由水位感应部分、水位传动部分、水位编码器组成。功能完善的浮子式地下水水位计由水位感应部分、水位传动部分、水位编码器、水位记录存储(固态存储)部分组成,见图6。

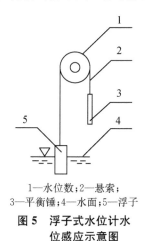

1—水位数;2—悬索;
3—平衡锤;4—水面;5—浮子

**图5 浮子式水位计水
位感应示意图**

**图6 一体化浮子水位计
结构外形图**

3.6 压力式地下水水位计

3.6.1 压力式水位计的原理

压力式水位计可用于地表水和地下水的水位测量,两者原理和结构基本相同。用于地下水水位测量的压力式水位计也可以用于地表水水位测量。

通过测量水下某一固定点的静水压强,再根据水体容重,得到该固定点的水深,从而得到当时的水位。其基本原理和人工测量地下水水位中的"测压气管法"原理相同。但作为一种自动测量水位的压力式水位计,其测压方法、原理有多种形式。

3.6.2 压力式水位计的结构

常规的压力式水位计的基本组成部分包括:压力传感器、引压管路(也可能包括信号及供电电缆)、仪器、电源等组成。先进的一体化投入式压力式水位计的所有组成部分组合在一个仪器内。

压力传感器有多种形式,以前基本上使用压阻式压力变送器,后来开始使用先进的陶瓷电容压力传感器。投入式压力式水位计的压力传感器直接在水下测量点测量水压力。这类产品的压力传感器、测量控制装置、测量数据的固态存储器、电源、数据输出通信接口,都密封安装在一个细长的机壳内,其外形呈长圆柱状,可以方便地安装在小直径的地下水监测井内。外壳具有很高的耐压密封性,外壳防护等级达到 IP68 要求,这是对水下长期应用仪器的密封防护要求,具体耐压要求因产品不同而有所不同,水位量程大的仪器,水位计可能在较深的水下工作,耐压要求应该高于水位量程小的仪器。其结构框图见图7。

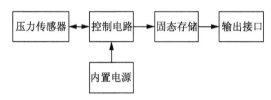

图 7 一体化压力式地下水水位计结构框图

4 几点思考与认识

4.1 关于地下水水位监测精度

一般讲,现有生产应用的各种仪器仪表的测量准确度都和测量范围有关系,即一定的测量准确度指标只在一定的测量范围内起作用。水位计误差要求应该结合测量范围和置信水平提出,用测量不确定度来表达。适用于地表水水位测量的《水位观测标准》中规定的"自记水位计允许测量误差"就考虑了这些方面,自记水位计允许测量误差见表2。

表 2 自记水位计允许测量误差表

水位量程 ΔZ	≤10 m	10 m<ΔZ<15 m	≥15 m
综合误差	2 cm	2‰ · ΔZ	3 cm
室内测定保证率	95%	95%	95%

对应于地表水水位三种测量范围,提出了相应的水位测量综合误差要求。水位量程愈大,其允许综合误差也愈大。表2中所列的室内测定保证率则提出了不确定度、置信水平的概念。

水位计用于地下水水位测量时,其水位测量准确度要求也应该和水位测量范围有关系,而不宜只规定一个单一的绝对误差要求,并且不宜要求无论地下水水位变化 5 m,还是10 m、20 m 或更大,都能达到某一绝对误差(如±2 cm)。地下水水位测量有别于地表水水位测量的另一个重要问题是地下水具有相应的埋深。地下水埋深还可能很大,大到数十米,甚至几百米。测量地下水埋深时,其测量误差也和埋深数值有关,埋深愈大,测量误差愈大。在此基础上还有水位的变化范围影响,更不能用一个绝对误差来要求,如用绝对误差(±0.02 m)要求地下水水位的测量准确性。埋深很大时,绝对误差也较大,很可能达不到要求。在国际标准中,就明确了这些误差影响的存在。

同时,要考虑自动监测仪器安装基准水位一般是用人工测量方法测量地下水埋深而得到的,水位计产品标志的误差是仪器测得的水位变化误差。所以,最后的水位测量误差实际上是人工测量地下水埋深和仪器自动测量地下水水位变化量的测量误差的综合影响。基于此,在有关规范编写时,要充分考虑上述因素,给出自动水位测量仪器精度的科学规定。

4.2 关于地下水水质采样与检测

SL219—2013《水环境监测规范》规定了地下水水质监测项目,一般为20项、39项;GBT 14848—2017《地下水质量标准》规定了39项和93项,规范与标准也简单规定了地下水采样器的类型和方法要求,但没有规定对地下水水质自动监测的要求,对地下水采样器也没有提出明确的性能技术要求。国内水文部门以前很少使用专用的地下水采样器、采样泵,也基本不进行地下水水质自动监测,缺乏这方面的技术标准规定。国际标准也还没有对地下水水质监测的专门规定,一些主要国家如美国等,有地下水水质采样的行业标准。

在具体工作中还需探索与研究以下问题:① 现行标准对地下水水质采样规定采用抽水方式进行,但由于有部分井埋深较深,需要较大功率的水泵才能抽取,加之大多数野外没有市电,需要配置一定功率的汽、柴油机拉到现场,才能完成有关采样工作,其工作难度大、成本高。因此需要研究其他的采样方式如贝勒管,替代抽水方式,在研究成果基础上加以应用。② 目前绝大多数省级水环境监测中心不具备地下水 93 项检测能力,据调查统计一般仅为 30～50 项,需要加强省级水环境中心检测仪器设备配置和检测人员上岗培训,不断提高检测能力和水平。③ 要加强研究单站水质代表性问题。由于地下水水流运移慢,对地下水水质污染物扩散、运移实际上没有进行监测,目前采用单站(井)水质评价,它能代表多大范围水质状况的认识不清,还缺乏实际的监测数据作为佐证,需要加强一定的野外试验研究,探索研究在不同介质含水层污染扩散运移规律。④要加强地下水水质自动监测仪器设备稳定性、可靠性研究。从目前国家地下水监测工程已安装应用的 100 套电极法水质自动仪器实际运行来看,效果并不理想,仪器设备稳定性、可靠性较差,时常出现异常数据,在以后应用中,要加强有关仪器设备质量检测和对比试验。

4.3 关于地下水水量监测

地下水以人工抽出(开采量)和以泉水、暗河、坎儿井等方式自动流出地面,分别以管道或明渠流量测验方式进行水量测量。使用较正规的管道流量计时,管道出水量测量误差可控制在 2%～5%之间,明渠流量测量误差稍大些。目前没有明确的地下水出水量测量规范要求,水文地质勘查规范中有一些简单的要求,如"出水量测量,采用堰箱或孔板流量计时,水位测量应读数到毫米。采用水表时,应读数到 0.1 m³"。明渠流量测验误差可以按河流流量测验规范的有关规定执行。灌注地下水水量的测量,也可按此规范要求进行监测。抽水试验时,对抽水流量监测的要求要高一些,一般用堰箱、孔板流量计测量流量。其流量测量不确定度可以达到 2%。高精度的堰箱可以达到 1%的流量测量不确定度。应该注意,对明渠流量进行测量,不管是人工测量还是自动测量,测得的都是流量,还需加上时间因素才能得到地下水出水量。而河流流量测验规范中的误差要求都是流量误差。对于管道流量测量,尽管一些管道流量计的准确度较高,但用于地下水时,可能有各方面的问题。

在农业上,抽取地下水的机井很多,但实际很难都装上流量计,一般采用调查和估算方法获取,其出水量测量误差就难以控制,存在着代表性不足和统计误差。而农业开采量目前占我国地下水开采量的 60%～70%,如果农业开采量监测或估算误差很大,其对地下水开采总量会影响很大。而农业开采量监测一直是一个难点,目前还没有一个公认的解决方法。笔者认为可从以下两个方面进行研究探讨。一是加强重力卫星法应用研究。有关研究单位通过 GRACE 卫星观测地球重力场变化,反演开采量值,可为大尺度地下水开采量估算和复核提供了新的技术手段,水利系统应加强应用研究。二是加强电量转换法应用研究。电量转换法的提出已有较长时间,但受电量获取、水泵效率确定等因素的制约,实际应用并不广泛。所以要加强与电力部门信息共享,获取较准确的农村用电量;同时要加强野外试验研究,获取不同埋深条件下抽水效率值,从而通过间接方法获取较为准确的农业开采量数据。

参考文献:

[1] 姚永熙,章树安,杨建青.地下水信息采集与传输应用技术[M].南京:河海大学出版社,2011.

[2] 中华人民共和国水利部.地下水监测规范:SL 183—2005[S].北京:中国水利水电出版社,2005.

[3] 中华人民共和国住房和城乡建设部,中华人民共和国国家质量监督检验检疫总局.地下水监测工程技术规范:GB/T 51040—2014[S].北京:中国计划出版社,2014.

[4] 中华人民共和国水利部.水环境监测规范:SL 219—2013[S].北京:中国水利水电出版社,2013.

[5] 中华人民共和国国家质量监督检验检疫总局,中国国家标准化管理委员会.地下水质量标准:GB/T 14848—2017[S].北京:中国标准出版社,2017.

[6] 中华人民共和国水利部.水资源水量监测技术导则:SL 365—2015[S].北京:中国水利水电出版社,2015.

时域法 SFCW-TDR 土壤墒情
自动化监测技术研究

陈智[1,2]，何生荣[3]，陆明[4]

(1.水利部南京水利水文自动化研究所　江苏　南京　210012；2.水利部水文水资源监控工程技术
研究中心，江苏　南京　210012；3.水利部水文仪器及岩土工程仪器质量监督检验测试中心，
江苏　南京　210012；4.天津特利普尔科技有限公司，天津　300384)

摘　要：土壤墒情是气候学、水文学和农业科学等研究中的一个重要参数。基于时域无载频脉冲原理的时域反射法(TDR)能够快速准确测试土体含水率，广泛应用于水利气象行业。但是目前 TDR 测定仪器均为进口，国外对中国实行技术封锁。本文介绍了一套基于频率步进原理的新型 SFCW-TDR，利用该原理信号源输出的频率分量能够精确获知，接收信号中的噪声有效被抑制。与传统 TDR 仪器相比较，SFCW-TDR 技术具有显著的优势。

关键词：土壤墒情；频率步进；TDR

　　田间土壤墒情对农作物发育生长相当重要，因此及时掌握土壤墒情的信息，开展土壤墒情监测、预报，对科学指导农业生产活动，保障国家粮食的高产稳产具有重要意义，是指导防旱减灾、进行科学灌溉的前提[1-2]。目前应用较广的土壤含水量测定方法有中子仪测量法、TDR 测量法、FDR 测量法、烘干称重法、电容法等[3-4]。烘干称重法测定土壤含水量准确可靠，是其他方法的参考基准[5]，但其测定过程比较烦琐、耗时费力，并且是破坏性取样。中子法中的中子容易扩散到大气中，导致表层土壤(0～15 cm)测量结果不准确，而且仪器操作步骤不当会对人体造成伤害[6]。

　　而时域反射法(TDR)墒情监测技术，由于其不需对测量土壤提前率定、快速准确、易于实现自动化在线监测，普遍被认为是最有效可行的土壤含水量测量方式。但是，由于它所采用的高速延迟线技术被西方国家严格垄断，近年来国内水利、气象及农业领域墒情监测系统的建设大多采用一些简单、替代技术的低价产品，和一些发达国家的进口低端产品；但这类仪器所共有的缺陷在于均需对所测量土壤提前进行率定，因此都难以达到实际监测的需求，这是由其本身原理上的缺陷导致的。本文将从电磁学的角度进行分析，详细介绍 SFCW-TDR 技术——一种国产化、具有完全独立知识产权的时域反射技术，并通过该技术在国内土壤墒情监测的实际应用予以佐证。

1　时域反射法(TDR)

　　时域反射原理(Time Domain Reflectometry，TDR)产生于 20 世纪 30 年代，最初被用来检测和定位通讯电缆的受损位置。当一个电磁脉冲激励信号沿传输线传输，传输线的中断、

资助项目：国家重点研发计划(2018YFC1508300)。

受损或周边物质的不连续性均会引起其阻抗的变化,这种阻抗的变化将会导致传输的信号在此不连续点处产生一个反射,通过精密地测量电磁波入射波和反射波的行程时间差,则可以准确地判定此不连续点的位置。

1980 年,加拿大学者 G. C. Topp[7] 研究了电磁波在介质中传输的公式:

$$v = c / \left\{ k' \cdot \frac{1 + (1 + \tan^2 \delta)^{1/2}}{2} \right\}^{1/2} \tag{1}$$

式中:v 为电磁波在该介质中的传播速度;c 为光速;$\tan\delta = \{k'' + (\sigma_{DC}/\omega\varepsilon_0)\}/k'$ 为损耗因子。

G. C. Topp 指出,土壤基本属于同向线性均匀媒质,其满足 $k'' \ll k'$,且当电磁波的频率足够高时,有 $\sigma_{DC}/\omega\varepsilon_0 k' \ll 1$。

Topp 等[8] 进一步引入了表观介电常数(K_a)的概念:

$$K_a = (c/v)^2 \approx k' \tag{2}$$

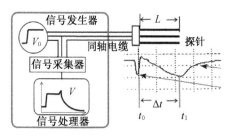

一个测量土壤水分的 TDR 系统如图 1 所示,当一个高带宽的阶跃信号沿同轴电缆在时刻 t_0 达到探针的起始部时,由于阻抗的改变,产生反射,而其余信号沿探针继续前进,在时刻 t_1 到达探针底部时,又产生了第二次反射,考虑电磁波沿长度为 L 的探针的行程,易见:

图 1　TDR 测量土壤水分原理图

$$v = \frac{2L}{\Delta t} \tag{3}$$

代入式(2) 得到:

$$K_a = \left(\frac{c\Delta t}{2L}\right)^2 \tag{4}$$

由此可见,对于电磁波沿探针传输时间 Δt 的测量,可以直接得到介质的表观介电常数,当所施加的电磁信号频率足够高时,其近似等于所测介质介电常数的实部。

图 2 是电磁场作用于水的介电频谱图,可见当施加的电磁波频率在 1 MHz～2GHz 的范围内,水处于分子的空间极化和转向极化之间,其介电常数实部相对稳定。这也是 TDR 技术测量土壤水分的最基本原理,以及其测量结果不受所测土壤的介电常数虚部 k'' 及电导率影响的根本原因。

进而,G. C. Topp 通过大量的 TDR 系统测试与烘干法的实验结果,采用多项式回归方法拟合得到了描述土壤体积含水率与表观介电常数关

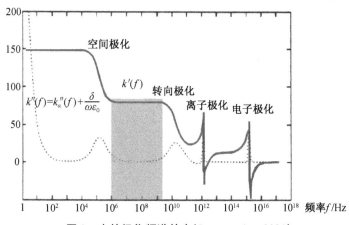

图 2　水的极化频谱效应(Santamarina,2001)

系的著名 TOPP 公式：

$$\theta_V = 4.3 \times 10^{-6} K_a^3 - 5.5 \times 10^{-4} K_a^2 + 2.92 \times 10^{-2} K_a - 5.3 \times 10^{-2} \qquad (5)$$

由此，G. C. Topp 奠定了 TDR 技术测量土壤体积含水率的理论基础。多年来国内外大量实际应用的实验数据表明，该公式对于可耕作田间土壤，也即干密度为 $1.2 \sim 1.6 \ \text{g/cm}^3$、体积含水率为 0%～40%范围内的各种耕地土壤具有很好的测量精度。

2　SFCW-TDR 技术

如前所述，TDR 技术的关键在于传输线中电磁波传输时间的精确测量，其测试的时间级别在纳秒级（10^{-9} s），而精度则更是要求达到皮秒级（10^{-12} s）。目前，传输线中电磁波传输时间的精确测量探测主要基于三种体制：时域无载频脉冲体制、调频连续波体制和频域频率步进体制。传统的 TDR 仪器一直采用的是时域无载频脉冲体制，对于硬件有着较高的要求。调频连续波体制是雷达中广泛应用的技术，但其适用的频率波段较低，不适合应用于土壤水分测量。

1970 年后，随着快速傅立叶变换（FFT）算法的提出和计算机技术的快速发展，频域频率步进体制和向量接收技术在探地雷达和电子测量领域被广泛地应用。

天津特利普尔科技有限公司创新推出的步进频率连续波时域反射技术（Stepped Frequency Continuous Waveform Time Domain Reflectometry，SFCW-TDR），在国际上将频域频率步进体制和向量接收技术首次应用于土壤水分测量领域，开发出国内首台基于时域反射原理（TDR）的便携式土壤水分测量仪器——SOILTOP-200 土壤水分测定仪。

SFCW-TDR 技术是通过信号发生器依次产生一系列步进、最高可达到微波频段的点频连续波信号，每个单频信号沿着同轴电缆线传输到末端的探针，当遇到介质（土壤）时产生反射信号，通过定向耦合，分离入射测试信号和反射响应信号；再经过 AD 采样，得到一系列数字化的入射波和反射波的复基带频域信号，进而通过离散逆傅立叶变换（IDFT）运算转换到时域，实现仪器的 TDR 测量。

与以往的 TDR 仪器相比较，SFCW-TDR 技术具有以下显著的优点。

（1）采用了窄带带通接收方式

时域无载频体制采用的是宽带低通接收方式，其实质上是一台时域模拟信号的宽带示波器，而 SFCW-TDR 采用的是完全数字化的窄带带通接收和数字处理技术，可以达到较高分辨率和精度，目前我们达到的分辨率为 12 ps（10^{-12} s）。

（2）更合适的频率扫频范围

SFCW-TDR 可以根据需要选取不同的步进扫频范围，目前设计选定的扫频范围为 1 MHz～1.8 GHz，在此范围内，水的相对介电常数的实部相对稳定（图 2）。而时域无载频体制的阶跃信号是由一系列谐波（正弦波）合成的，其分辨率取决于合成基波的最高谐波分量，而要达到同样 12 ps 的分辨率，其最高谐波分量要达到 3.5 GHz，同样由图 2 可以看到，这一频段由于水的转向极化导致其相对介电常数的实部有很大衰减，因此不可避免地带来一定的测量误差。

（3）扫频模式降低了测量的噪音

SFCW-TDR 技术，是对采集到的 1 024 组或 2 048 组步进频率的激励信号产生的反射接收信号,经过离散逆傅立叶变换(IDFT)而得到的综合时域信号。土壤是由水、土颗粒、空气等组成的混合介质,在外加电场中,其介电特性极为复杂,由于影响因素众多,到目前为止仍然没有一个土体介电常数的理论计算模型能够同时考虑各方面因素的影响。而整个IDFT过程实际上也是对1 024组或2 048组信号的一个加权平均过程,因此它也大大弱化了特定频率对于特定土壤介电特性的干扰。

SOILTOP-200土壤水分测定仪在0%~40%的体积含水率范围内采用了TOPP公式,而在40%~60%的范围内采用了更高拟合度的四次五项多项式,因此能够基本满足田间土壤水分测量的需求。

(4)测量结果直观明了,更适合实现在线自动化监测

传统TDR的测量方法是先把阶跃激励信号通过探针发射至所测土壤,再由宽带示波器来观察信号在时域上的响应(图3),其精确的反射时间点需要通过对其测量迹线图像采用双切线的方法来确定(图4)。

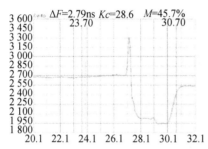

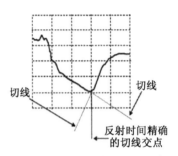

图3　传统TDR的实际测量截图　　　　图4　传统TDR的时间反射点

而SFCW-TDR是先在频域内对被测土壤进行扫频测量,测量信号经数字化处理后再通过离散逆傅立叶变换,其运算结果是一个时域上多个强冲击脉冲函数——辛格函数:

$$\text{sinc}(t-\tau) = \begin{cases} \dfrac{\sin(t-\tau)}{t-\tau} & t \neq \tau \\ 1 & t = \tau \end{cases}$$ 的组合,其中τ是产生反射的时间点,其图像在这一点显示为一个强冲击的脉冲。

图5是SFCW-TDR的实际测量迹线,与传统TDR的模拟显示图像不同,它是一个数学计算结果的数字化图像表示,其对于反射点的时域显示更加直观明了。因此SFCW-TDR技术更适合实现自动化的在线监测。

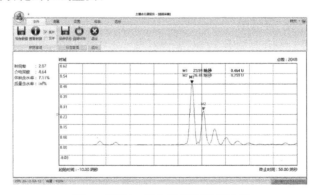

图5　SFCW-TDR的实际测量迹线

（5）可提供大量数字化的土壤电磁特征信息

与时域无载频脉冲体制的传统 TDR 不同，SFCW-TDR 是一个使用数字数据和数学算法来进行数据分析的数字系统，其采用的向量接收技术，可进一步采集包括频域反射、相位、驻波比、阻抗以及相对介电常数的实部、虚部等大量的频域、时域信息，为高端、有需求的客户及本仪器功能的进一步开发提供了有效工具。

（6）应用成本大幅降低

小型化的设计也带来应用成本的大幅度下降。TDR 技术应用于土壤水分测量领域至今近 40 年，一直未得到大范围的推广应用，这主要是由于其产品昂贵的价格。SOILTOP-300 系列SFCW-TDR 数字信号采集器的研发成功，将其应用成本降低了 70% 以上，已经接近于目前市场上 FDR 等产品的价格，考虑到定期率定的费用，实际上 SFCW-TDR 的综合应用成本更加经济。

3 实验室比测与野外比对

3.1 实验室比测

SFCW-TDR 技术经过了第三方权威机构的多次比测检验。2015 年 11 月，天津特利普尔科技有限公司委托水利部水文仪器及岩土工程仪器质量监督检验测试中心，依照 GB/T 28418—2012《土壤水分（墒情）监测仪器基本技术条件》，对 SOILTOP-200 土壤水分测定仪进行了产品检测。随机配制我国具有代表性的潮土、红壤和黑土三种不同土壤，共计 33 组土样，SOILTOP-200 土壤水分测定仪的结果与人工烘干法的结果对比，其绝对误差均低于 2%[9]。

2016 年 1 月，SOILTOP-200 土壤水分测定仪通过了水利部的新产品鉴定，专家委员会认为该产品设计原理和主要技术性能均达到了国际先进水平。

2018 年 11 月，基于"SFCW-TDR 数字信号采集器"和 "YDH-1W 遥测终端"集成的"XHG1800 型墒情自动监测装置"（图 6）和"SOILTOP-300 土壤墒情智能监测仪"两款产品完成，在水利部水文仪器及岩土工程仪器质量监督检验测试中心进行的"墒情自动监测仪器实验室检验测试"中，这两款产品作为所有送检的 46 款产品中仅有的不需率定的仪器，检测一次合格通过。

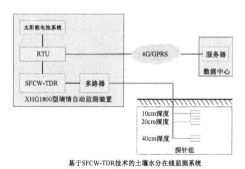

图 6 基于"XHG1800 型墒情自动监测装置"的
土壤含水量在线自动监测站

3.2 野外比对

2019 年 5 月 29 日,山东省水文局发出了《山东省水文局关于开展墒情自动监测设备对比观测的函》,"XHG1800 型墒情自动监测装置"和"SOILTOP-300 土壤墒情智能监测仪"两款产品参加了这次比测。

比测在专门搭建的大棚内举行,参加比测的各厂商分别在提前抽签确定的 3 m×2 m 地块安装仪器,并在 10 cm、20 cm 及 40 cm 三层深度埋设探针,然后自行采用环刀法取制土样,确定各层土体干密度。参加比测的这两台设备分别安装于 5 号及 6 号地块,从环刀取样烘干结果对比分析(表1),尽管两地块相邻,但各层的含水率及干密度相差较大,结合其他厂商比测地块的环刀取样,可以判定整体比测地块土质分布极不均匀。

表 1 环刀取样测量结果

XHG1800 环刀测量结果(5 号地块)								
土层	10 cm			20 cm			40 cm		
盒号	M-2	Y-3	Y-4	Y-5	Y-1	H-1	Y-6	M-7	Y-2
盒重+湿土重/g	219.87	214.74	230.89	240.37	242.77	247.37	211.08	208.89	209.54
盒重+干土重/g	198.05	193.85	206.00	215.41	218.22	222.13	190.43	187.90	188.56
盒重/g	49.50	49.55	47.06	48.85	49.55	52.89	48.94	49.09	45.94
干土重/g	148.55	144.30	158.94	166.56	168.67	169.24	141.49	138.81	142.62
土壤水质量/g	21.82	20.89	24.89	24.96	24.55	25.24	20.65	20.99	20.98
土壤质量含水率/%	14.69	14.48	15.66	14.99	14.56	14.91	14.59	15.12	14.71
每层土壤质量含水率/%	14.94			14.82			14.81		
土壤干密度/(g/cm³)	1.50			1.68			1.41		

SOILTOP-300 环刀测量结果(6 号地块)								
土层	10 cm			20 cm			40 cm		
盒号	M-2	M-7	Y-2	Y-6	H-1	Y-3	Y-1	Y-4	Y-5
盒重+湿土重/g	205.76	209.54	206.63	236.67	229.26	234.26	239.32	236.00	236.47
盒重+干土重/g	185.08	187.95	185.20	214.40	207.48	210.33	209.07	207.42	207.20
盒重/g	49.50	49.09	45.94	48.94	52.89	49.55	49.55	47.06	48.85
干土重/g	135.58	138.86	139.26	165.46	154.59	160.78	159.52	160.36	158.35
土壤水质量/g	20.68	21.59	21.43	22.27	21.78	23.93	30.25	28.58	29.27
土壤质量含水率/%	15.25	15.55	15.39	13.46	14.09	14.88	18.96	17.82	18.48
每层土壤质量含水率/%	15.40			14.14			18.42		
土壤干密度/(g/cm³)	1.38			1.60			1.59		

比测于 2019 年 6 月 22 日开始,仪器按照 1 h 的间隔整点向数据中心传输监测数据,而后每天先采用取土器围绕探针埋设点在三个不同位置纵向取土,得出每个位置相应三层的质量含水率,取其平均值与相应时间点的自动监测数据进行比对,相对误差低于 10% 的为合格,而后在探针埋设点浇水(图 7)。

由表 2 可以看到,由于土质不均匀,6 月 22 日至 24 日,各层三个纵向取土点的人工烘干法数据本身差异较大,不符合作为比测样本的抽样要求。在第三次浇水后,各层土壤充分浸润,三个不同位置的人工烘干法数据趋于一致。

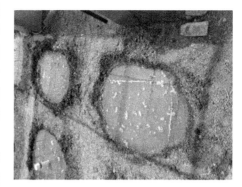

图 7　现场浇水实拍图

表 2　XHG1800 型墒情自动监测装置野外对比观测表

人工法(质量含水率)6 月 22 日									
土层	10 cm			20 cm			40 cm		
盒号	37	40	52	38	41	53	39	51	54
盒重+湿土重/g	62.60	66.04	64.56	65.36	66.71	67.13	66.79	72.71	65.28
盒重+干土重/g	56.46	58.84	57.41	58.48	58.41	58.75	60.33	63.00	56.99
盒重/g	12.96	12.96	13.02	13.13	13.16	13.00	13.25	12.76	12.92
干土重/g	43.50	45.88	44.39	45.35	45.25	45.75	47.08	50.24	44.07
土壤水质量/g	6.14	7.20	7.15	6.88	8.30	8.38	6.46	9.71	8.29
土壤质量含水率/%	14.11	15.69	16.11	15.17	18.34	18.32	13.72	19.33	18.81
每层土壤质量含水率/%	15.30			17.30			17.30		
体积含水率(仪器法)/%	20.80			27.00			20.00		
土壤干密度/(g/cm³)	1.50			1.68			1.41		
质量含水率(仪器法)/%	13.90			16.10			14.20		
绝对误差/%	−1.40			−1.20			−3.10		
相对误差	−9.40%			−6.98%			−17.95%		
人工法(质量含水率)6 月 23 日第一次浇水后取样									
土层	10 cm			20 cm			40 cm		
盒号	99	83	105	66	85	61	90	82	94
盒重+湿土重/g	65.39	70.98	52.22	65.90	66.31	53.33	58.96	48.48	52.82
盒重+干土重/g	57.28	61.71	45.77	57.04	57.07	46.26	53.39	42.56	46.07
盒重/g	12.95	13.06	12.86	13.00	12.90	12.68	12.75	12.97	13.12
干土重/g	44.33	48.65	32.91	44.04	44.17	33.58	40.64	29.59	32.95

人工法(质量含水率)6月23日第一次浇水后取样

土层	10 cm			20 cm			40 cm		
土壤水质量/g	8.11	9.27	6.45	8.86	9.24	7.07	5.57	5.92	6.75
土壤质量含水率/%	18.29	19.05	19.60	20.12	20.92	21.05	13.71	20.01	20.49
每层土壤质量含水率/%	19.00			20.70			18.10		
体积含水率(仪器法)/%	28.30			29.60			20.00		
土壤干密度/(g/cm³)	1.50			1.68			1.41		
质量含水率(仪器法)/%	18.90			17.60			14.20		
绝对误差/%	−0.10			−3.10			−3.90		
相对误差	−0.61%			−14.87%			−21.49%		

人工法(质量含水率)6月24日第二次浇水后取样

土层	10 cm			20 cm			40 cm		
盒号	102	84	113	90	63	108	99	103	85
盒重+湿土重/g	58.46	65.82	46.13	39.99	50.64	49.28	61.00	53.94	47.70
盒重+干土重/g	51.31	57.50	40.61	35.30	44.39	43.23	53.50	47.17	41.58
盒重/g	12.78	12.89	13.12	12.75	12.94	13.15	12.95	12.98	12.90
干土重/g	38.53	44.61	27.49	22.55	31.45	30.08	40.55	34.19	28.68
土壤水质量/g	7.15	8.32	5.52	4.69	6.25	6.05	7.50	6.77	6.12
土壤质量含水率/%	18.56	18.65	20.08	20.80	19.87	20.11	18.50	19.80	21.34
每层土壤质量含水率/%	19.10			20.30			19.90		
体积含水率(仪器法)/%	28.60			31.10			21.40		
土壤干密度/(g/cm³)	1.50			1.68			1.41		
质量含水率(仪器法)/%	19.10			18.50			15.20		
绝对误差/%	0.00			−1.70			−4.70		
相对误差	−0.15%			−8.63%			−23.65%		

人工法(质量含水率)6月25日第三次浇水后取样

土层	10 cm			20 cm			40 cm		
盒号	109	83	93	111	65	120	98	90	62
盒重+湿土重/g	52.59	50.25	54.87	52.89	52.35	60.50	41.16	45.37	49.95
盒重+干土重/g	46.23	44.21	48.30	46.19	45.60	52.53	36.34	39.70	43.60
盒重/g	12.90	13.06	12.93	12.81	12.91	12.90	12.91	12.75	13.25
干土重/g	33.33	31.15	35.37	33.38	32.69	39.63	23.43	26.95	30.35
土壤水质量/g	6.36	6.04	6.57	6.70	6.75	7.97	4.82	5.67	6.35

人工法(质量含水率)6 月 25 日第三次浇水后取样

土层	10 cm			20 cm			40 cm		
土壤质量含水率/%	19.08	19.39	18.58	20.07	20.65	20.11	20.57	21.04	20.92
每层土壤质量含水率/%	19.00			20.30			20.80		
体积含水率(仪器法)/%	29.10			32.10			27.00		
土壤干密度/(g/cm³)	1.50			1.68			1.41		
质量含水率(仪器法)/%	19.40			19.10			19.10		
绝对误差/%	0.40			−1.20			−1.70		
相对误差	2.02%			−5.77%			−8.13%		

人工法(质量含水率)6 月 26 日第四次浇水后取样

土层	10 cm			20 cm			40 cm		
盒号	117	99	103	67	71	100	84	94	74
盒重+湿土重/g	42.93	38.60	40.45	45.91	44.96	37.11	40.91	31.82	44.84
盒重+干土重/g	37.99	34.04	35.84	40.49	39.41	33.03	35.86	28.35	39.18
盒重/g	12.99	12.95	12.98	13.05	12.95	13.15	12.89	13.12	13.13
干土重/g	25.00	21.09	22.86	27.44	26.46	19.88	22.97	15.23	26.05
土壤水质量/g	4.94	4.56	4.61	5.42	5.55	4.08	5.05	3.47	5.66
土壤质量含水率/%	19.76	21.62	20.17	19.75	20.98	20.52	21.99	22.78	21.73
每层土壤质量含水率/%	20.52			20.42			22.17		
体积含水率(仪器法)/%	30.40			32.60			30.40		
土壤干密度/(g/cm³)	1.50			1.68			1.41		
质量含水率(仪器法)/%	20.30			19.40			21.60		
绝对误差/%	−0.25			−1.01			−0.61		
相对误差	−1.22%			−4.96%			−2.73%		

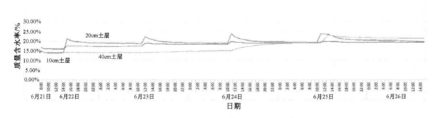

图 8　XHG1800 质量含水率分层走势图

　　根据自 6 月 20 日 10:00 仪器安装完成至 6 月 26 日下午 15:00 的每小时 1 次的数据汇总及整体监测趋势线(图 8),明显看出 22 日、23 日两次浇水对 40 cm 土层含水量影响不大,在 24 日第三次浇水后,40cm 土层含水量逐渐增大,直至 25 日第四次浇水后才与其他土层的反应变化一致。因此,可以判断出造成江苏南水科技 XHG1800 型墒情自动监测装置比测前期数据误差较大的原因,应该是在其埋设的 5 号地块 20 cm 土层附近,有一个板结土形成的不均匀隔水层。在多次注水浇灌的作用下,该土层软化达到饱和含水率,与周围的土壤融合。这应该是对这次比测过程一个科学、客观、合理的解释。

在四次浇水完成后,监测地块各土层水分已基本处于饱和状态,第一阶段比测结束。自 6 月 26 日开始,主要观测地块在封闭环境下各土层的退水过程。图 9 是 SOILTOP-300 土壤墒情智能监测仪由比测开始直至 7 月 31 日,每小时 1 次上报的质量含水率分层走势图。

由此可以看出,采用了 SFCW-TDR 技术的土壤墒情自动监测系统,在完全没有经过任何率定、调参过程的前提下,很好地反映了四次浇水和逐渐缓慢退水的比测过程,监测数据稳定、可靠。与人工烘干法结果比对,相对误差低于 10% 的比例达到了 95% 以上。因此,SFCW-TDR 技术完全可以满足土壤墒情自动化在线监测的要求。

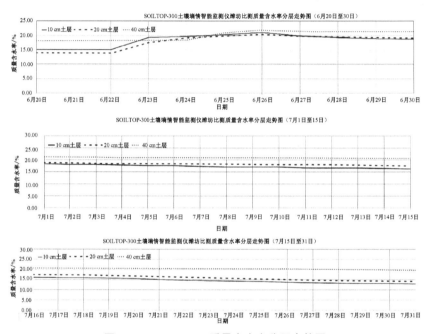

图 9　SOILTOP-300 质量含水率分层走势图

参考文献:

[1] 李道西,彭世彰,丁加丽,等.TDR 在测量农田土壤水分中的室内标定[J].干旱地区农业研究,2008,26(1):249-252.

[2] JACKSON T, MANSFIELD K, SAAFI M, et al. Measuring soil temperature and moisture using wireless MEMS sensors[J]. Measurement,2008,41(4):381-390.

[3] 杨鹏举,伍靖伟,黄介生.时域反射仪测定高含盐土壤盐分研究[J].灌溉排水学报,2012,31(6):71-74.

[4] 尹志芳,刘恩民,陈炳新,等.时域反射仪与中子仪测定土壤含水量标定试验研究[J].干旱地区农业研究,2005,23(6):161-165.

[5] 张学礼,胡振琪,初士立.土壤含水量测定方法研究进展[J].土壤通报,2005,36(1):118-123.

[6] 杨静,陈洪松,王升,等.TDR 测定喀斯特地区石灰土含水量的标定研究[J].中国岩溶,2017,36(1):75-80.

［7］ TOPP G C，YANUKA M，ZEBCHUK W D，et al. Determination of electrical conductivity using time domain reflectometry：soil and water experiments in coaxial lines［J］. Water Resources Research，1988，24(7)：945-952.

［8］ TOPP G C，DAVIS J L，ANNAN A P. Electromagnetic determination of soil water content：measurements in coaxial transmission lines［J］. Water Resources Research，1980，16(3)：574-582.

［9］ 陆明，刘惠斌，王晨光，等. 新型 TDR 土壤水分测定仪 SOILTOP-200 的开发及应用［J］. 水利信息化，2017(2)：31-37.

不同介电法仪器测量土壤水分技术原理研究

章树安[1]，何生荣[2]，章雨乾[3]

（1.水利部水文水资源监测评价中心，北京 100053；2.水利部水文仪器质检中心，
江苏 南京 210012；3.中国水权交易所，北京 100053）

摘　要：土壤作为一种多相物质的混合体，其介电性质极为复杂，影响因素众多，想要实现自动、准确地测量土壤含水量，难度很大，就目前生产已应用的产品而言，绝大多数自动监测产品需要高频次率定与维护才能实现。本文通过较为系统地收集相关技术资料，从电磁学理论的角度出发，对目前市场上应用的主要几类不同介电法测量土壤水分仪器的原理及方法进行科学的分析，揭示造成其技术缺陷的基本原因。通过本文分析，可以看到真正的 TDR 原理的测量仪器可以避免由于电导率引起的介电常数虚部的影响，使得在一定范围内不经率定，其测量精度能够相对满足实际生产的需要。

关键词：介电法；测量仪器；土壤水分；原理；研究

1　引言

在自动测量土壤水分的诸多技术方案中，利用土壤的介电特性测量土壤体积含水率的方法统称为介电法，因其测定过程不破坏被测土壤对象环境，易于实现在线自动化监测，介电法土壤水分测量仪器已成为目前我国普遍应用的土壤含水量自动监测仪器设备。近年来，由于我国水利、气象及农业等领域土壤水分在线监测项目建设的需要，大量介电法土壤水分测量仪器投入市场，但大多数人对仪器的测量原理与实现方法缺乏了解，对其应用场景和存在的一定缺陷认识不足，使其应用受到一定限制。随着近十年土壤墒情自动在线监测系统建设的实践和时域反射（Time Domain Reflectometry，TDR）技术的国产化，对于介电原理测量土壤水分的理论研究有了很大提高。本文将从电磁学理论的角度出发，对目前市场上应用的主要几类不同介电法测量土壤水分仪器的原理及方法进行科学的分析，揭示造成其技术缺陷的基本原因，并对应用到土壤墒情监测时出现的问题进行了探讨。

2　土壤的介电特性

介电常数 ε^*，也称为电容率，是定量描述物质的色散电磁特性的一个参数，介质为真空的介电常数 $\varepsilon_0 = 8.854 \times 10^{-12}$ F/m，是一个实数，被称作绝对介电常数。由于电容引起的电压对于电流的滞后效应，一般介质的介电常数 ε^* 是一个复数，同时由于电磁波激励造成介质的极化现象，ε^* 与所施加电场的频率有关，而相对介电常数 k^* 则是将 ε^* 与绝对介电常数 ε_0 进行归一化处理得到的与频率相关的一个无量纲复参数，即

$$k^*(f) = \frac{\varepsilon^*(f)}{\varepsilon_0} = k'(f) - jk''(f) \tag{1}$$

通常将相对介电常数 $k^*(f)$ 简称为介电常数,其实部 $k'(f)$ 表示了介质在外加电磁场下的极化程度和能量存储程度,而 $k''(f)$ 则描述了其所有的电导损耗。水的极化频谱效应见图1。

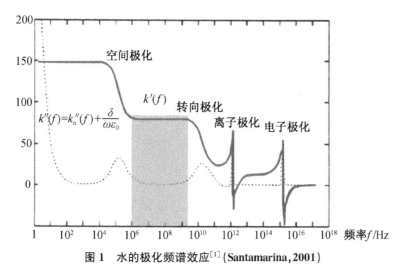

图 1　水的极化频谱效应[1] (Santamarina, 2001)

土壤是由固相(矿物质颗粒)、液相(孔隙水)和气相(间隙空气)组成的一个三相混合体。其固相的介电常数实部在 2～4 之间,空气则为 1,而图 1 给出了水在电磁场作用下的极化频谱效应,可以看到,随着频率 f 的增加,介电常数的实部 $k'(f)$ 逐渐降低,但在大约 1 MHz 到 2 GHz 之间,其变化相对平缓,可以视作一个常数,在 20℃ 的温度下,其值为 81,温度升高,其值略有降低,温度降低则略有升高,变化范围在 75～85 之间,远远大于固相和气相介电常数的实部,因此土壤的介电常数实部主要由其所含水分决定,这就是介电法测量土壤水分的根本理论所在,其测量频率,也大多选取在 1 MHz～2 GHz 这一频率区间内。

特别需要指出的是,冰的介电常数实部在 3 左右,与液体水完全不同,因此介电法不适合冻土的土壤含水量测量。

$k''(f)$ 是介电常数的虚部,反映了介电材料在外加电磁场作用下的能量损失,在土壤中主要包括介电损失 $k''_a(f)$ 和直流电导率 σ 引起的电导损失[2]。

$$k''(f) = k''_a(f) + \frac{\sigma}{2\pi f\,\varepsilon_0} \tag{2}$$

介电损失是指当外加电场频率和极化固有频率一致时,极化分子的移动速度跟不上外加电磁场的变化,从而引起相位滞后,导致能量损失增大、介电常数的虚部升高,其主要受频率影响。电导损失是由介电材料导电引起的,包括固体颗粒表面电荷引起的表面电导损失和孔隙水中电解质引起的离子电导损失。

电导率是反映电荷在电场作用下活动能的一个物理量。与介电常数一样,土壤的电导率主要受到固体颗粒的电导率、土体的孔隙率、饱和度和孔隙液体的电导率影响,除此之外固体颗粒的晶体结构也对其有一定影响。由于影响因素众多,到目前为止仍然没有一个土壤电导率的理论计算模型能够同时考虑上述因素的影响。但由上面的分析可以看出,土壤的电导率是影响其介电常数虚部的最重要因素。

3 时域法土壤水分测量仪器

时域法仪器是通过测量电磁波的传播时间从而实现土壤水分的测量,从采集电磁波信号的传输路径上可以分为时域反射法(Time Domain Reflectometry,TDR)和时域传输法(Time Domain Transmission,TDT),而从电磁波传播时间的测量方法上则有无载频脉冲体制和频域频率步进体制以及所谓的相位法。由于 TDT 是通过采集电磁波的透射信号实现测量,需要分别在波导(探针)的首尾两端发射和接收信号,因此不太适合应用于插针式传感器。而时域法的技术关键在于对电磁波传输时间的精确测量,因此本文将主要介绍时域反射法及上述三个不同的电磁波时间测量体制。

3.1 时域反射原理

时域反射技术产生于 20 世纪 30 年代,最初被用来检测和定位通讯电缆的受损位置。当一个电磁脉冲信号沿传输线传输,传输线的中断、受损或周边物质的不连续性均会引起其阻抗的变化,这种阻抗的变化将会导致传输的信号在此不连续点处产生一个反射,通过精密地测量电磁波入射波和反射波的行程时间差,则可以准确地判定此不连续点的位置。

将 TDR 技术应用于土壤水分测量始于 20 世纪 60 年代后期。1980 年,加拿大学者 G. C. Topp[3] 研究了电磁波在介质中传输的公式:

$$v = c / \left\{ k' \cdot \frac{1 + (1 + \tan^2\delta)^{1/2}}{2} \right\}^{1/2} \tag{3}$$

式中:v 为电磁波在该介质中的传播速度;c 为光速;$\tan\delta = \{k'' + (\sigma_{DC}/\omega\varepsilon_0)\}/k'$,为损耗因子。

G. C. Topp 指出,土壤基本属于同向线性均匀媒质,其满足:$k'' \ll k'$,且当电磁波的频率足够高时,有 $\sigma_{DC}/\omega\varepsilon_0 k' \ll 1$。

因此

$$k' \approx (c/v)^2 \tag{4}$$

据此,Topp 等进一步引入了表观介电常数(K_a)的概念:

$$K_a = (c/v)^2 \tag{5}$$

一个测量土壤水分的 TDR 系统如图 2 所示,当一个电磁信号沿同轴电缆在时刻 t_0 达到探针的起始部时,由于阻抗的改变,产生反射,而其余信号沿探针继续前进,在时刻 t_1 到达探针底部时,又产生了第二次反射,考虑电磁波沿长度为 L 的探针的行程,易见:

$$v = \frac{2L}{\Delta t} \tag{6}$$

代入式(5) 得到:

$$K_a = \left(\frac{c\Delta t}{2L} \right)^2 \tag{7}$$

由此可见,对于电磁波沿探针传输时间 Δt 的测量,可以直接得到介质的表观介电常数,当所施加的电磁信号频率足够高时,其近似等于所测介质介电常数的实部。这也是 TDR 技术测量土壤水分的最基本原理,以及其测量结果不受介电常数虚部的影响,而无须进行率定的根本原因。

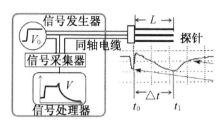

图 2 TDR 测量土壤水分原理图

进而,G. C. Topp 通过大量的 TDR 系统测试与烘干法的实验结果,采用线性回归方法拟合得到了描述土壤体积含水率与表观介电常数关系的 TOPP 公式:

$$\theta_V = 4.3 \times 10^{-6} K_a^3 - 5.5 \times 10^{-4} K_a^2 + 2.92 \times 10^{-2} K_a - 5.3 \times 10^{-2} \tag{8}$$

Topp 等[3]在试验中观察到,当土壤密度在 $1.00 \sim 1.78$ g/cm^3 范围内变化时,该公式有较好的适应性,因为土壤密度或孔隙度不影响湿润土壤的介电常数。大量实验以及野外实际应用的数据表明,该公式的土壤干密度为 $1.2 \sim 1.6$ g/cm^3,体积含水率在 $0\% \sim 40\%$ 范围内,绝对误差低于 $\pm 2\%$。TOPP 公式至今仍是业界应用最广泛的通用公式。

TDR 技术对于电磁波传输时间的精确测量有着极高的要求,其测量时间的级别在纳秒级(10^{-9} s),而精度则更是要求达到皮秒级(10^{-12} s)。目前主要基于三种体制:时域无载频脉冲体制、调频连续波体制和步进频率连续波体制。其中调频连续波体制是雷达中广泛应用的技术,但其适用的频率波段较低,不适合应用于土壤水分的测量。

3.2 时域无载频脉冲体制

传统的 TDR 仪器一直采用时域无载频脉冲体制,其技术核心是高速延迟线技术。

一个 TDR 系统由信号发生器、一个精度能够达到皮秒(10^{-12} s,即万亿分之一秒)级精确测量时间的时序系统以及信号采集处理器构成。开始测量时,TDR 系统启动一个长系列的时序循环,每个循环开始,时序系统控制信号发生器发射一个电压迅速上升的强激励阶跃脉冲信号(通常带宽为 1 GHz),这个脉冲沿着同轴电缆和探针传输。每个时序循环开始之后,精密的电子设备和软件将在时序系统控制的精准时刻测量传输线的有效电压。例如,在第一个循环,在循环开始时间之后的 10 ps 对传输线的有效电压将有一次精确测量,这个有效电压值将被存储下来;在下一个循环,测量有效电压的时刻将变成循环开始时间后的 20 ps,这个有效电压值将被存储下来;对每个相继的循环,测量的时刻将设成比前一个循环的测量时刻晚 10 ps,每次的测量值都将被存储下来。测量过程一个循环接一个循环地重复,直到所储存的有效电压值能够覆盖所需测量的时间范围,将所有储存的有效电压值记录下来,即可形成一条捕获窗口的 TDR 测量迹线[4]。

因而,时域无载频脉冲体制的传统 TDR 实质上是一台宽带接收的高频示波器,它应用于土壤水分测量,对于大多数土壤不经率定即可满足较高的测量精度要求,另外由于其测量曲线可反映所测土壤的电磁特性,近年来它也被应用于土壤电导率等方面的测量。

但由于其所依赖的高速延迟线技术只为少数国家垄断,因此其价格昂贵,难以大范围推广应用。

另一方面由于土壤的成分、结构极为复杂,传统 TDR 的测量迹线也较为复杂,往往需要经过专业培训才能在图像上辨识正确的反射位置,而精确的反射时间点则需要通过对其测量迹线图像采用双切线的算法来确定(图 3)。这也降低了实现自动化在线监测的测量可靠性。

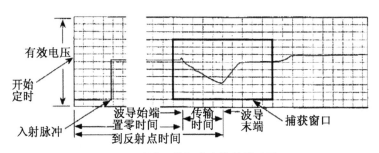

图 3　时域无载频脉冲体制原理图

再者,由于高频电磁波的衰减较快,而时域无载频脉冲体制 TDR 仪器的体积较为庞大,无法安装在一些特殊场景应用的前端,这也限制了 TDR 技术的应用范围。

3.3　步进频率连续波体制(SFCW-TDR)

1970 年后,随着计算机技术的发展与快速傅立叶变换(FFT)算法的出现,频域频率步进体制在探地雷达和电子测量领域中被广泛地应用于时间的精准测量。

2015 年,天津特利普尔科技有限公司在国际上率先将频域频率步进体制应用于 TDR 测量,研发成功了具有完全独立自主知识产权的 SFCW-TDR 技术[5-6],目前基于该技术包括便携式与自动化在线监测在内的土壤水分测量设备已形成系列化,被广泛应用于水利、水文领域,受到普遍好评。

SFCW-TDR 技术是通过信号发生器依次产生的一系列步进、最高可达到微波频段的点频连续波信号,每个单频信号沿着同轴电缆线传输到末端的探针,当遇到介质(土壤)时产生反射信号,通过定向耦合,分离入射测试信号和反射响应信号,再经过 AD 采样后得到一系列数字化的入射波和反射波的复基带频域信号,进而通过离散逆傅立叶变换(IDFT)运算转换到时域,

得到一个时域上多个强冲击脉冲函数——辛格函数:$\mathrm{sinc}(t-\tau)=\begin{cases}\dfrac{\sin(t-\tau)}{t-\tau} & t\neq\tau \\ 1 & t=\tau\end{cases}$ 的组

合,其中 τ 为发生反射的时间点,从而实现仪器的 TDR 测量。

图 4 为 SFCW-TDR 测量的实际迹线,图中 M_1、M_2 分别是探针的始端和末端,横坐标表示了该点发生反射的双程时间,而纵坐标则是该反射的反射系数。

与传统的时域无载频脉冲体制相比,SFCW-TDR 技术有着以下主要优点。

(1)默认设置为 1 MHz 至 1.8 GHz 的 2 048 个步进频率扫频范围,处于水的相对介电常数实部稳定的频率范围(图 1),同时采用完全数字化的窄带带通接收和数字处理技术,使得适用土壤类型更为广泛,测量精度更为精准。

(2)与传统 TDR 的模拟显示图像不同,SFCW-TDR 的图像是一个数学计算结果的数

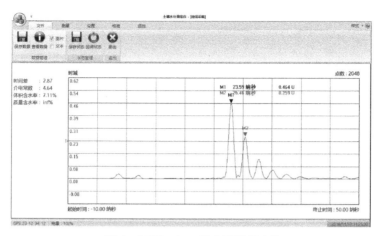

图 4   SFCW-TDR 的实际测量迹线

字化表示,其对于反射点的时域显示更加直观明了,因此 SFCW-TDR 技术更适合自动化在线监测的实现。

（3）SFCW-TDR 是一个使用数字数据和数学算法来进行数据分析的数字系统,其采用的向量接收技术,可进一步采集包括频域反射、相位、驻波比、阻抗以及相对介电常数的实部、虚部等大量的频域、时域信息,为本仪器功能的进一步开发提供了有效的工具。

（4）由于避免了复杂的高速延迟线技术,SFCW-TDR 将 TDR 的应用成本大幅度降低,特别是基于目前国际上最新芯片技术以及最先进的 SIP(System In a Package,系统级封装)工艺小型集约化设计的 SOILTOP-300 系列,其成本已接近目前的其他技术仪器,考虑无须定时、定点率定的因素,其综合造价更为经济。

（5）国际领先的小型化设计使得该技术应用可以深入测量目标的前端,克服了以往 TDR 技术由于测量距离过长而造成电磁波信号衰减过大的技术瓶颈,增加了该项技术的应用场景。

3.4   相位法(P-TDR)

应用了相位检测原理的所谓相位法时域反射仪器(P-TDR),其测量原理沿用了时域反射原理的基本物理公式(4),但其发射的是一个固定频率的单频正弦波,并通过采用相位计测定信号的相位变化而推导得到电磁波沿探针传输的时间。

P-TDR 土壤水分测试仪主要由高频电路、低频电路和土壤水分探头 3 个部分组成。高频电路中的信号源用来产生正弦波测试信号,环形器将由探针末端反射回来的信号与入射信号分离,相位检测器将反射信号与参考信号的相位差转换为与之成比例的直流电压信号。低频部分的模数转换器将相位检测器的输出电压数字化并送入微处理器,微处理器根据相位差计算出信号传播的时间[7]。

如图 5 所示,假设任意时刻 t 信号源的输出电压为:

$$u_0 = A_0 \cos(\omega t + \varphi_0) \tag{9}$$

沿不同路径传播到相位检测器的参考信号 u_r 和测试信号 u_m,它们的传播时间分别为 t_r 和 t_m,其相位比源信号分别落后 ωt_r 和 ωt_m,则在 t 时刻它们的瞬时电压分别为:

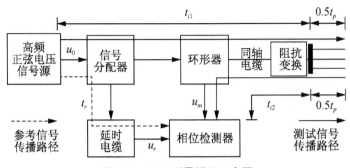

图 5　P-TDR 测量原理示意图

$$u_r = A_r\cos(\omega t + \varphi_0 - \omega t_r) \tag{10}$$

$$u_m = A_m\cos(\omega t + \varphi_0 - \omega t_m) \tag{11}$$

式中：u_0，u_r，u_m 为信号的瞬时电压；A_0，A_r，A_m 为信号的电压幅值；ω 为信号的角频率；φ_0 为源信号的初相位。

因此相位检测器的两个输入信号的相位差为：

$$\Delta\phi = \omega t_m - \omega t_r \tag{12}$$

从图 5 可以看出，测试信号传播的时间 t_m 在逻辑上可分为两部分：信号在探针上传播的时间 t_p 和信号在同轴电缆及仪器内部电路板上传播的时间 t_i。前者主要关注的是时间，它与探针周围的土壤含水量有关；而后者则仅与仪器本身有关。式（12）可改写为：

$$\Delta\phi = \omega t_p + \omega(t_i - t_r) \tag{13}$$

从而

$$t_p = \frac{\Delta\phi}{\omega} - t_i + t_r \tag{14}$$

式（14）中 t_i 和 t_r 都仅取决于 P-TDR 仪器本身的结构和电路参数，与所测量的土壤无关，由此即可通过测量相位差 $\Delta\phi$ 而达到测量电磁波沿探针在土壤中的传输时间。

事实上，上述推导存在一个致命的错误，对于公式（11），其测量信号的相位只考虑了电磁波传播时间带来的变化 ωt_m，而实际上测量信号在探针的起始和终端均会产生反射，根据电磁波的反射理论，反射系数 $\Gamma = |\Gamma|e^{j\varphi}$ 是一个复数，其对于反射信号，不仅是电压幅值的改变 $|\Gamma|$，$e^{j\varphi}$ 也会造成测量信号相位的改变[8]。上述推导过程完全未考虑到这一因素的影响，而这种相位的偏移是由所测量土壤的损耗因子等诸多与电导率相关的电磁特性所决定的，这就是该类仪器仍需根据不同土壤进行率定的根本原因。

一个简单的实验可以证实我们的结论。由于我们的需求是测量土壤水分，而改变水体电导率的最简便方法就是加入不同比例的食盐（氯化钠）。为此我们选择美国 SEC 公司生产的 6050X3 MINITRASE TDR 土壤水分测定仪，德国 IMKO 公司生产的 TRIME-TDR 以及天津特利普尔科技有限公司生产的 SOILTOP-200 土壤水分测定仪，分别对纯净水以及加入不同比例氯化钠的水溶液进行测试，同时使用上海雷磁公司生产的 DDS-307A 电导率仪对溶液的电导率进行了同步测量，实验结果见表 1。

表1　不同监测仪器在不同盐分状态下比测结果统计表

待测液	测量温度/℃	介电常数	电导率仪	SOILTOP-200	Minitrase	TRIME
			电导率/(ms/cm)	Ka	Ka	TDR值
纯水	26.5	77.70	0.06	76.28	78.4	84.2
含0.3‰氯化钠的水	25.8	77.95	6.03	76.28	78.9	74.4
含0.5‰氯化钠的水	25.8	77.95	9.90	76.28	79.0	59.1
含0.8‰氯化钠的水	25.6	78.02	15.61	76.28	78.5	53.9
含1.0‰氯化钠的水	25.4	78.09	19.25	76.28	78.7	48.1
含1.3‰氯化钠的水	25.2	78.16	25.00	76.28	78.5	44.1
含1.5‰氯化钠的水	25.0	78.24	28.30	76.28	78.8	45.5
含1.8‰氯化钠的水	24.9	78.27	33.70	76.28	78.6	42.4
含2.0‰氯化钠的水	24.7	78.35	36.90	76.60	78.5	45.8
含2.3‰氯化钠的水	24.6	78.38	41.80	76.28	79.4	41.5
含2.5‰氯化钠的水	24.4	78.46	44.60	74.38	74.2	42.4
含2.8‰氯化钠的水	24.2	78.53	50.10	77.89	—	41.3
含3.0‰氯化钠的水	24.1	78.56	53.40	75.64	—	41.2

由实验结果可知,采用无载频脉冲体制和SFCW-TDR技术的仪器,尽管随着食盐浓度的增加,电导率随之增高,电磁波衰减速度加快,前者在食盐浓度达到2.8‰时测量失败,而SOILTOP-200的测量范围可达到3‰的食盐浓度,但其测量结果基本不受盐水浓度的影响,而采用P-TDR技术的TRIME仪器,则受到电导率的影响很大。因此,P-TDR并非真正意义上的时域反射法仪器。

4　频域法土壤水分测量仪器

由于TDR产品的技术门槛和高昂售价,人们一直在试图研发一种相对廉价、易实现的替代TDR技术的产品,它们大多通过频域的方法来测定土壤的介电常数,从而实现对土壤体积含水率的测量。从其原理上,频域法仪器大致分为以下几类。

4.1　频域反射法(FDR)

频域反射法(Frequency Domain Reflectometry,FDR)的基本构造是由一对电极(平行的金属棒或圆形金属环)构成的一个电容器,电极之间的土壤充当电介质,电容器与振荡器连接组成一个调谐电路。当土壤的水分含量发生变化时,其相对介电常数随之改变,引起电容量C发生相应变化,而振荡器的工作频率f则随着土壤电容的增加而降低,通过测量频率的变化进而得到土壤的体积含水率[8]。

土壤的体积含水率θ_V是通过以下公式得到的:

$$\theta_V = a \cdot S_F^b \tag{15}$$

$$S_F = \frac{F_a - F_s}{F_a - F_w} \tag{16}$$

式中:S_F 为归一频率;F_a 为仪器放置于空气中所测得的频率;F_w 为仪器放置在水中所测得的频率;F_s 为仪器安装于土壤中所测量得到的频率;a,b 为参数,需要采集样本通过非线性回归方法率定。

FDR 类仪器的最大优点是传感器结构的多样性,目前市场上较为流行的管状探针产品即是采用这类技术。但其根本原理是依据测量土壤的相对介电常数,而土壤的电导率对其相对介电常数的影响非常大,因此这类仪器的使用必须利用所测土壤对公式进行率定。

由于率定的工作量较大,实现现场操作较为困难,因此近年来流行一种所谓"调参"的操作方法,即在公式(15)的右端加上一个常数项 c:

$$\theta_V = a \cdot S_F^b + c \tag{17}$$

通过人工采集一点土壤的体积含水率进行比对来确定参数 c,实际上这种"调参"法是完全没有科学依据的,它只能暂时保持在"调参"含水率相近的范围内误差较小,而当所测含水率与所选"调参"的含水率相差较大时,必然误差较大,而且随着土壤耕作及气候变化引起土壤电导率发生变化,其测量误差也会增大。因此"调参"法不能解决 FDR 仪器的根本缺陷。

4.2 频域分解法(FD)

荷兰 Wageningen 农业大学学者 Hilhorst(1992)通过大量的研究,提出了频域分解法(Frequency Domain Decomposition,FDD)。该方法利用矢量电压测量技术,在某一理想测试频率下将土壤的介电常数进行实部和虚部的分解,通过分解出的介电常数虚部可得到土壤的电导率,由分解出的介电常数实部换算出土壤含水率。Hilhorst(1993)等人并由此设计开发出了一种用于 FD 土壤水分传感器的专门芯片 ASIC。该方法理想的测试频率为 20~30 MHz,但在这个频段,土壤的介电常数受土质的影响又非常敏感,因此,土质对测量结果的影响也较大,这是该方法不可避免的缺陷[9]。

另一方面,频域分解法需要准确地计算探针的特征阻抗,而实际的探针制作工艺使得其并不能用简单的平行传输线理论完全描述,特征阻抗的计算需用建立复杂的 Maxwell 方程来实现,因此目前大多采用率定的方法来确定探针在不同介质中的特征阻抗,而实验表明,制作的探针,受结构及工艺的限制,其特征阻抗在不同介质中并非是简单的线性关系,因此也降低了这类仪器的测量准确度。

4.3 驻波比法(SWR)

1995 年,Gaskin 和 Miller[10-11]提出了基于微波理论中驻波比(Standing Wave Ratio, SWR)原理的土壤水分测量方法,与 TDR 方法不同的是这种测量方法不再测量反射波的时间差,而是测量它的驻波比。

图 6 是驻波比法仪器的结构示意图,由信号发生器发射一个频率 $f = 100$ MHz 的正弦电磁激励信号,沿同轴传输线传播至土壤探针,在传输线与探针结合处,由于探针阻抗随着土壤的介电常数发生变化,形成的阻抗差将导致信号产生反射,入射信号与反射信号相叠加

形成驻波,通过电位计测量驻波高低峰值$\hat{V}_0$、$\hat{V}_j$的差异,从而得到信号在上述结合点的反射系数ρ:

$$\rho = (\hat{V}_0 - \hat{V}_j)/2a \tag{18}$$

式中:a为激励信号的电压幅值。

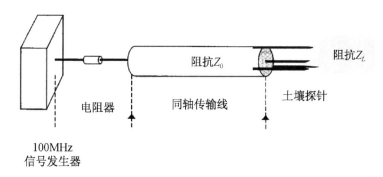

图6 驻波比法仪器结构示意图

他们的试验表明土壤介电常数的改变能够引起传输线上驻波比的显著变化,因而通过率定得到有关体积含水率θ_V与$\hat{V}_0 - \hat{V}_j$之间的三次多项式拟合公式。

通过对SWR仪器工作原理的分析,可以发现:

(1)它的工作原理最终在于利用同轴传输线与探针连接点而产生反射的反射系数ρ,而由电磁学理论可知:

$$\rho = \frac{Z_L - Z_0}{Z_L + Z_0} \tag{19}$$

其中Z_0为同轴传输线自身的特征阻抗,而Z_L是探针插入测量媒质形成的阻抗,其主要由探针模拟的电解电容结构的容抗决定,Zeglin等[12]给出了这种多针结构探针阻抗的计算公式:

$$Z_L = \frac{(n+1)\ln\dfrac{D}{d}}{n\ \sqrt{|\varepsilon_r|}} \tag{20}$$

式中:n为探针外部模拟同轴电缆直径为D的外导体的针体数目;d为针体的直径;ε_r为测量媒质的相对介电常数。由公式(19)可见,ρ主要由ε_r决定,因此驻波比法仪器测量的是土体的相对介电常数,不同于TDR仪器测量的表观介电常数,这也是这类仪器需要率定的根本原因。

(2)分析图6中驻波比法测量仪器的结构,不难发现在发射一个激励信号后,除了在同轴电缆和探针连接处产生反射外,其透射的信号沿探针继续传播至探针顶点,形成一个信号的开路,又会产生一个全反射,这对所测量的驻波差也会有很大影响,但在仪器测量过程中被忽略了。

(3)尽管公式(16)~公式(20)可以给出ε_r的完美理论计算,但实际上受探针实际制作工艺的限制,公式(20)需要加上一些复杂的边界条件,而目前还没有一个很好的计算方法,因此只能通过率定的方法来消除这些系统测量偏差。

综合上述讨论,驻波比法测量土壤水分的仪器严重地依赖于公式的率定。

5　结语

土壤作为一种多相物质的混合体,其介电性质极为复杂,影响它的因素众多,至今没有一个很好的理论模型可以完全描述,目前建立的诸多土壤含水率和介电常数之间的联系公式都是经验性的,因此可以说需要率定是绝对的。而通过本文的分析,可以看到真正的TDR原理的测量仪器可以避免由于电导率引起的介电常数虚部的影响,使得在一定范围内不经率定,其测量精度能够相对满足实际生产的需要。它可作为长期土壤水分自动监测系统建设选择的仪器设备,也可作为以频域法自动监测仪器设备为主的土壤水分监测系统,作为标定站进行建设,以减少经常率定和维护成本。

参考文献：

[1] SANTAMARINA J C, KLEIN K A, FAM M A. Soils and waves: Particulate materials behavior, characterization and process monitoring[M]. New York: John Wiley, 2001.

[2] DEBYE P. Polar Molecules[M]. New York: the Chemical Catalog Company, 1929.

[3] TOPP G C, DAVIS J L, ANNAN A P. Electromagnetic determination of soil water content: measurements in coaxial transmission lines[J]. Water Resources Research, 1980, 16(3): 574-582.

[4] 陆明, 刘惠斌, 王晨光, 等. 新型 TDR 土壤水分测定仪 SOILTOP-200 的开发及应用[J]. 水利信息化, 2017(2): 31-37.

[5] 陈仁朋, 陈卓, 陆明, 等. 基于频率步进原理的 TDR 研制及在土体含水率测试中的应用[J]. 岩土工程学报, 2019(7): 1191-1199.

[6] 王克栋, 王一鸣, 冯磊, 等. 基于相位检测原理的土壤水分时域反射测量技术[J]. 农业机械学报, 2010 (1): 72-76.

[7] 陈海波, 冶林茂, 范玉兰, 等. 基于 FDR 原理的土壤水分测量技术[A]. 中国气象学会 2008 年年会干旱与减灾——第六届干旱气候变化与减灾学术研讨会分会场论文集[C]. 2008.

[8] HILHORST M A, BREUGEL K V A N, PLUMGRAAFF D J M H, et al. Dielectric sensors used in environmental and construction engineering[J]. Mat. Res. Sue. Symp. Proc, 1996(411): 401-406.

[9] GASKIN G J, MILLER J D. Measurement of soil water content using a simplified impedance measuring technique[J]. J. Agric. Eng. Res., 1996(63): 153-160.

[10] 孙宇瑞, 汪懋华, 赵燕东. 一种基于驻波比原理测量土壤介电常数的方法[J]. 农业工程学报, 1999, 15 (2): 37-41.

[11] ZEGELIN S J, WHITE I, JENKINS D R. Improved field probes for soil water content and electrical conductivity measurement using time domain reflectometry[J]. Water Resources Research, 1989, 25 (11): 2367-2376.

欧洲地下水监测站网规划主要技术策略综述

章雨乾[1],章树安[2]

(1.中国水权交易所,北京 100053;2.水利部国家地下水监测中心,北京 100053)

摘 要:本文重点从地下水站网密度、站点选择、监测指标、监测项目确定原则、水位监测与水质取样、监测频次的确定等11个方面,对欧洲地下水监测站网规划主要技术方法与策略给予了综述;对我国地下水监测站网密度、监测频次和跨省级行政区界站网布设等,提出了笔者的思考和建议,以期能加强有关方面的研究,不断提高我国地下水监测站网规划技术水平。

关键词:欧洲;地下水;监测;规划;技术

1 概述

欧洲地下水水质和水位、水量监测网大都是全国性的,大多数取样点分布在整个地下水区域和各种含水层类型(如多孔介质、岩溶地区、自流含水层和深层地下水)。监测内容通常包括:地下水位、地下水水温、泉水水位、泉水流量和水质。监测频率是变化的,例如,几乎每个国家都有地下水水位连续纪录的情况。许多典型的取样频率从每周至每半年变化。对于地下水温的取样频率从每15分钟到每15天不等。

对欧洲经济区成员国而言,要设计和建立一个欧洲范围内的监测网,对这些差异进行检测是十分必要的,因为只有可比数据才有助于找到解决未来紧迫环境问题的方法。这些问题不可能都由各个国家独自解决,必须依靠国际间的合作。因此,可比数据与连通的环境监测网是必不可少的。

由于受到行政、财政预算和人力资源的影响,地下水监测与评估是一个逐步发展的过程。监测资源的分配应该遵循一定的原则。对于潜在污染源所在地或者地下水开发利用程度高的地区,监测规划会显得更加有效。

2 监测站网规划

2.1 一般原则

监测站网规划设计需要确定以下几个方面的内容:

(1)站网密度与监测点位置。

(2)监测参数。

(3)监测点类型。

(4)监测与采样频次。

表1列出了站网设计时需要考虑的几个主要因素。在设计监测站网时,除了要考虑上述基本因素以外,还应且优先考虑跨界含水层的水文地质特征、水资源利用与土地利用状况及资金状况等因素。

表1　站网设计决定因素表

取样/监测点		取样/监测频率	参数选择/水头
类型	密度		
水文地质条件 (复杂度)	水文地质条件 (复杂度)	水文地质条件 (恢复周期)	水资源利用状况
	地质条件 (含水层分布)	水文条件 (季节性影响)	水质问题
	土地使用		法律法规
	统计因素	统计因素	
成本	成本	成本	成本

2.2　站网密度

站网密度主要取决于含水层的水文地质和水化学条件的复杂程度。高度非均质的水文地质单元往往需要设置较高的站网密度。

受过度开采或其他人类活动影响(工业、农业、垃圾填埋、废弃的城市或工业点)的含水层,站网密度应该较高。一般而言,含水层特性与脆弱性、地下水开采、水资源与土地利用状况、人力资源等因素可以作为站网设计的参考因素。欧洲部分国家地下水水位、水质基本监测站网密度见表2。

表2　欧洲部分国家地下水水位、水质基本监测站网密度表

国家	地下水水位站网密度 /(个/100 km²)	地下水水质站网密度 /(个/100 km²)
瑞典	0.11	0.04
芬兰	0.02	0.02
丹麦	0.15	0.26
英国		0.40
荷兰	10.70	1.07
比利时/弗兰德斯	1.61	1.61
德国/Bavaria	1.00	0.47
德国/New States		0.33
匈牙利	2.27	0.55
西班牙	1.95	0.22

地下水水质基本站网密度通常比基本地下水水位站网低。对欧洲9个国家的调查表

明,各国站网密度从 0.02 个/100 km² 测站的芬兰到 10.70 个/100 km² 测站的荷兰不等。站网密度的不同反映了国家的大小、人口密度、地下水系统抗污染性、地下水开采强度和相关利益冲突以及环境保护优先权的不同。

2.3 站点选择

站点类型与位置选择需遵循以下两个原则:
(1) 含水层监测点具有代表性。
(2) 反映地下水潜水位或者承压水位的空间趋势。
站点应具有以下代表性:
(1) 地下水水流系统。
(2) 含水层、弱透水层、隔水层或水文地质单元。
(3) 附加信息。
选择站点时,应该研究以下几个方面:
(1) 地下水系统特征和主要含水层介质的几何特征识别。
(2) 基于地下水水流条件、土壤组成和地质特征的脆弱性评估。
(3) 确定地下水系统所受的威胁(尤其反映在土地利用方面:农业、工业、军事场址)。
(4) 确定影响含水层的一些问题(如酸化、富营养化、盐碱化、污染等)。
地下水水位观测站点通常选择在测井或钻孔处,尽量避免受到相邻区域地下水开采的影响。对于地下水水质监测站点的选择,同样可以选在钻孔或抽水井处。此外,泉也可以用来作为监测点,尤其是在对地下水进行取样时。若要获取代表性数据,一口泉往往可以代替多口监测井。

2.4 监测指标

监测指标的选择与水资源管理的需求相关,并要考虑以下几个方面:
(1) 地下水系统功能和作用。
(2) 地下水系统存在的威胁。
(3) 已出现的地下水问题。
在选择指标之前,应该建立一份清单,清单包括以下几个方面:
(1) 定量分析和定性分析含水层特征。
(2) 确定地下水功能、用途和水质(如生态功能、饮用水供应、工农业用水)。
(3) 地下水系统所受到的威胁(尤其反映在土地利用方面:农业、工业、军事场址)。
(4) 地下水系统已经出现的具体问题(如酸化、富营养化、盐碱化、污染)。
表 3 给出了地下水水位(水量)评估的基本指标。

表 3 地下水水位(水量)评估指标表

问题	功能与用途	指标
旱	生态系统、农业	地下水水位
涝	生态系统、农业	地表水水位与地下水水位

问题	功能与用途	指标
供水	饮用水、生态系统、农业	地下水水位、流量(抽水量)
水质	饮用水、生态系统	地下水水位、流量(抽水量)、地表水水位
地面沉降	城市、农业	地下水水位、地表水水位、流量(抽水量)
盐碱化/咸水入侵	农业、饮用水	地下水水位、流量(抽水量)

表 4 给出了地下水水质评估的基本指标。表中按照无机、有机化合物以及分析方法对这些指标进行了分类。不过,这样的分类还未细化到可以直接使用。表 4 还需要进一步细分,同时急需建立一种固定的分类格式。

表 4　地下水水质评估指标表

问题	功能与用途	分类	指标
酸化、盐碱化	生态系统、农业	野外指标	温度、pH、DO、EC
盐碱化、富营养化	饮用水、生态系统、农业	主要离子	Ca、Mg、Na、K、HCO_3、Cl、SO_4、PO_4、NH_4、NO_3、NO_2、TOC、EC
危险物污染	饮用水、生态系统	次要离子、微量元素	指标的选择部分取决于当地污染源
危险物污染	饮用水、生态系统	有机化合物	芳香烃、卤代烃、酚类、氯酚类
危险物污染	饮用水、生态系统	农药	取决于当地土地使用与地下水观测状况
危险物污染	饮用水、农业	细菌	大肠菌群、粪大肠菌群

2.5　监测项目确定的原则

(1) 首先确定目标,并根据监测目标来确定监测项目(往往是多重目的的监测);其次应获得财政经费的支持。

(2) 必须充分了解含水层的类型和属性(通过初期调查),包括含水层的时空变化。跨界含水层地图(如 1:200 000)是非常重要的信息来源,水文地质图和脆弱性分布图(如果有);含水层底部等值线图和表层地质信息;地下水水位变化图;水文地质钻井分布图(特性和水文地质参数)、监测井(基本数据)、抽水井(或水源地)位置和抽水数据,以及水质取样井(参数);同位素数据。

(3) 必须选择合适类型的井(或泉)。

(4) 根据目标选择有关的参数、取样频次和类型以及取样位置。

(5) 根据目标选择相关的实验设备和数据分析设备。

(6) 确定一个完整、可操作的数据处理方案(DAP)。

(7) 在适当的时候,进行地下水和地表水联合监测。

(8) 必须通过内部和外部控制,把关数据质量。除了单纯的数据之外,还应将专家解释和地下水评估状况提供给决策者,从而为机构的决策者提供相关建议和管理指导。

(9) 必须对地下水监测活动进行定期的评估,尤其是当地下水系统发生改变时。

2.6 水位监测与水质取样

地下水水位的监测必须考虑其相关的参考站点。由观测井测出的数据应该以特定的格式记录并报送到有关机构。

当生产井作为观测井时,应该考虑实测水位与实际水位的误差。例如,在进行地下水抽水时,就应该考虑抽水对地下水位的影响。在承压含水层或多层跨界含水层中,则应考虑在不同层位建立一系列监测点,这也适用于地下水水质监测。

不同的取样过程取决于待测指标。温度、pH、溶解氧(DO)和电导率(EC)等指标可以现场测量,而其他指标则需要在化验室进行分析后才能得出结果。在这种情况下,样本有一个采集和运输的过程。当需要测定大量参数时,可能需要多个样本,且样本存放在不同类型的容器中并使用不同的技术进行保存。

水样可以从泉、抽水井或者观测井中采集。从抽水井或泉(以较大的流量连续采集)中采集的原始水样可以作为地下水水质的总体样本,尤其是当观测井穿透含水层且经过大部分含水层厚度的过滤时样本的代表性最好,如图 1 所示。

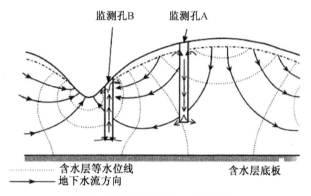

图 1　观测井对垂直水流的影响

当地下水化学性质在垂直方向发生变化时,这时采集样本的代表性较差。从抽水井中采集的水样是进入井的地下水的混合水样部分。此时,地下水来自相当厚的含水层或多个含水层。来自这种钻井的样本,可以作为地下水水质恶化(可能由地表活动引起)的指标。

当钻孔位于地下水补给区或地下水排泄区,且垂直方向存在显著的地下水流时,此时样本代表性的问题就与钻孔本身有关。

观测井中水样的代表性,与水文地质的代表性类似。采集观测井中的水样,可以使用便携式的小型潜水泵。

在观测井中采集水样需要两个步骤:第一步是抽走观测井中的死水;第二步是采集样本。抽取死水可以使用水泵,但是要根据水文地质条件来决定抽水能力。一般而言,较低的地下水水位不应超过 2m 或饱和含水层厚度的 10%。对于样本本身而言,低速抽水可以有效地阻止空气的进入。泵应放置到井中滤网之上,这主要是为了避免泥沙对泵造成损害。死水抽取多少,是通过测量 pH 值、温度和电导率来控制的,当这些参数稳定时,就可以取样了。

用于无机分析的样本,在保存之前需要进行过滤,以去除悬浮颗粒物。这些悬浮颗粒在酸性条件下有可能溶解,从而影响实验结果。

各国应该就取样方法达成一致,样本抽取应该由专业人士进行,化学分析应该由授权实验室进行。

2.7 监测频次确定

在地下水水位(水量)监测项目中,监测频次往往取决于财政预算、资源以及策略,同样取决于科学与技术因素以及水资源管理需要。

由于地下水补给具有季节性,地下水水质参数也存在季节性变化。在补给初期,来自地表的溶质可能会增加;对某些参数而言,例如化肥、农药的使用具有很强的季节性,所以其相应的水质参数也发生季节性变化。

地下水位的观测频次很大程度上取决于地下水的波动。地下水的波动是由水文地质状况(含水层的类型和深度)、水力学状况、人类活动的影响(地下水抽取、回灌、地表水位控制)等因素引起的。需要考虑的具体因素有:

(1)监测频次应根据水位的临时性波动和精度作出调整。

(2)监测水位长期变化和趋势时,监测频次较低;精确测量季节性波动时,监测频次较高。

(3)站网设计应遵循相关系列的目标以及合适的设计标准。

在实践中,监测频次往往变化较大,连续监测可以一年一次也可以一月两次。

2.8 统计方法

站网设计有不同的方法和统计手段,但都应考虑以下两个方面:

(1)代表性。优化站网,使其能够充分反映水文地质条件的复杂性与水质的变化。

(2)可靠性。调整监测频次,调查一段时间内的参数变化。

"克里金"方法,可以用于地下水站网优化,通常用于减少测井数目。但需要注意到,统计技术方法存在一定的局限性,只有具有丰富经验与水文地质知识的专家才能较好地利用该方法。因为大部分方法对水文地质条件做了简化假设;大部分方法的目标是评估一定区域内可能或已经存在的点源污染;在资源有限的前提下,难以找到一种统计目标,使其能够充分反映监测项目的复杂性;大部分的方法假设监测方案一旦确立便无法改变。此外,不同的取样密度的对比评估需要大量的实测水质数据进行统计分析。

2.9 地下水水质间接监测方法

在某些情况下,对具体的监测目标和参数,可以使用间接测量的方法。例如,可以利用测井的水力传导系数监测海水入侵的三维状况;当地下水水质变化足以导致物理变化时,可以采用地球物理法,该方法十分有效。当监测含水层发生咸水入侵状况时,可利用表层地质物理法进行测量。

对于点源污染(包括挥发性烃),土壤气体探测法是一种有效的方法,可用来研究污染物状况。类似所有的间接方法,上述两种间接方法完全依赖于钻探调查和长期监测点的直接监测。

2.10 成本考虑

在站网规划设计时,需要考虑资金、监测与取样频次等因素。一般而言,地下水水位(水量)监测站网的建设成本与监测成本在一定程度上低于地下水水质监测站网。数据处理属于数据管理的范畴,因此,数据处理成本不计入在内,成本分析见表5。

表5 地下水水位(水量)监测站网设计成本

成本组成	测点		取样频率
	类型	密度	
建设成本	++	++	-
测量	+	++	++
数据管理	-	+	+

注:"++"表示主要影响;"+"表示次要影响;"-"表示可忽略影响。

地下水水位(水量)监测站网,要形成高密度、高频次的监测站网,需要投入大量的观测成本。相对而言,数据管理成本与观测成本相比,要低得多。

当需要新建大量监测点,或者需要扩大监测范围时,需要投入大量的建设成本来提高地下水水质监测站网密度。相比之下,取样水泵或者野外设备需要的成本较少。地下水水质监测站网设计成本见表6。

表6 地下水水质监测站网设计成本

成本组成	测点		取样频率	参数选择
	类型	密度		
建设成本	++	++	-	$+^1$
取样	+	++	++	$+^2$
分析	-	++	++	++

注:"++"表示主要影响;"+"表示次要影响;"-"表示可忽略影响;"1"表示实验室设备影响;"2"表示引进参数所增加的成本。

2.11 特定设计要求概述

(1)基本/参考监测。对于基本/参考监测,首先应考虑设计一个基本站网,或将已有站网作为基本监测站网。可以将监测和取样点作为参考站点,按一定时间间隔进行连续监测。根据含水层的特征,监测频次大概是一年4次。潜水含水层的监测和取样频次应该高于承压含水层。样本参数一般是野外参数或主要离子参数,但它们也取决于监测目标、土地利用和测井类型。

(2)与功能和利用有关的监测。其站网密度和取样频次取决地下水的功能和用途。例如,饮用水质量保证监测,包括公共井的周期性取样(它用来确定是否满足饮用水标准)。对于饮用水供应,每一项功能都有自己的标准。

(3)特定用途的监测。其站网密度和取样频次高于上述监测站网,并且与土地使用状况和含水层类型密切相关。对于跨界地下水监测,需要河岸各国的紧密合作。

(4)预警与监控。预警与监控通常在地方区域上开展,其站网密度要高于基本/参考站网。采样和监测频次也较高。具体的指标选择取决于存在的威胁和土地使用情况。

3　认识与建议

通过对欧洲地下水监测站网规划主要内容的介绍可以看到,欧洲国家对地下水的监测与管理根据其目标、开发利用程度以及经济发展状况不同而不同,但普遍比较重视基础研究和前期工作,建立了一套较完整的技术策略与方法,考虑较全面,值得国内有关技术人员学习和借用。建议应重点从以下几个方面进一步加强研究。

(1)加强地下水监测站网密度和优化技术研究。站网布设的目的是为掌握水文地质单元和行政区域地下水变化情况,过低密度达不到目的,过高密度会造成浪费。如何科学评价布设的站网是否满足监测目标和管理需求,目前这方面开展的基础研究明显不足,需要加强相关研究,并给出相应的技术方法和技术导则。如地下水水质监测站网欧洲布设密度普遍较低,我们应该遵循什么原则和技术指标,需要深入研究。

(2)加强地下水监测频次和质量控制研究。本文给出欧洲一些水位监测频次主要是人工站监测频次,应该说监测频次较低。目前我国地下水自动监测频次已达到每日 6 次,属于高频次,但水资源管理上是否需要这样高的监测频次,目前来看,还需进一步分析研究。数据采集多,从数量来说是好的,但问题是由于现在自动采集仪器设备的稳定性、可靠性还不完全成熟,采集数据常出现错误或缺失率较高,为保证数据质量,需要花大量时间和人员进行数据处理,后期工作量大,成本较高。所以应加强优化合理的监测频次和保证采集数据质量等方面研究。

(3)要重视跨省级行政区边界站网布设研究。在某一水文地质单元内,地下水含水层是一个完整的地下水系统,但现实中行政边界与水文地质单元边界基本不重合,导致行政边界将地下水系统切割成若干个,每个行政边界内都不是完整的地下水系统。基于此,欧洲国家非常重视跨国地下水站网布设问题,而在我国通常是由每个省级部门进行本行政区内站网布设,而跨省级行政区边界的站网布设常常不被重视或被忽略,这导致出现在甲行政区抽水而乙行政区地下水水位明显下降的情况,但由于缺乏有效监控,而无法说清有关原因。所以要加强这方面站网布设以及分析技术研究。

参考文献:
[1] 章树安,陈喜,杨建青,等.国外地下水监测与管理[M].南京:河海大学出版社,2010.
[2] ANDERSON H W, HOOVER M D, REINHART K G. Forests and water: effects of forest management on floods, sedimentation, and water supply[R]. Berkeley, CA: U. S. Department of Agriculture, Forest Service, Pacific Southwest Forest and Range Experiment Station,1976: 115.
[3] ANDERSON M P, WOESSNER W W. Applied groundwater modeling, simulation of flow and advective transport[M]. San Diego, CA: Academic Press, 1992.
[4] ANDERSON T W, FREETHEY G W, TUCCI P. Geohydrology and water resources of alluvial basins in southcentral Arizona and parts of adjacent states[R]. Washington, DC: U. S. Geological Survey,1992.

［5］ BARBERIS J A. International groundwater resources law[J]. FAO Legislative Study,1986，40:36.

［6］ COPPOLA E，POULTON M，CHARLES E，et al. Application of artificial neural networks to complex ground water problems[J]. Natural Resources Research，2003,12(4)：303-320.

［7］ COPPOLA E，RANA A J，POULTON M，et al. A neural network model for predicting aquifer water level elevations[J]. Ground Water，2005,43(2)：231-241.

［8］ COPPOLA E，SZIDAROVSZKY F，POULTON M，et al. Artificial neural network approach for predicting transient water levels in a multilayered groundwater system under variable state，pumping，and climate conditions[J]. Journal of Hydrologic Engineering,2003，8：348-359.

［9］ COULIBALY P，ANCTIL F，BOBÉE B. Multivariate reservoir inflow forecasting using temporal neural networks[J]. Journal of Hydrologic Engineering，2001,9-10：367-376.

［10］ COULIBALY P，BOBÉE B，ANCTIL F. Improving extreme hydrologic events forecasting using a new criterion for artificial neural network selection[J]. Hydrological Processes,2001,15(8)：1533-1536.

对我国水资源监测的认识与分析研究

章雨乾[1]，章树安[2]

(1. 中国水权交易所，北京　100053；2. 水利部水文水资源监测评价中心，北京　100053)

摘　要：本文从水资源监测内涵角度出发，给出了水资源监测的基本任务；简要总结了目前我国地表水、地下水、取用水监测现状，提出了六个方面主要问题；从五个方面重点分析了与传统水文监测的主要差异。目的是为了进一步提高对水资源监测内涵和重要性的认识，以期在今后工作中，按照"水利工程补短板水利行业强监管"总基调要求，不断完善水资源监测站网，不断提高水资源监测现代化技术水平。

关键词：水资源；监测；认识；分析；研究

1　水资源监测基本含义与内容

1.1　基本含义

　　水文学是研究存在于地球大气层中和地球表面以及地壳内的各种水现象的发生和发展规律及其内在联系的学科，为地球水循环演变、相互转换关系提供科学依据，属于自然科学的地理科学范畴。应用水文学是运用水文学及有关学科的理论与方法，研究解决各种实际水文问题的途径和方法，为工程建设和生产提供水文数据、参数、分析评价、预测预报服务的专门学科，属于水利工程学科，其监测信息主要服务涉水工程建设、防汛抗旱指挥、水资源管理、水环境与水生态保护、水工程调度等。相应的水文监测，是指基于水文站网开展的水文要素观测或调查，收集、测量水文及相关资料的作业。

　　根据联合国教科文组织和世界气象组织 1988 年的定义，水资源是指可供利用或有可能被利用，具有足够数量和可用质量，并适合某地对水的需求而能长期供应的水源，其补给来源主要为大气降水。与此相应，水资源监测则是对水资源的数量、质量、分布状况、开发利用保护现状进行定时、定位分析与观测的活动。从广义上讲就是对自然水循环和社会水循环过程中水文要素进行监测。自然水循环主要包括：降水、蒸发、地表径流、土壤水、地下水等；社会水循环主要包括供、取、耗、排水过程。从学科上看，水资源监测更多属于应用科学，也就是它不仅要监测或知道自然水循环水量，更多关注的是，当水具有商品属性时，其量、质变化过程具有很强的社会属性。

　　由于水资源管理、调度和优化配置涉及城乡生活和工业供水、农业灌溉、发电、防洪和生态环境等诸多方面，以及上下游、左右岸、地区之间、部门之间的调度，因此，我国的水资源管理涉及面广、问题复杂、管理难度很大，与之相应的水资源监测同样是问题复杂、难度大。

1.2　基本内容

　　我国现阶段的水资源监测主要包括自然河道（湖泊）、输水渠道的行政区界、主要取用水户(口)、地下水以及供水水源地与供水管道、入河(湖)排污口等的监测,监测要素主要有水量、水位、水质、水温等。SL/Z 349—2006《水资源实时监控系统建设技术导则》,对水资源实时监测系统信息提出了较为具体的内容,主要包括三个部分信息资源:

(1)水资源信息。包括降水量、蒸发量、水位、流量、取水量、用水量、排(退)水量、水厂的进出厂水量、地下水开采量、水质等监测信息。

(2)水资源工程信息。包括泵站、闸门、水电站等水利工程运行的闸位;闸门、泵站、工程机械启动停止信息;管道内压力等信息。

(3)水资源远程监控信息。对河流断面、水源地、水厂、污水处理厂、渠道、涵闸和取排(退)水口等重要对象,实施远距离的视频监视信息;采用人工、半自动和自动等手段对重要闸门、水泵实施控制运行及运行后的反馈信息。

但是,并不是所有的水资源监测系统都具有采集以上所有信息的功能,水资源监测的核心是流量、总水量、水位、水质、降水、蒸发、水温等信息。而水资源工程信息和水资源远程控制信息则是水资源监测系统建设中实现水资源自动化监测必要的信息资源。所以在水资源监控系统建设中包含了上述三个方面信息资源。

需要指出的是,目前国内外有一些学者提出水资源应包括三部分:地表水资源、地下水资源和土壤水资源。但由于土壤水易蒸发或转换为地下水,在传统的水资源监测与评价中,并未将土壤水作为水资源监测与评价的一部分,在实际工作中,土壤水分监测主要作为旱情监测的内容。所以本文所指的水资源监测主要是对地表水、地下水的数量和质量监测,不涉及土壤水分监测。

2 我国水资源监测现状与存在的主要问题

2.1 监测现状

1949年新中国成立后,水文站网发展明显加快,经过多年艰苦努力,并经历了四次规模较大的水文站网规划、论证和调整工作,在全国基本形成了较为完整的站网与监测体系。

(1)在地表水监测方面,在包括流域面积大于1 000 km² 和流域面积小于1 000 km² 的水事敏感区的省际河流上,目前已设立的省界站有504处,大多为驻测站;在流域面积大于500 km² 和流域面积小于500 km² 的水事敏感区的地市际河流上,目前已设立地市界站有481处。在监测方法上,水位主要采用人工监测和自动监测的记录方式,以自动监测为主;河道流量测验根据河道断面、水流等实际情况,采用人工、半自动、自动测流技术,一般选用流速仪法、量水建筑物法(测流堰、测流槽)、浮标法、声学法(时差法、走航式 ADCP、水平式ADCP 等)、电磁法、示踪剂稀释法等测验方法;当流量监测断面能建立较稳定可靠的水位流量关系时,采用推流的方法。

(2)在地下水监测方面,目前全国水利(水文)部门共有地下水监测站约26 000处,其中国家级自动监测10 298处,基本形成能控制我国主要平原区地下水动态的监测站网;监测方式从以前主要以人工监测为主,逐步转变为自动监测为主。其监测频次从人工一般为每日、五日、十日监测1次,到自动监测每日采集6次。另外,还建有少数为开展地下水运移规律研究等的实验站。

（3）在取用水监测方面，农业用水按照灌区分级标准，一般30万亩①及以上的为大型灌区；30万亩以下1万亩以上的为中型灌区；1万亩以下的为小型灌区。目前我国约有大型灌区402处、中型灌区5 200多处、小型灌区1 000多万处。按照最严格水资源管理制度的有关要求，要对纳入取水许可管理的单位和用水大户实行计划用水管理，建立重点用水监控单位名录，强化用水监控管理。水文部门也已经对许多工业企业开展了水平衡测试等工作；宁夏、山东（青岛）等地水文部门还开展了区域用水总量监测，在农业取用水、工业企业取用水和居民用水等方面开展监测与调查，初步积累了监测、统计分析等好的方法与经验。一般而言，对于工业、居民生活等用水量监测，由于大多数是管道，相对容易，也可实现自动监测；对于管道的流量测验，一般可采用水表法、电磁流量计法、声学管道流量计法等；对于农业灌溉，其情况较为复杂，既有地表水也有地下水，地表水监测一般采用上述地表水主要流量监测技术方法，地下水开采量监测，由于涉及井点多、面广，很难在每个井点安装监测仪器设备，目前主要采用调查统计方法，少部分安装监测仪器设备的井点主要采用水表（农用水表）、电表等方法监测。

2.2 存在的主要问题

总体来说，目前水资源监测工作还比较薄弱，不能满足支撑实施最严格水资源管理制度和水利行业强监管的需求，主要存在以下问题：

（1）服务于按行政区界水资源管理的监测站网布设明显不足，监测技术手段较落后。省级行政区界和重要的取水点还存在站网布设空白；现有部分监测站设施设备陈旧、监测与信息传输技术手段相对落后、自动监测能力不足，对行政区域的水资源监控能力明显不足，难以满足支撑对行政区监督考核的需要。

（2）服务于华北地区地下水综合治理的站网不足。目前水利部分在华北等地区深层承压水监测站网布设密度不足，需要在这些地区增加深层承压水监测站的数量；地下水自动监测设备产品稳定性、可靠性还需进一步提升；地下水监测技术发展与现行规范不适应，需修订《地下水监测工程规范》中的站网规划与布设、信息监测资料整编、信息服务系统内容，增加国家地下水运行维护、水质采样与检测等内容，以适应当前技术发展和应用需求。

（3）取用水监测率低，大部分数据主要依靠统计上报，可靠性不够。取用水监测数据目前主要依靠逐级上报的方式统计，数据可靠性、准确性、完整性和时效性不够，不能反映真实的用水情况，有限的计量监测设施还没有发挥应有作用，更难以支撑各地"水资源开发利用控制红线"用水总量考核的需要。

（4）水资源监测站网分散、不完整、管理不统一。为水资源管理、调度、配置服务而布设的水资源监测站网，存在多部门监测、多部门管理的现象，监测规范不统一，监测资料分散，信息共享不够，难以满足水资源统一管理、科学管理的要求。

（5）水资源监测有关技术标准尚未形成自身体系。现有的规范标准主要基于传统的水文监测，尚缺乏满足区域水资源总量控制等红线指标要求的站网布设方法和监测频次、精度等技术标准。

（6）水资源监测有关基础研究薄弱，技术支撑能力不足。缺乏对满足总量控制指标要

---

① 1亩≈667m²。

求的监测站网布设原则的研究,缺乏对不同代表性断面监测精度和频次要求以及监测仪器设备的应用研究,缺乏对区域地下水水位动态变化与开采量之间相关关系的研究等。

3 与传统水文监测的主要差异分析

3.1 站网布设的原则不尽相同

传统水文监测主要以河流水系为基础来进行水文站网布设,遵循流域与区域相结合、区域服从流域的基本原则,并根据测站集水面积、地理位置以及作用不同进行分类布设,主要体现在河流一条线上,以流域水系控制为主。而水资源监测站网布设,除水文监测外,还涉及取用水、地下水等,由仅涉及河流的一条线到涉及工农业、生活、城市、乡村的面,以行政区域控制为主。

水资源监测站网主要以能控制行政区域水资源量,满足以行政区域为单元的水资源管理需要为原则。SL 365—2007《水资源水量监测技术导则》中提出了以下原则:

(1)有利于水量水质同步监测和评价的原则。在行政区界、水功能区界、入河排污口等位置应布设监测或调查站点。

(2)区域水平衡原则。根据区域水平衡原理,以水平衡区为监测对象,观测各水平衡要素的分布情况。

(3)区域总量控制原则。应能基本控制区域产、蓄水量,实测水量应能控制区域内水资源总量的70%以上。

(4)充分利用现有国家基本水文站网原则。若国家基本水文站网不能满足水量控制要求,应增加水资源水量监测专用站。

(5)有利于水资源调度配置原则。在有水资源调度配置要求的区域,应在主要控制断面、引(取、供)水及排(退)水口附近布设监测站点。

(6)实测与调查分析相结合的原则。设站困难的区域,可根据区域内水文气象特征及下垫面条件进行分区,选择有代表性的分区设站监测,通过水文比拟法,获得区域内其他分区的水资源水量信息;也可通过水文调查或其他方法获取水资源水量信息。

3.2 站网布设的目的不尽相同

常规水文站网(流量站网)设站时以收集设站地点的基本水文资料为目的,主要是为防汛提供实时水情资料,通过长期观测,实现插补延长区域内短系列资料,利用空间内插或资料移用技术为区域内任何地点提供水资源的调查评价、开发和利用,水工程的规划、设计、施工,科学研究及其他公共所需的基本水文数据。常规水文测站一般需要设在具有代表性的河流上,以满足面上插补水文资料的要求,多布设在河流中部或河口处。

水资源监测站设立的主要目的是满足准确测算行政区域的水资源量,满足以行政区划为区域的水量控制需要。监测站位置一般需要设在跨行政区界河流上、重要取用水户(口)、水源地等,以满足掌握行政区域水资源量的要求。SL 365—2007《水资源水量监测技术导则》中提出了以下要求:

(1)在有水资源调度配置需求的河流上应布设水量监测站。

（2）在引（取、供）水、排（退）水的渠道或河道上应布设水量监测站。

（3）湖泊、沼泽、洼淀和湿地保护区应布设水量监测站。可在周边选择一个或几个典型代表断面进行水量监测。

（4）在城市供用水大型水源地应布设水量监测站。可结合水平衡测试要求，布设水资源水量监测站，以了解重要及有代表性的供水企业或单位的用水情况。

（5）在对水量和水质结合分析预测起控制作用的入河排污口、水功能区界、河道断面应布设水资源水量监测站，以满足水资源评价和分析需要。

（6）在主要灌区的尾水处应布设水量监测站。

（7）在地下水资源比较丰富和地下水资源利用程度较高的地区应按 SL183—2005《地下水监测规范》的要求布设地下水水量监测站，以掌握地下水动态水量。

（8）在喀斯特地区，跨流域水量交换较大者，应在地表水与地下水转换的主要地点布设水资源水量专用监测站，或在雨洪时期实地调查。

（9）平衡区内配套的雨量站网和蒸发站网应满足水平衡分析的要求。

（10）大型水稻灌区应有作物蒸散发观测站；旱作区除陆面蒸发外还应进行潜水蒸发观测。

（11）大型水库、面积超过 30 万亩的大型灌区应具有水资源水量监测专用站。

3.3 监测要素和时效性不尽相同

常规的流量水文测站一般要求监测项目齐全，至少包括雨量、水位、流量 3 个项目，有的还有蒸发、泥沙、水质和辅助气象观测项目等。传统的水文测验重点常常是洪水，对中小水特别是枯水的测验要求较低，频次较少，平、枯水测验成果误差较大。常规水文站网中，部分具有防汛功能的测站需要实时报送监测信息，其他测站一般不具有实时报送水文信息的需求。

水资源监测要素比常规的水文监测要素更广泛一些，但水资源监测的重点往往是流量，因此对平、枯水流量的测验精度和频次要求高，同时应考虑水量水质同步监测的需要，而对降水、蒸发、泥沙和气象等项目等的测验要求较低。水资源监测要素还包括取水量、用水量、排（退）水量、水厂的进出厂水量、地下水开采量等信息；包括水利工程信息，如泵站、闸门、水电站等水利工程运行的闸位；闸门、泵站、工程机械启动停止信息；管道内压力等信息；城市、工业的明渠管道输水测量。除此以外，为了水资源管理调度，还需要远程监控水资源信息，对一些重要水利工程和水源地对象实施远距离的视频监视信息传输，采用人工、半自动和自动等手段对重要闸门、水泵实施控制运行，并需要控制运行后的反馈信息。

水资源监测对监测信息的实时性要求一般较高，要求测站具有实时向水行政主管部门及时报送监测信息的功能，其监测频次相对传统水文测验而言要求高，对监测仪器设备配置和信息自动传输功能要求高，所以应优先考虑实现巡测和自动监测，并具有信息自动传输功能。

3.4 监测控制要求不尽相同

3.4.1 数据准确度要求

常规的水文流量测验，国家基本水文站按流量测验精度分为三类。其中流速仪法的测量成果可作为率定或校核其他测流方法的标准，其单次流量测验允许误差为：一类精度的水文站总随机不确定度为 5%～9%，二类精度的水文站总随机不确定度为 6%～10%，三类精度的水文站总随机不确定度为 8%～12%（总随机不确定度的置信水平为 95%）。

上述水文测验的河流流量的测量准确度要求已经是可能达到的最高要求，因此水资源的河流流量测量准确度要求应和水文测验要求相同。但水资源监测中的管道流量和部分渠道流量测量准确度要求可能高于河流流量测验要求；地下水开采流量也应用明渠和管道流量测量方法监测，达到相应的准确度要求。为了达到较高的水资源流量监测准确度要求，对有些监测要素可能提出较高的准确度要求，如要求水位监测达到毫米级精度。此外，用于生活用水的水源地、取水口自然有较高的水质监测要求。对一些监测控制信息，也有较高的准确度和可靠性要求。

3.4.2　传输控制要求

水资源管理系统需要传输有关图像，以监视现场。对需要控制运行的泵站、闸门等设施，要保证能可靠控制其运行，并不断监测其工作状况。这些要求和工作特性是完整的工业自动化远程监测控制系统所需要的，和一般的信息采集传输系统有所不同。

3.5　监测要素基本相同，但监测手段不同

目前水文监测以驻站测验为主，巡测和自动监测为辅，流量测验不完全要求在线监测，主要监测明渠流量；水资源监测以自动监测和巡测为主，驻测为辅，流量监测一般要求实现直接或间接的在线监测，除明渠流量监测外，还需对管流进行监测。需要时，还要结合调查统计方法，对取用水量进行调查统计，来获取其相应水量。当然，从水资源监控系统建设来说，除对水资源质量监测外，还需对水资源工程信息和远程控制信息进行监测，这些监测更多的是采用自动监测。

（1）明渠中的流量监测是间接测量，不能直接测得流量，而是要测量水位、水深、断面起点距、流速等多个要素，然后用数学模型计算得到流量。因而流速、水位、水深、起点距成为直接的水资源监测要素。在明渠流量监测中，无论水文监测还是水资源监测，其所需监测的要素相同，而水资源监测技术手段更趋向自动化。

（2）用于满管管道流量测量的管道流量计，可直接测得流量数据。用于非满管管道流量测量的管道流量测量设施，也属于间接测量，需要测量水位、流速，然后用数学模型计算得到流量。

（3）对于水库、湖泊，需要测量其蓄水量，有些河槽蓄水量也是水资源监测要素。监测水位后可以应用水位-库容等关系得到蓄水量。

（4）水质是水资源监测的要素之一，水质参数种类很多。《水环境监测规范》中对河流水质，如饮用水源地水质、湖泊水库水质、地下水水质的必测项目和选测项目做了具体规定，都达到数十项之多，对一些特殊站点，还应加测一些项目。但常规检测并不完全分析全部项目。

4　结语

本文从水资源监测内涵角度，给出了水资源监测基本任务、存在的主要问题，重点分析

了与传统水文监测的主要差异,目的是为了进一步提高对水资源监测重要性及相关技术方法的认识,以期在今后工作中,按照"水利工程补短板 水利行业强监管"总基调要求,不断完善水资源监测站网,不断提高水资源监测现代化技术水平。从传统的水文监测逐步走向水资源监测上来,包括从监测自然水要素向监测自然水要素和社会水要素并重转变,从过去的流域水系一条线向流域和行政相结合转变,从驻测、巡测人工监测为主向自动化和信息化监测转变;为水利行业加强监管,实施最严格水资源管理制度,以及为以水定城、以水定人、以水定产提供强有力的技术支撑。

参考文献:

[1] 姚永熙,章树安,杨建青,等. 水资源信息监测及传输应用技术[M]. 南京:河海大学出版社,2013.

[2] 中华人民共和国水利部. 水资源水量监测技术导则:SL 365—2007[S]. 北京:中国水利水电出版社,2007.

[3] 中华人民共和国水利部. 水资源实时监控系统建设技术导则:SL/Z 349—2006[S]. 北京:中国水利水电出版社,2006.

[4] 章树安,杨建青,姚永熙,等. 全国水资源监测站网规划[R]. 北京:水利部水文局,2012.

[5] 章树安,杨建青,等. 全国省界断面水资源监测站网规划[R]. 北京:水利部水文局,2012.

[6] 谢平,许斌,章树安,等. 变化环境下区域水资源变异问题研究[M]. 北京:科学出版社,2012.

[7] 谢新民,蒋云钟,闫继军,等. 水资源实时监控管理系统理论与实践[M]. 北京:中国水利水电出版社,2005.

[8] 姚永熙,章树安,杨建青. 地下水信息采集与传输应用技术[M]. 南京:河海大学出版社,2011.

[9] 国家技术监督局,中华人民共和国建设部. 河流流量测验规范:GB 50179—93[S]. 北京:中国计划出版社,1993.

国家地下水监测工程(水利部分)主要建设成果综述

杨桂莲[1],孙龙[1],章树安[1],沈强[2]

(1.水利部信息中心(水利部水文水资源监测预报中心),北京 100053;

2.天津水文水资源勘测管理中心,天津 300061)

摘 要: 国家地下水监测工程(水利部分)经过 4 年建设,已建成 10 298 个监测站及完成相应的自动监测仪器和附属设施的安装,建成 1 个国家地下水监测中心、7 个流域地下水监测中心、32 个省级(含新疆生产建设兵团)地下水监测中心、280 个地市级地下水分中心,配置了系统软硬件,统一开发和部署了业务应用软件,实现了两部地下水信息共享。工程的建成使我国地下水监测工作迈上了一个新的台阶,提高了监测自动化水平和信息服务能力。

关键词: 地下水;监测;工程;建设;成果

国家地下水监测工程是一项得到党和国家的高度重视、被列入国家"十三五"规划的国家战略性工程。2010 年 11 月,经国务院批准,国家发展改革委批复项目建议书;2014 年 7 月,国家发展改革委批复项目可研报告;2015 年 6 月 8 日,国家发展改革委批复工程初步设计概算,总投资约 11 亿元[1];2015 年 6 月 10 日,水利部、原国土部联合批复项目初步设计[2],项目进入实施阶段。工程于 2015 年 9 月开工,在水利部党组的领导下,在各有关司局及流域机构、省(自治区、直辖市)有关部门的大力支持和配合下,经过 4 年建设,国家地下水监测工程(水利部分)建设任务已全部完成,工程硕果累累。

1 工程总体完成情况

与自然资源部联合建成 1 个国家地下水监测中心,7 个流域地下水监测中心,32 个省级(含新疆生产建设兵团)地下水监测中心,280 个地市级地下水分中心,10 298 个国家级地下水监测站。其中,地下水监测站包括 10 256 个水位站(新建 7 715 个、改建 2 541 个)和 42 个流量站(新建),新建站成井总进尺 552 297.57 m,监测数据全部实现自动采集与传输,选择有代表性的 100 个站开展自动水质监测(其中 17 个重点站加配 UV 探头)。已按初步设计和设计变更完成了各项建设任务。

(1)国家地下水监测中心

完成国家地下水监测中心大楼(水利部分)生产用房购置与装修改造(实际测绘建筑面积 3 377.26 m²),配置机房配套设备 6 台(套)、信息系统硬件设备 57 台(套)及软件系统 23 套(购置商业软件 13 套、开发业务应用软件 10 套)、档案管理系统 1 套、资产管理系统 1 套,租用 4M 光纤专线 2 条,水质实验室仪器 171 台(套)及实验通风、气路、台柜、污水处理系统等附属设施 4 项;配置档案室密集架及附属设备 14 项,高压细水雾自动灭火系统 1 套;配置信息查询与服务室设备 35 台(套),系统集成 1 项,信息系统安全等级测评 1 项,新增完成大楼电力增容、展览室等建设。实现了全国地下水信息的接收存储、共享交换、应用服务等功能,实现了水利部和自然资源部两部的地下水信息共享。

（2）流域地下水监测中心

7个流域地下水监测中心共配置基础软硬件49台（套）,其中基础硬件21台,商业软件28套。部署统一开发业务软件6套,业务软件本地化定制7项。以各流域水文局信息中心现有计算机网络为依托,通过硬件配置以及流域地下水监测数据库、信息共享和服务软件建设,实现了各流域地下水信息的接收存储、分析评价、应用服务等功能。

（3）省级地下水监测中心

32个省级地下水监测中心共配置基础软硬件377台（套）,其中硬件设备187台,商业软件190套。部署统一开发业务软件8套,信息源建设32项,业务软件本地化定制31项。以32个省级水文部门现有计算机网络为依托（陕西省、吉林省进行网络建设）,通过信息系统软硬件配置、地下水监测数据库和信息服务软件等建设,实现了各省区市地下水信息的接收存储、共享交换、资料汇编、基本应用服务等功能;已与地市、流域、国家级地下水监测中心实现资料共享。

（4）地市级地下水分中心

除浙江省10个地市地下水分中心、广东省10个地市地下水分中心外,260个地市地下水分中心共配置基础软硬件780台（套）,其中服务器260台,商业软件520套。部署统一开发业务软件4套。280个地市分中心和天津省级中心（天津无地市分中心）共配备巡测及测井维护设备4 285台（套）。各地市分中心以地市水文部门现有计算机网络为依托,通过硬件以及巡测及测井维护等仪器设备配置,地下水数据库、信息服务软件等建设,实现了各地市地下水信息采集存储、资料整编等功能。

（5）地下水监测站

建设地下水水位站10 256个,其中新建站7 715个,改建站2 541个（含浙江省155个）;新建流量站42个,建设测流堰槽设施43处。新建站中包含29个自流井站,其中云南省26个,广东省、海南省各1个,黑龙江省1个。配置水位仪器设备共计10 120台（套）（不包括浙江省155套,江苏省24套）,其中压力式水位计9 607台,浮子式水位计511台,其他2套（量水堰计1套,遥测雷达水位计1台）;自动水质仪器设备117套,其中五参数100套,八参数17套。

本工程10 298个地下水监测站均具有水质监测功能。根据年度下达的运维经费和任务开展水质监测,其中2018年对8 896个站（流域机构承担2 060个,省级水文部门承担6 836个）开展了常规水质监测（水利部办公厅　办水文函〔2018〕518号）。

完成10 143个站成井水质采集与分析（不包括浙江省）,10 143个站高程引测及坐标测量（不包括浙江省）,735个站物探勘察。

（6）典型区模型开发

开发完成海河流域典型平原区地下水模拟与应用平台1项,关中平原典型区地下水资源模型1项。

在工程实施过程中对原设计进行了少量必要的变更,主要涉及监测井新改建调整,巡测及测井维护设备,信息源与业务软件本地化定制,国家监测中心大楼装修加固,电力增容,水质实验室仪器设备购置,信息服务系统功能提升等,所有变更均为一般设计变更,按照一般设计变更履行了审批手续。目前,工程已全面完成了批复的建设任务,工程完成的工程量与初设批复工程量的比较见表1。

表 1 国家地下水监测工程完成主要工程量与初设批复工程量比较表

序号	建设内容		单位	建成后	初设	调整量
一	监测站					
1	建设性质	新建	个	7 757	7 688	69
2		改建	个	2 541	2 610	−69
3	站类	水位站	个	10 256	10 256	
4		流量站	个	42	42	
5		自动水质站	个	100	100	
6		成井水质取样化验		10 143	10 143	
7	钻探	总进尺	m	552 297.57	545 377.43	6 920.14
8	附属设施	站房	座	22	307	−285
		井口保护设施	处	1 0074	9 827	247
9	流量站测流设施		处	43	43	
10		压力式水位计	套	9 607	9 618	−11
		浮子式水位计	套	511	528	−17
		其他	套	2		2
	水质自动监测设备		套	117	117	
二	地市级中心	信息系统软硬件	台(套)	780	810	−30
		巡测设备	台(套)	4 285	4 050	235
三	省级中心	信息系统软硬件	台(套)	377	364	13
四	流域中心	信息系统软硬件	台(套)	49	49	
五	国家中心	购置	m²	3 377.26	3 400	−22.74
		装修改造	项	1	1	
		机房配套设备	台(套)	6	8	−2
		信息系统软硬件	台(套)	57	54	3
		水质实验室设备	台(套)	171	29	142
		档案室设备	项	14	15	−1
		会商室设备	台(套)	35	37	−2
		展览室	项	1		
		档案管理系统	套	1	1	
		资产管理系统	套	1		1
		软件开发	套	10	8	2
六	工程总投资		万元	110 262	110 262	

2 主要建设成果

2.1 站网分布

根据"满足需求、继承发展、全面布设、突出重点、方便管理、避免重复"的站网布设原则，监测站主要分布在松散岩类孔隙水平原区，如黄淮海平原、关中平原及山西主要盆地等，在地下水超采区、水源地、南水北调受水区、海水入侵区等特殊类型区加密布设[3]。

10 298 个监测站按监测层位分类，潜水 6 739 个，承压水 3 415 个，混合水 144 个；按地下水类型分类，孔隙水 9 159 个，裂隙水 685 个，岩溶水 454 个。

以大型平原、盆地、山间平原、黄土台塬、岩溶连片区等完整的水文地质单元为基本单位进行布设，共分布监测站 7 275 个，主要平原区站网布设密度达到 SL 183—2005《地下水监测规范》要求；华北超采区和南水北调受水区等特殊类型区站网密度每千平方千米达到 15～40 个，其中北京达到 100 个左右，特殊类型区的站网布设密度均大于主要平原区，满足突出重点的站网布设原则。

10 298 个监测站全部开展水质监测，其中开展常规水质监测的有 8 896 个，常规水质监测站中有 100 个进行水质自动监测。

42 个流量站，其中泉流量站 32 个，地下暗河站 5 个，坎儿井站 5 个。

水利部门各省级行政区站点分布统计见表 2，各流域分布见表 3。

表 2　水利部门各省级行政区地下水监测站点分布表　　　　　单位：个

省级行政区	合计	建设类型		地下水类型			监测层位			常规水质监测站	水质自动监测站		流量站
		新建	改建	孔隙水	裂隙水	岩溶水	潜水	承压水	混合水		一般	其中重点	
北京	437	217	220	427		10	140	297		377	3	1	
天津	365	110	255	363		2	89	272	4	315	5	1	
河北	954	559	395	927	2	25	447	471	36	759	6	1	1
山西	504	249	255	455	13	36	87	318	99	435	4	1	
内蒙古	490	360	130	490			461	29		422	4	1	
辽宁	627	348	279	587	40		606	21		540	7	1	
吉林	510	510		471	39		445	65		439	4	1	
黑龙江	786	603	183	640	146		475	311		677	3	1	
上海	91	91		91			19	72		83	3		
江苏	523	440	83	493	21	9	237	286		461	5	1	
浙江	155	0	155	131	24		109	46		142	2		
安徽	390	390		366	4	20	299	91		339	4	1	
福建	55	55		21	16	18	6	49		50	1		
江西	128	109	19	96	27	5	96	32		115	1		

省级行政区	合计	建设类型		地下水类型			监测层位			常规水质监测站	水质自动监测站		流量站
		新建	改建	孔隙水	裂隙水	岩溶水	潜水	承压水	混合水		一般	其中重点	
山东	802	697	105	659	51	92	686	116		694	8	1	5
河南	712	649	63	711	1		640	72		618	4	1	
湖北	195	195		183	11	1	9	186		175	1		
湖南	83	83		58	3	22	26	57		74	1		
广东	96	88	8	49	26	21	32	64		88	5		
广西	124	120	4	16	23	85	80	44		113	2		20
海南	75	46	29	49	26		19	56		68	2		
重庆	80	80		1	52	27	45	35		72	1		
四川	130	130		128	2		130			116	1		
贵州	59	51	8		9	50	59			53	1		11
云南	173	167	6	88	55	30	116	57		156	1		
西藏	60	60			59	1	53	7		53	1		
陕西	558	417	141	468	89	1	466	87	5	484	5	1	
甘肃	330	275	55	330			330			284	4	1	
青海	140	140		136	4		140			120	4		
宁夏	166	150	16	166			145	21		143	3	1	
新疆	430	318	112	430			229	201		371	3	1	5
兵团	70	50	20	70			18	52		60	1		
总计	10 298	7 757	2 541	9 159	685	454	6 739	3 415	144	8 896	100	17	42

表3 水利部门地下水监测站点各流域分布汇总表 单位:个

流域（片）	合计	建设类型		地下水类型			监测层位			自动水质站		流量站
		新建	改建	孔隙水	裂隙水	岩溶水	潜水	承压水	混合水	一般	其中重点	
长江	1 088	1 037	51	820	155	113	705	383		10		8
黄河	2 356	1 799	557	2 200	101	55	1 681	649	26	26	7	5
淮河	1 621	1 437	184	1 467	62	92	1 217	404		17	4	5
海河	2 347	1 369	978	2 289	11	47	1 075	1 154	118	16	3	1
珠江	352	307	45	135	87	130	166	186		9		23
松辽	2 121	1 592	529	1 896	225	0	1 724	397		15	3	
太湖	413	216	197	352	44	17	171	242		7		
总计	10 298	7 757	2 541	9 159	685	454	6 739	3 415	144	100	17	42

2.2　监测仪器设备配置

监测仪器设备包括:水位监测设备、泉流量监测设备和水质自动监测设备[4-5]。

（1）水位监测设备

共安装水位仪器设备 10 077 套(不包括浙江省 155 套,江苏省 24 套),其中压力式水位计 9 602 套,浮子式水位计 475 套。

（2）泉流量监测设备

共安装泉流量设备 43 套,其中压力式水位计 5 套,浮子式水位计 36 套,量水堰计 1 套,雷达式水位计 1 套。山东省 1 个站有两个断面,配置 2 套设备。通过水位流量关系曲线率定,由水位推算得到流量。

（3）水质自动监测设备

共配置 117 套水质自动监测设备,其中五参数电极法水质监测设备 100 套,八参数 UV 探头水质监测设备 17 套。五参数包括 pH、Cl⁻、电导率、氨氮以及浊度等,八参数包括亚硝氮、COD、BOD、TOC 等。

2.3　信息流程

地下水监测站将水位、水温、水质等自动监测信息通过 GPRS/SMS 信道发送到省级监测中心,省级监测中心通过国家防汛抗旱指挥系统网络将监测信息分别传输到国家地下水监测中心、流域监测中心、相应地市级分中心,地市级分中心负责数据校核,对异常、缺测数据进行修改或补测,将修改后的数据反馈到省级监测中心。水利部和自然资源部两部监测数据在国家中心进行交换共享,国家中心将共享的原国土监测数据传输到省级监测中心和流域监测中心。信息流程见图 1。

水位、水温的监测频次为"六采一发",即每日 12:00、16:00、20:00、次日 00:00、4:00、8:00 各采集一次数据;五参数水质的监测频次为"一采一发",即每日 10:00 采集;八参数水质的监测频次为"二采一发",即每日 10:00、22:00 采集;水位、水温、水质均在次日 8:00 将采集到的数据一次性发送至省级监测中心。

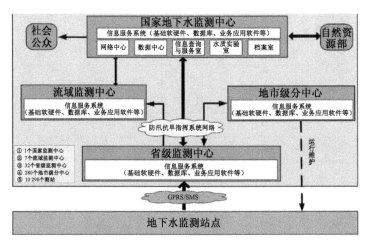

图 1　国家地下水监测工程信息流程

2.4 信息服务系统

（1）总体架构

信息服务系统按照统一的基础环境、技术标准、数据资源、支撑平台、应用软件等"五个统一"技术要求进行开发，分中央、流域、省级、地市 4 级节点进行部署，每个节点的业务应用软件从下到上又划分为 5 层，分别是数据采集层、数据管理层，应用支撑层、业务应用层和应用门户层[6]。系统总体框架见图 2。

（2）数据采集层

数据采集层包括省级、中央、流域、地市 4 级节点，各节点数据来源情况如下：

省级监测中心是数据接收和分发中心，接收从前端设备采集的水位、埋深、水温、泉流量、水质、设备工况等实时监测信息。通过信息源和数据库建设，生成监测站基本信息、抽水试验信息、筛分试验信息、钻孔、岩性等基础数据信息，省级地下水历史埋深整编信息和等值线面成果信息，为国家和流域监测中心提供全面数据信息。

国家监测中心从省级监测中心获取站点基本信息、监测信息、省级历史监测资料、省级历史地下水埋深分析成果、综合成果图、岩芯取样等信息，同时通过共享，从自然资源部、水利部内部获取共享数据。

流域监测中心从省级监测中心获取站点基本信息、抽水试验信息、筛分试验信息、钻孔、岩性等全套基础数据，实时监测数据。

地市分中心从省级监测中心获取站点基本信息、抽水试验信息、筛分试验信息、钻孔、岩性等全套基础数据，实时监测信息以及省级自建实时、历史监测资料等。

（3）数据管理层

数据管理层主要处理各节点数据的存储和管理。其中，省级监测中心主要包含地下水标准库和各业务应用自建的数据库。

标准数据库包含接收库、业务库和交换库。接收库负责接收从设备端传来的实时监测数据。业务库是按照 DXS 02—2016《地下水数据库表结构及标识符》项目标准建设的标准数据库，实现数据的汇集、分析、应用和共享。交换库主要用于存放与其他节点进行交换的数据。接收库至业务库，接收库至交换库都是通过信息共享与交换软件进行数据抽取、转换和加载。

各业务自建的数据库主要包括地下水监测信息接收处理数据库、地下水信息交换与共享数据库、地下水资源业务应用数据库、地下水水质分析系统、地下水监测资料整编数据库、地下水资源信息发布系统数据库（移动客户端软件同此库）、本地化应用软件数据库等。各业务自建数据库中测站基本信息等公共数据均是从标准库中定时自动同步获得。地下水信息查询与维护系统数据库由标准库与自建表两部分组成。

（4）应用支撑层

应用支撑层主要为各应用支撑提供公共服务、通用工具和业务工具。该工具贯穿应用于 4 级中心。其中，公共服务包括数据交换服务、地图服务、数据访问服务、统一用户管理和认证等 5 个部分。通用工具主要包括本项目采购的地理信息系统，以及集成框架中的报表工具，数据交换平台内嵌的中间件、目录等。数据抽取转换装载（ETL）主要由数据共享交换软件、地下水适配器和水利数据交换平台构成。业务工具主要是采购的地下水数值模型软件。

（5）业务应用层

业务应用层主要为业务应用软件，主要包括 4 类：一是 8 大业务软件，即地下水监测信息接收处理、地下水信息交换与共享、地下水资源业务应用、地下水水质分析、地下水监测资料整编、地下水信息查询与维护、地下水资源信息发布、移动客户端软件；二是 2 个典型区模型应用平台，即关中平原典型区地下水资源模型、海河流域典型平原区地下水模拟与应用平台；三是后期升级增补标段开发的 2 套软件，即综合成果分析应用系统、综合运维及绩效考核保障系统；四是档案管理系统和资产管理系统。

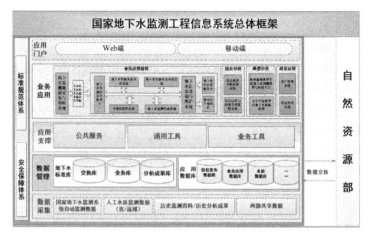

图 2　系统总体框架图

（6）应用门户层

应用门户层主要描述展示各类软件。展示方式主要有 Web 端和移动端两种形式。其中移动端展示支持安卓和 IOS 两种操作系统。

3　主要建设成效

（1）建立了比较完整的国家级地下水监测站网，填补了南方地下水监测站网的空白，北方主要平原区站网密度显著提高，自动监测站网密度达到每千平方千米达到 5.8 个。实现了对全国大型平原、盆地及岩溶山区 350 万 km² 地下水动态的有效监测。

（2）建立了统一技术标准的地下水自动监测系统，大幅度提高了地下水信息采集、传输现代化水平。由过去的人工监测主要每 5 日监测 1 次，通过电话、信函等方式报送信息，变为每日自动采集 6 次与传输，大幅度提高了地下水监测频次和实效性。

（3）监测数据质量得到明显提高。过去通过委托观测员开展的人工监测，主要依靠生产井、民井利用测钟进行监测，基本没有专用井，由于受测具精度及生产井动水位的影响，其监测数据质量整体不高；工程建设完成后 75% 以上为新建井，并采用自动监测方式，其数据质量有明显提升。

（4）建成了国家、流域、省级、地市级监测信息交换和应用系统以及与自然资源部信息交换平台，提高了信息数据处理、分析评价、资料整编及共享服务能力，可为各级领导、各部门和社会提供及时、准确、全面的地下水动态信息，满足科学研究和社会公众对地下水信息的基本需求。

（5）通过工程建设培养了一大批工程设计、建设管理、运行维护的技术人才和管理人才。

参考文献：

［1］河南黄河水文勘测设计院.国家地下水监测工程（水利部分）初步设计报告［R］.郑州：河南黄河水文勘测设计院，2015：183-186.

［2］中华人民共和国水利部，国土资源部.关于国家地下水监测工程初步设计报告的批复［Z］.2015.

［3］严宇红，周政辉.国家地下水监测工程站网布设成果综述［J］.水文，2017（5）：74-78.

［4］李洋，高志.国家地下水监测工程水位自动监测仪器选型分析［J］.地下水，2013，35（5）：70-71＋86.

［5］周川辰，蒋新新，李玉梅，等.地下水位监测仪器质量检测技术研究与应用［J］.水利信息化，2016（1）：38-43.

［6］周政辉，刘庆涛，张淑娜.国家地下水监测工程（水利部分）系统总集成设计［J］.水利信息化，2016（6）：50-54＋72.

物探勘察在国家地下水监测工程中的应用

吴昊晨[1]，于钋[2]，王卓然[2]，王志超[1]，闫蓓[3]

(1. 松辽水利委员会水文局黑龙江中游水文水资源中心,黑龙江　佳木斯　156400;

2. 水利部信息中心,北京　100053;3. 陕西省水工程勘察规划研究院,陕西　西安　710000)

摘　要:利用多种物探勘测方法,查明国家地下水监测工程(水利部分)拟布设岩石监测井区域的地下水分布特征、补径排规律和地层岩性等水文地质特征。通过调查成果对勘察的监测井进行建站合理性分析和风险评估。

关键词:国家地下水监测工程;物探勘察;监测井;合理性分析

物探勘察在地下水资源勘察中已成为一种必不可少的手段,尤其在水文地质研究程度较低,前人资料较少或时间、经费紧张的情况下其重要作用更加明显[1]。国家地下水监测工程(水利部分)物探工作是通过水文地质调查、物探勘察等科学合理的工作方法,初步查明全国 21 个省(市、区)基岩监测井所布设区域的地层岩性、地下水的补径排、水位埋深等水文地质条件,进一步分析判断原设计监测井的位置、井深、地下水类型、监测目的层等参数的合理性,为优化初步设计、保障工程施工提供依据。

1　概况

国家地下水监测工程(水利部分)岩石监测井涉及黑龙江、吉林、辽宁、山东、河北、西藏、四川、陕西、山西、云南、贵州、广西、江西、重庆、安徽、江苏、湖南、湖北、福建、广东、海南 21 个省(市、区),共布设监测井 723 眼(含 2 眼孔隙水监测井)[2]。以流域为单元,结合行政区划将工作范围划分六大区块,分别为:Ⅰ区(黑龙江、吉林、辽宁),Ⅱ区(福建、海南、广东、江西),Ⅲ区(重庆、云南、贵州、湖南、湖北、广西),Ⅳ区(河北、山东、山西、陕西),Ⅴ区(安徽、江苏),Ⅵ区(西藏、四川)。由于国家地下水监测工程(水利部分)岩石监测井分布范围较广,工作量大面广,涉及我国南北不同的地形地貌和水文地质单元区域,条件差异大,地电特性各异。为了更好地完成本次工作任务,使物探成果更好、更准确地反映各勘察区的实际水文地质特征,物探勘察工作中,采用了激发极化电测深法、瞬变电磁法、高密度电法、EH-4 音频大地电磁法及天然电场选频法等物探方法。

2　物探勘察方法和技术

黑龙江省、吉林省、辽宁省、海南省、广东省、湖南省、湖北省、河北省、山东省、四川省、西

作者简介:吴昊晨(1994—),男,大学本科,助理工程师,主要从事水文水资源、水文测验方面工作。

藏自治区等 11 个省(区)采用激发极化电测深法;陕西省、重庆市、云南省、贵州省等 4 个省采用激发极化电测深法及瞬变电磁法;江西省采用高密度电法及 EH-4 音频大地电磁法;福建省采用高密度电法和天然电场选频法;广西壮族自治区、安徽省、江苏省采用天然电场选频法及激发极化电测深法。

激发极化电测深法是根据岩石、矿石的激发极化效应来寻找金属矿和解决水文地质、工程地质等问题的一组电法勘探方法,以不同岩矿石的激电效应之差异为物质基础,通过观测和研究大地激电效应,以探查地下地质情况[3]。

瞬变电磁法的工作原理是在地表敷设不接地线框或接地电极,输入阶跃电流,当回线中电流突然断开时,在下半空间就要激励起感应涡流以维持断开电流前已存在的磁场,并且此涡流场随时间以等效涡流环的形式向下传播、向外扩展,利用不接地线圈、接地电极或地面中心探头观测此二次涡流磁场或电场的变化情况,可研究浅层至中深层的地电结构[4]。

高密度电法是根据在施加电场作用下地中传导电流的分布规律,推断地下具有不同电阻率的地质体的赋存情况。视电阻率值 $\rho_s = K\Delta V/I$,根据实测的视电阻率剖面,进行计算、分析,便可获得地下地层中的电阻率分布情况,从而可以划分地层,判定异常[5]。

EH-4 音频大地电磁法测深测量技术是天然场源与人工场源相结合的大地电磁测量系统,其观测的基本参数为正交的电场分量和磁场分量。通过密点连续测量,采用专业反演解释处理软件可以组成地下二维电阻率剖面,甚至三维立体电阻率成像。该方法通过测量正交的电场和磁场分量,可以确定介质的电阻率,通过电阻率断面分布推断目标体的特征[6]。

天然电场选频法测量技术是利用大地电磁场作为工作场源,以地下岩矿石的电阻率(或天然电位差)及其他物性差异为基础,通过测量电磁场在地面产生的电场变化特征,研究地下地电断面的电性差异,以达到探测地下水的一种新兴物探方法[7]。

3 地球物理特性

Ⅰ区监测井区的岩性主要为第四系的亚黏土、砂砾石、残积粉质黏土夹碎石或冲洪积亚砂土;基岩岩性主要为泥岩、砂岩、玄武岩、灰岩、白云岩、板岩、石英岩、页岩、花岗岩等。Ⅱ区地层,泥盆系岩性是以碎屑岩为主夹少量碳酸盐岩类、碳酸盐岩为主的夹碎屑岩类、碎屑岩,石炭系岩性主要为灰岩、砂岩及页岩。二叠系为灰岩、砂岩及页岩,三叠系为砂岩页岩互层,侏罗系为砂岩、砂砾岩、页岩等,第四系下更新统由砂砾岩、砂、砂砾石、亚砂土及黏土组成,中更新统北海组由亚砂土、砂及砂砾石组成,海南省勘察区岩性主要为花岗岩类。Ⅲ区地层岩性主要为松散岩类、砂泥岩、灰岩等。Ⅳ区主要地层为第四系冲洪积层,白垩系、侏罗系、三叠系、二叠系、石炭系砂岩泥岩互层、砂页岩及奥陶系灰岩,第四系主要为细砂、砂砾卵石、亚黏土、黏土、卵石夹砾石层,基岩岩性主要有砂岩泥岩互层、花岗片麻岩、灰岩、页岩。Ⅴ区地层岩性为第四系黏土、粉质黏土、粉砂、细砂、中砂、砾石,侏罗系、三叠系、石炭系砂岩、泥岩、页岩,奥陶系、寒武系和震旦系灰岩、白云岩。Ⅵ区地层岩性为第四系黏土、亚黏土、中细砂、砂砾卵石、含漂卵石及二叠系砂岩、泥岩。

岩石电阻率:覆盖层 $1\sim2\times10^2\ \Omega\cdot M$、砂岩 $1\times10\sim1\times10^3\ \Omega\cdot M$、泥岩 $1\times10\sim1\times10^2\ \Omega\cdot M$、玄武岩 $5\times10\sim1\times10^5\ \Omega\cdot M$、灰岩 $6\times10^2\sim6\times10^3\ \Omega\cdot M$、泥灰岩 $1\times10\sim$

$1 \times 10^2 \Omega \cdot M$、白云岩 $5 \times 10 \sim 6 \times 10^3 \Omega \cdot M$、板岩 $1 \times 10 \sim 1 \times 10^2 \Omega \cdot M$、石英岩 $2 \times 10^2 \sim 1 \times 10^5 \Omega \cdot M$、页岩 $1 \times 10^2 \sim 1 \times 10^3 \Omega \cdot M$、花岗岩 $6 \times 10^2 \sim 1 \times 10^5 \Omega \cdot M$、黏土 $6 \times 10^3 \Omega \cdot M$、砾岩 $1 \times 10 \sim 1 \times 10^4 \Omega \cdot M$。第四系表层电阻率一般在 $10 \sim 80 \Omega \cdot M$ 之间；奥陶系灰岩电阻率大于 $700 \Omega \cdot M$，泥质灰岩、薄层灰岩电阻率一般在 $200 \sim 600 \Omega \cdot M$ 之间，火成岩电阻率大于 $800 \Omega \cdot M$。从岩石电阻率特征看，各类岩石在电性上具有较明显的差异，具备了电法工作的地球物理条件。

勘察区内地下水类型主要为松散岩类孔隙水、碎屑岩类裂隙孔隙水、碳酸盐岩类岩溶水、基岩裂隙水。松散岩类孔隙水含水层具有明显的高极化特征，因砂土、砂砾石较为松散，其含水层有明显的高阻特征；若砂土较厚，含水层位较低，则松散岩层上部呈现相对低阻特征。基岩裂隙水含水层主要赋存于侵入岩、沉积岩和变质岩的构造裂隙中，裂隙岩层通常由部分裂隙在岩层中局部范围内连通构成带状或脉状裂隙含水系统，其视电阻率值较围岩明显下降，视极化率值、半衰时、衰减度呈高值异常显示。碳酸盐岩类岩溶水含水层具有明显的高极化特征，对应位置能产生明显的激电高视极化率异常，且在富水性较强层位，视激发比、视衰减度值均较高，整体呈现高视极化率、视激发比、视衰减度异常。

因不同岩石的电性特征有一定差异，同种岩石因赋水性不同，其电性亦会发生变化。所以采用电法寻找地下含水层、分析推断含水层的特性是切实可行的。

4 完成工作量及质量评价

每个监测井勘察区水文地质调查面积均在 $3 \sim 4~km^2$ 之间，Ⅰ区完成水文地质调查面积 $428~km^2$，激发极化电测深法测深点 196 个。Ⅱ区完成水文地质调查面积 $340~km^2$，激发极化电测深法测深点 237 个，天然电场选频法测深点 352 个，EH-4 音频大地电磁测深点 212 个，高密度电法测深点 5 240 个。Ⅲ区完成水文地质调查面积 $1~013~km^2$，激发极化电测深法测深点 293 个，天然电场选频法测深点 103 个，瞬变电磁法测深点 2 366 个。Ⅳ区完成水文地质调查面积 $716.1~km^2$，激发极化电测深法测深点 866 个，瞬变电磁法测深点 20 个。Ⅴ区完成水文地质调查面积 $74.5~km^2$，天然电场选频法测深点 657 个，总剖面长度 4 700 m，激发极化电测深法测深点 115 个。Ⅵ区完成水文地质调查面积 $15~km^2$，激发极化电测深法测深点 11 个。完成工作量详见表 1。

表 1 工作量完成统计表

分区	省(市/区)	水文地质调查面积 /km²	物探测点数量/个					合计
			激发极化电测深法	瞬变电磁法	高密度电法	EH-4 音频大地电磁法	天然电场选频法	
Ⅰ区	黑龙江	372	174					174
	吉林	16	6					6
	辽宁	40	16					16
	合计	428	196					196

分区	省(市/区)	水文地质调查面积/km²	物探测点数量/个					
			激发极化电测深法	瞬变电磁法	高密度电法	EH-4音频大地电磁法	天然电场选频法	合计
II区	福建省	77			260		352	612
	海南省	52	72					72
	广东省	117	165					165
	江西省	94			4 980	212		5 192
	合计	340	237		5 240	212	352	6 041
III区	重庆市	284	18	1 586				1 604
	云南省	196	96	368				464
	贵州省	137	31	412				443
	湖南省	50	48					48
	湖北省	70	100					100
	广西壮族自治区	267					103	103
	合计	1 013	293	2 366			103	2 762
IV区	河北省	35	24					24
	山东省	406	497					497
	山西省	35	29					29
	陕西省	240.1	316	20				336
	合计	716.1	866	20				886
V区	安徽省	62.5	100				542	642
	江苏省	12	15				115	130
	合计	74.5	115				657	772
VI区	西藏自治区	6	4					4
	四川省	9	7					7
	合计	15	11					11
总计		2 586.6	1 718	2 386	5 240	212	1 112	10 668

　　质量检查严格按照 SL 326—2005《水利水电工程物探规程》[8]的技术要求执行,检查点在全测区范围内均匀分布,异常地段、可疑点、突变点布置检查点,测量精度按照 B 级标准执行。经统计分析各种物探方法的质检率均大于 5%,视电阻率、视极化率、均方误差均小于5%,符合规范规程要求。

5　物探勘察成果分析

通过监测井区的水文地质调查及物探勘察,查明了各监测井区的地下水类型、补径排特征、含水层特征、地下水水位埋深等水文地质条件;通过对各监测井区的水文地质条件、地电结构、岩性组成及构造特征的分析,推断出监测井区的主要含水层位置、厚度、埋深及分布状态,并对各监测井的建站合理性进行了分析评估。

5.1　工作成果

Ⅰ区地下水类型主要为第四系孔隙水、基岩裂隙孔隙水;地下水一般以大气降水、灌水、地表水及融雪水入渗补给为主,排泄主要靠蒸发和河谷排出区外,或被人工开采。地下水水位埋深最浅 2 m,最深 30 m,主要含水层为第四系砂砾卵石层及基岩裂隙发育区,含水层厚度一般为 10～40 m。其中黑龙江省监测井区地下水水位埋深为 2～30 m,含水层厚 20～40 m,吉林省敦化地区监测井区地下水水位埋深为 4～6 m,含水层厚 15～30 m,辽宁省大连市监测井区地下水水位埋深为 2.5～26 m,含水层厚 10～30 m。

Ⅱ区地下水类型为碳酸盐岩岩溶水、基岩裂隙水和第四系孔隙水;地下水一般以大气降水、灌水、地表水及融雪水入渗补给为主,排泄主要靠蒸发和河谷排出区外,或被人工开采。主要含水层为第四系冲洪积砂砾卵石层,含水层厚度一般为 5～40 m;其次是基岩风化、裂隙发育、岩溶发育区域,风化带裂隙水和溶蚀孔隙裂隙水的富水段主要集中在较浅部,基岩裂隙水或岩溶水埋深较深。

Ⅲ区地下水类型为碳酸盐岩岩溶水、基岩裂隙水和第四系孔隙水;地下水一般以大气降水、灌水、地表水及融雪水入渗补给为主,排泄主要靠蒸发和河谷排出区外,或被人工开采。松散层孔隙水主要含水层为第四系冲洪积砂砾卵石层,含水层埋深一般较浅;其次是基岩风化、裂隙发育、岩溶发育区域,风化带裂隙水和溶蚀孔隙裂隙水的富水段主要集中在浅—深部,基岩裂隙水或岩溶水埋深一般较深。

Ⅳ区地下水类型为第四系孔隙水、基岩裂隙水和碳酸盐岩类岩溶水;地下水一般以大气降水、灌水、地表水及融雪水入渗补给为主,排泄主要靠蒸发和河谷排出区外,或被人工开采。地下水水位埋深一般为 3～80 m;主要含水层为碳酸盐岩岩溶水和基岩裂隙水,其次是第四系孔隙水。

Ⅴ区地下水类型为岩浆岩、变质岩类裂隙水和碳酸盐岩类岩溶水;地下水一般以降水入渗、河水入渗、侧向补给为主,排泄主要靠蒸发、泉水溢出、人工开采以及垂向和侧向排泄。根据本次水文地质调查成果及前人资料,本区地下水水位埋深一般为 1～10 m;主要含水层为碳酸盐岩岩溶水,其次是基岩裂隙水。

Ⅵ区地下水类型为基岩裂隙水和第四系孔隙水;地下水一般以大气降水、灌水、地表水及融雪水入渗补给为主,排泄主要靠蒸发和河谷排出区外,或被人工开采。地下水水位埋深一般为 3～8 m;含水层为第四系冲洪积砂砾卵石层及基岩风化、裂隙发育区域,含水层厚度一般为 10～40 m;风化带裂隙水和溶蚀孔隙裂隙水的富水段主要集中在浅部,基岩风化带一般为 15～30 m。

5.2 分析评估结果

勘察的 723 眼基岩监测井中基本合理的有 482 眼,不合理的有 241 眼。其中井位不合理 12 眼,井深不合理 90 眼,地下水类型不合理 44 眼,监测层位不合理 55 眼,井深、地下水类型、监测层位均不合理 6 眼,井深与地下水类型均不合理 9 眼,井深、监测层位均不合理 13 眼,地下水类型、监测层位均不合理 12 眼。Ⅰ区 98 眼监测井设计基本合理,不合理的监测井有 9 眼,其中井位不合理 1 眼,井深不合理 8 眼。Ⅱ区 74 眼监测井基本合理,36 眼监测井不合理,其中 3 眼井位不合理,6 眼井深不合理,11 眼地下水类型不合理,12 眼监测层位不合理,3 眼井深、监测层位均不合理,1 眼地下水类型、监测层位均不合理。Ⅲ区 135 眼监测井设计基本合理,152 眼监测井不合理,其中 8 眼井位不合理,53 眼井深不合理,23 眼地下水类型不合理,39 眼监测层位不合理,3 眼井深、地下水类型及监测层位均不合理,9 眼井深、地下水类型均不合理,8 眼监测井井深、监测层位均不合理,9 眼监测井地下水类型、监测层位均不合理。Ⅳ区不合理的基岩监测井共 26 眼,其中井深不合理 7 眼,地下水类型不合理 8 眼,监测层位不合理 4 眼,井深、地下水类型及监测层位均不合理 3 眼,井深及监测层位均不合理 2 眼,地下水类型及监测层位均不合理 2 眼;基本合理的基岩监测井共 167 眼。Ⅴ区不合理的基岩监测井共 16 眼,其中井深不合理 15 眼,地下水类型不合理 1 眼;基本合理的基岩监测井共 7 眼。Ⅵ区 3 眼监测井中 1 眼设计合理,2 眼设计不合理,其中 1 眼井深不合理,1 眼监测类型不合理。

建站的风险性预测结果为:风险性大的监测井共 12 眼,其中Ⅰ区 1 眼,Ⅱ区 3 眼,Ⅲ区 8 眼;风险性中等的监测井共 130 眼,其中Ⅰ区 8 眼,Ⅱ区 10 眼,Ⅲ区 82 眼,Ⅳ区 14 眼,Ⅴ区 15 眼,Ⅵ区 1 眼;风险性较小的监测井共 99 眼,其中Ⅱ区 23 眼,Ⅲ区 62 眼,Ⅳ区 12 眼,Ⅴ区 1 眼,Ⅵ区 1 眼;风险性小的监测井共 482 眼,其中Ⅰ区 98 眼,Ⅱ区 74 眼,Ⅲ区 135 眼,Ⅳ区 167 眼,Ⅴ区 7 眼,Ⅵ区 1 眼。

6 结论

物探勘察工作为确定经济合理的国家地下水监测工程(水利部分)岩石监测井设计参数,判断原设计的基岩监测井是否达到监测目的、建站合理性提供了充分依据。开展物探工作的 21 个省(市、区)共建成岩石层监测井 892 眼,一次成井率达 96％以上,极大地提高了岩石层监测井的打井成功率;优化调整裂隙水建站数量,共减少进尺 610 m,节约了投资,证明了前期所做的物探工作非常必要且有成效。

参考文献:
[1] 范建明.地下水资源勘察中物探的作用[J].山西水利科技,2004(2):64-65.
[2] 河南黄河水文勘测设计院.国家地下水监测工程(水利部分)初步设计报告[R].郑州:河南黄河水文勘测设计院,2015.
[3] 李金铭.激发极化法方法技术指南[M].北京:地质出版社,2004.
[4] 王丽红,肖宏跃,卜璐,等.瞬变电磁法在钻井探测中的应用[J].世界有色金属,2019(16):183-184.
[5] 邱小峰.高密度电阻率法在探测地下雨污水管道中的应用[J].工程地球物理学报,2019,16(1):97-100.

［6］谭红艳,吕骏超,刘桂香,等.EH4音频大地电磁测深方法在鄂东南地区寻找隐伏矿体的应用[J].地质与勘探,2011(6):1133-1141.

［7］杨天春,梁竞,程辉,等.天然电场选频法的浅层地下水勘探效果与异常分析[J].物探与化探,2018(6):1194-1200.

［8］中华人民共和国水利部.水利水电工程物探规程:SL 326—2005[S].北京:中国水利水电出版社,2005.

监测仪器检测在国家地下水监测工程建设中的应用

沈强[1],杨桂莲[2],卢洪建[2],周川辰[3]

(1. 天津水文水资源勘测管理中心,天津　300061;2. 水利部信息中心
(水利部水文水资源监测预报中心),北京　100053;3. 水利部水文仪器及
岩土工程仪器质量监督检验测试中心,江苏　南京 210012)

摘　要: 国家地下水监测工程是国家级社会公益性项目,地下水监测仪器是其重要的组成部分。为保证国家地下水监测工程水位自动监测仪器设备质量,应增加仪器设备专业检测环节,以遴选出测量准确、稳定可靠的仪器。通过确定仪器检测内容、检测项目,委托专业机构开展仪器设备招标前检测和比测、仪器设备中标后抽检,发布合格产品目录,为项目产品的选型提供了有力的技术支撑,也保证了中标产品质量的一致性与可靠性。

关键词: 地下水监测;水位监测仪器;检测;工程

1　引言

国家地下水监测工程是国家级社会公益性项目,工程包括水利和国土两个部分。其中水利部分建设内容包括:建设 1 个国家地下水监测中心、7 个流域地下水监测中心、32 个省级地下水监测中心(含新疆生产建设兵团)、280 个地市级地下水分中心,新建和改建地下水监测站 10 298 个,配备相应的地下水信息自动采集传输仪器[1]。

工程采用的地下水信息自动采集传输仪器按监测项目主要有水位、水温、水质自动监测仪器,其中地下水水位自动监测仪器设备主要为一体化压力式水位计和浮子式水位计两种[2],水位巡测设备主要为悬锤式水位计。

传统的水位监测仪器主要有分体式压力式或浮子式水位监测仪器,存在维护成本高、使用寿命短等缺点[3]。随着监测水平和要求的不断提高,对监测仪器的集成化要求也越来越高,市场上出现了一体化自动监测设备,即传感器、数据采集传输设备、供电系统可集成一体,仪器设备高度集成、体积小,可置于井内,采用陶瓷电容压力传感器替代了传统压阻式压力传感器,采用干电池或锂电池供电,替代了传统太阳能板和蓄电池的供电模式,降低了工作与值守功耗,仪器结构更加易于安装与使用[4-5]。但新产品的出现、新技术的应用带来的问题就是市面上生产厂家众多,虽然各厂家都将自己产品的技术指标标称得很高,但实际上产品质量参差不齐,有些甚至无法满足标准上提出的技术要求,加上这些涌现的新产品基本都没有通过型式检验或产品鉴定,各项性能指标都无法让人真正信服。

针对目前国内外地下水水位监测仪器产品质量参差不齐的现状,为遴选出测量准确、稳定

资助项目:国家地下水监测工程(水利部分)项目。

作者简介:沈强(1981—),男,研究生,工程师,从事地下水监测工作。

可靠的仪器,确保监测使用的地下水水位计稳定可靠运行且数据准确,水利部水文仪器及岩土工程仪器质量监督检验测试中心(以下简称质检中心)接受委托,对仪器设备的各项技术指标进行必要的检测与质量评估。2014年,质检中心完成了实验室检测平台建设,对地下水水位仪器测量准确度、稳定性、环境适应性、固态存储功能等主要技术参数提出了评估指标,形成了一套成熟的检测流程和操作规范,完成了仪器设备招标前的检测和比测、仪器设备中标后的抽检。

2 仪器设备检测指标与方法

地下水水位监测仪器检测包括试验室检测、模拟野外检测和数据传输规约符合性测试三部分。试验室检测主要针对地下水水位监测仪器的常规性能和技术指标进行检测,模拟野外检测主要针对地下水水位监测仪器长期稳定性进行测试,规约符合性测试主要针对地下水水位监测设备的数据传输规约符合性和数据传输能力进行测试[6-7]。

2.1 检测指标

浮子式、压力式和悬锤式地下水水位监测仪器各自的特点不同,相应的检测项目也不相同,主要检测项目均能够完全准确反映出仪器的基本性能指标。同时根据不同检测项目对仪器性能的影响程度和仪器检测过程中的重要程度,将检测项目划分为关键和非关键项目。在产品质量评估时,所有关键检测项目必须全部检测合格,否则为不合格。非关键检测项目,最多只允许有1项出现一般不合格情况,一般不合格指产品发生故障时,无须更换元器件、零部件、修改软件,仅需现场简单处理即可恢复产品的正常工作。

表 1 检测项目一览表

序号	检测项目		浮子式	压力式	悬锤式	关键检测项目
1	准确度	基本误差	■	■	■	
		重复性	■	■	■	■
		回差(浮子式)	■			
2	稳定性(压力式)			■		■
3	气候环境适应性		■	■	■	■
4	机械环境适应性		■	■	■	
5	电磁环境适应性		■	■	■	
6	外观		■	■	■	
7	结构		■	■	■	
8	电源		■	■		
9	功耗		■	■		
10	密封性能		■	■		■
11	温度测量误差			■		
12	固态存储		■	■		■
13	数据传输规约符合性		■	■		■

（1）实验室检测

实验室检测是仪器检测过程中最主要的环节,涵盖了针对仪器准确度、稳定性(针对压力式水位计)、环境适应性、外观、结构、电源、功耗、密封性能、温度测量误差、固态存储等各项指标的检测。

表 2　实验室常规检测平台设施设备表

序号	检测项目		检测设施或设备	主要技术指标
1	准确度		10 m水位台	水位变化速度:(0～60)cm/min 标准水位误差:≤±3 mm
2	稳定性	时间漂移	时间漂移装置	ϕ315 mm(外径)×1 100 mm
		温度漂移	温度漂移装置	试验温度范围:4～40℃ 温度波动度:≤±0.2℃/30min 温度场均匀度:≤0.5℃
3	气候环境适应性		恒温恒湿试验机	温度波动<±2℃,湿度波动<±3%RH
4	机械环境适应性		电动振动系统、跌落试验台	振动频率(0～160)Hz,加速度(0～30)m/s² 跌落高度(0～1 000)mm
5	电磁环境适应性		工频磁场发生器	(0～500)A/m连续可调工频磁场
6	外观		目测及拍照留样	/
7	结构			
8	电源		数字功率计	测量精度:0.1级
9	功耗			
10	密封性能		IP防护试验装置	可提供IP67试验要求
11	温度测量误差		恒温水浴、铂电阻温度计	可提供0～80℃恒温水浴 温度计精度±0.05℃
12	固态存储		计算机及相关测试软件	/

（2）模拟野外检测

实验室检测忽略了仪器在现场使用过程中,随着环境变化和时间推移而产生的仪器自身的性能改变,因此特别加入了模拟野外检测环节,以考查仪器在一段时间内的准确度、稳定性和可靠性。模拟野外检测,主要针对一体化压力式水位计的长期稳定性进行测试。模拟野外比测试验平台主要由模拟野外地下水试验井、压力水位计水下部分升降装置、标准水位测量装置等组成。野外比测时间为 60 d。具体指标如下:地下水位埋深变幅0～10 m时,埋深测量综合误差≤±2 cm 的数据率大于等于 95%,且综合误差≤±3 cm 的数据率为100%;中心站接收数据率(自报及召测)≥95%;固态存储数据与中心站接收、召测数据(数值与时间)一致率为 100%。

（3）规约符合性

为满足国家地下水监测工程要求,避免国家地下水监测工程项目传感器和 RTU 分别采购、安装时可能出现的数据传输问题,对厂商提出了一体化仪器概念,即传感器＋RTU 一体化监测仪器,规定了送检的一体化监测仪器首先进行数据传输规约符合性检测。规约符合性包括两部分测试内容:地下水水位监测设备的数据传输规约符合性和数据传输能力。测试时通过中心站计算机和专用检测软件,按照国家地下水监测工程(水利部分)要求的监测数据传输规约,连接固定 IP 网络和 GPRS 信道,对地下水水位监测设备收发相关指令进行测试,检测系统结构如图 1 所示。

图 1　检测系统结构示意图

2.2　检测项目的不合格程度划分

对于监测仪器的质量评估,是一个综合评价过程。对于不同类型的仪器,应有相应的要求。浮子式水位计须能够通过规约符合性测试和实验室检测;压力式水位计则在此基础上,还须通过为期 2 个月的模拟野外检测试验,以验证仪器的长期稳定性和可靠性;悬锤式水位计因其结构简单且主要用于人工巡检,须通过实验室部分功能的检测要求。质量控制体系与评判准则最大限度地做到全面且准确。不合格程度的划分、检测项目的关键性区分,都有一个明确的指示,力争做到客观公正。

2.2.1　检测项目的不合格程度划分

(1)一般不合格

在检测过程中,产品发生故障后,不更换自身元器件、零部件,也不修改软件程序,仅需现场简单处理,即可恢复正常工作,此类故障判为一般不合格。

(2)严重不合格

在检测过程中,发现产品对人身安全构成危险或严重损坏仪器基本功能的、突然的电气失效或结构失效而引起仪器不能正常工作的,或是关键性能特性误差超过规定范围的,以及检测过程需要更换仪器元器件、零部件或修改软件才能完成检测的,这类情况应该判为严重不合格。

2.2.2　单一产品的评判

单一产品的检测,应按标准或技术要求,逐项检测产品的性能指标,其检测项目分为关键检测项目和非关键检测项目。非关键检测项目视其不合格程度可分为"一般不合格"和"严重不合格"。受检样品有关键检测项目不合格时,即判定该仪器产品检测不合格;有 1 项非关键检测项目出现"一般不合格"时,仍可判定该仪器产品检测合格;有 1 项以上(含 1 项)非关键检测项目出现"严重不合格",或者有 2 项以上(含 2 项)非关键检测项目出现"一般不合格"时,即判定该仪器产品检测不合格。

3 仪器设备招标前检测和比测工作

为确保国家地下水监测工程地下水水位监测仪器质量,在招标时设定资格条件,要求拟投标的仪器设备必须经水利部质检中心检测合格。招标前检测工作就是由质检中心遴选出检测合格的产品,发布合格产品目录,为国家地下水监测工程建设仪器设备招投标奠定基础。

检测共进行了两期,第一期检测在 2015 年 5 月完成[8],第二期在 2016 年 3 月完成。

第一批次有 63 个厂家、92 台仪器参与检测,第二批次有 71 个厂家、116 台仪器参与检测。总体检测合格产品数量为 81 台,其中一体化压力式水位计 64 台,一体化浮子式水位计 14 台,悬锤式水位计 3 台,总体检测合格率为 38.94%。

在不合格的产品中,不合格项目较多的是准确度、稳定性,这 2 项是仪器设备准确可靠最关键的指标,仪器出现误差超标的原因可能与一体化水位计中传感器的选型有着直接的关系,而稳定性的温度漂移指标还与仪器自身的温度补偿过程有关。

4 仪器设备中标后抽检

在只有入围合格产品目录的仪器才能进行国家地下水监测工程项目仪器设备标段投标的情况下,为防止企业中标后批量生产的仪器质量与送检时不一致,本项目根据实际需要,又增加了中标产品的抽样检测工作,合格后方可发货安装,进一步保证了项目所用仪器设备的质量。

国家地下水监测工程仪器设备共分为 48 个标段,产品抽样检测从 2016 年 10 月 18 日开始,至 2017 年 11 月 1 日完成,共有 15 家仪器设备厂商中标。各中标单位均按要求进行了抽检。抽样的水位计主要有三种:一体化压力式水位计、一体化浮子式水位计、悬锤式水位计。31 个省(自治区、市)完成了抽样检测工作,抽样基数共 11 035 套,抽样数量共 531 套。

4.1 抽检方案

4.1.1 抽样方式及数量

对于国家地下水监测工程项目中标单位产品的质量监控,只进行实验室检测,产品采取每批随机抽样:每种型号规格的产品的抽样数量按中标数量的 5% 控制(若为小数则进位取整数),如仪器数量(本批次总量的 5%)不足 3 台,应至少抽取 3 台。具体抽样数量可由建设单位与中标单位协商确定。

表 3 抽样数量

本批供货数量	抽样数或抽样比例
1～50 台	3 台
51～100 台	5%
101～200 台	4%
201 台以上	3%

注:本批供货数量是指企业一次供货的总台数,可以是若干个标段同一批供货数量。

4.1.2　送样方式

无论送样或抽样的产品,均由相关中标单位安排送样或邮寄送样,应保证仪器不因运输环节而有任何损害。质检中心收样后,开样时应对仪器及包装状态进行严格检查并记录。

4.1.3　批量产品合格判定原则

当抽样数量为本批次总量的5%,产品检测中有3台以上(含3台)不合格时,判定该批产品检测不合格。当产品检测中有2台以下(含2台)不合格时,应加倍抽样,对仪器的不合格项再次检测;若再次检测全部合格,则判定该批产品检测合格,否则判定该批产品检测不合格。

当仪器数量为3台,产品检测中有2台以上(含2台)不合格时,判定该批产品检测不合格。产品检测中有1台不合格时,应加倍抽样,对仪器的不合格项进行再次检测,若再次检测全部合格,则判定该批产品检测合格,否则判定该批产品检测不合格。

4.2　检测周期

实验室检测周期为20个工作日。如遇特殊情况,委托时双方商定检测周期。

4.3　留样规定

对检测通过的仪器,在质检中心和送检方双方共同监督下,拍照存档、封存留样、签字确认,由质检中心代为保存。

4.4　检测结果

抽样检测项目及技术要求参照合格产品名录检测工作时的要求(考虑到供货及安装进度要求,2个月的模拟野外比测不做)。抽样检测共完成72个批次,出具检测报告72份,检测结果均符合《国家地下水监测工程(水利部分)产品抽样检验测试实施办法》的要求。

5　总结与展望

国家地下水监测工程所使用的地下水水位监测仪器,通过了严格的质量检测,建立了市场准入制度,遴选出了一批符合国家地下水监测工程项目要求的产品,淘汰了一批质量不合格的产品,为项目产品的选型提供了有力的技术支撑。同时,通过中标产品的抽检工作,也保证了中标产品质量的一致性与可靠性。目前全国范围内地下水水位监测仪器整体运行稳定。

仪器检测在国家地下水监测工程中的成功应用,为以后类似的项目提供了成功范例。下一步需要总结成功经验和做法,尝试改进仪器检测方法,完善检测指标和项目,缩短检测所需时间。

参考文献：

［1］河南黄河水文勘测设计院.国家地下水监测工程(水利部分)初步设计报告［R］.郑州:河南黄河水文勘测设计院，2015:183-186.

［2］李洋,高志.国家地下水监测工程水位自动监测仪器选型分析［J］.地下水,2013,35(5):70-71＋86.

［3］姚永熙.地下水监测方法和仪器概述［J］.水利水文自动化,2010(1):6-13.

［4］安全,范瑞琪.常用水位传感器的比较和选择［J］.水利信息化,2014(3):52-54＋60.

［5］贺焕林.长期自记水位计传感器信号的提取及补偿［J］.人民黄河,2015,37(2):24-25.

［6］水利部水文仪器及岩土工程仪器质量监督检验测试中心.地下水位监测仪器实验室检测及模拟野外比测实施办法［Z］.南京:水利部水文仪器及岩土工程仪器质量监督检验测试中心,2014：5.

［7］周川辰,蒋新新,李玉梅,等.地下水位监测仪器质量检测技术研究与应用［J］.水利信息化,2016(1):38-43.

［8］长江科学院"CKY.WYZ-1型地下水水位监测仪"通过水利部质检中心检测［J］.长江科学院院报,2015,32(7):14.

基于纳米气泡实现 ADCP 水槽检测的关键技术

符伟杰[1,2,3]，韩继伟[1,2,3]，李振海[1,2,3]，毛春雷[1,2,3]，邵军[1,2,3]，唐跃平[1,2,3]

(1.水利部南京水利水文自动化研究所,江苏 南京 210012;2.南京水利科学研究院,江苏 南京 210029;3.水利部水文水资源监控工程技术研究中心,江苏 南京 210012)

摘 要：本文从分析声学多普勒流速剖面仪(ADCP)的工作原理入手,分析了 ADCP 的功能模块,详细研究了在检定水槽实现 ADCP 检测时的难点和关键技术,给出了实现 ADCP 水槽检测的关键技术、实现方法和实测数据,为实现对 ADCP 的检测校准提供了可行路径。

关键词：ADCP;检测;纳米气泡;检定水槽

Key technologies on the ADCP verification in calibration tank

FU Weijie[1,2,3], HAN Jiwei[1,2,3], LI Zhenhai[1,2,3], MAO Chunlei[1,2,3], SHAO Jun[1,2,3], TANG Yueping[1,2,3]

(1. Nanjing Automation Institute of Water Conservancy and Hydrology, Nanjing 210012, China; 2. Nanjing Hydraulic Research Institute, Nanjing 210029, China; 3. Hydrology and Water Resources Engineering Research Center for Monitoring, the Ministry of Water Resources, Nanjing 210012, China)

Abstract：After analying the principle of the ADCP and its components, this article studies the key technologies on the ADCP verification in calibration tank, and gives the way for achieving the ADCP verification.

Keywords：ADCP; verification; nanobubble; calibration tank

1 概述

声学多普勒流速剖面仪(Acoustic Doppler Current Profiler),简称 ADCP,从 20 世纪 80 年代我国引进第一台 ADCP 开始,目前在我国水利系统已经得到广泛应用,据不完全统计已有近 4 000 台,而且数量还在快速增加。相比缆道测流,ADCP 测流时间要快得多,也可以根据需要进行多处断面的巡测以及应急测流。另外,通过安装 H-ADCP,可以实现对河道流量的在线测量。

基金项目:国家重点研发计划项目——江河湖库水文要素在线监测技术与装备(2017YFC0405700),中央级公益性科研院所基本科研业务费专项资金资助项目(Y919009)。

作者简介:符伟杰(1969—),男,江苏常熟人,高级工程师,主要从事水利信息化系统研究、设计和开发工作。

虽然 ADCP 已经在我国水利系统得到广泛应用,但一直没有实现仪器的检测校准,实际上这也是国际上还没有有效解决的一个难题。为了保证 ADCP 的有效合法应用,为我国最严格水资源管理制度的实施和水资源管理三条红线政策的执行提供技术支持,实现对 ADCP 的检测校准就显得十分必要和非常迫切。

2 ADCP 工作原理及组成

ADCP 是利用声学多普勒原理来实现测量的,所谓声学多普勒原理就是当观测者和被观测者之间存在相对运动,由观测者向被观测者发射一定频率的超声波,经被观测者反射回到观测者的超声波频率会发生变化,这个频率的变化量和两者之间的相对速度存在关系,因此可以通过这个频率的变化量来推算出两者之间的相对速度,这就是声学多普勒仪器测速的基本原理[1]。

以走航式 ADCP 为例(下同),它一般由流速测量单元、流向测量单元、纵横摇测量单元以及相应的信号处理和数据处理单元等组成,也包括数据通信模块和电源模块。ADCP 可以同时测量断面许多微单元的流速流向,即水跟踪功能;可以跟踪航迹,即底跟踪功能,还可以测量工作时的水深和仪器倾角等。通过上述测量,相对应地可以测出断面流速和水深,另外根据水深曲线和航迹也可以得出断面形状,通过计算可以得出断面流量。

3 实现 ADCP 水槽检测的难点和关键技术

ADCP 的流向测量性能可以在陆上通过流向检定仪来完成检测;ADCP 的俯仰测量性能也可以在陆上通过倾角检定仪来进行检测[2]。

ADCP 实现水槽检测的关键在于检测它的测流速性能,一般称为 ADCP 的底跟踪和水跟踪性能。底跟踪由于存在水槽池底的强反射,是容易检测的;水跟踪性能需要水中存在合适的反射物才能实现,而这正是实现 ADCP 检测的最大难点[3]。

自然水体中存在的许多悬移质和微生物,可以成为 ADCP 所发射超声波信号的反射物,从而帮助 ADCP 实现水跟踪。水槽一般在室内,水体内的悬移质随着时间的推移,都会逐渐沉淀,而由于缺乏水体流动、阳光照射等原因,水中的微生物也会越来越少。这样就造成了水中能够反射 ADCP 所发射超声波信号的反射物越来越少,使得对 ADCP 的水跟踪性能难以检测。

因此,在水中增加合适的声学反射物是实现 ADCP 检测的关键,国内外的检测机构为此都做过不少尝试,如美国地调局曾在泰勒水槽试过在水中撒石灰水,山东省水文局在潍坊水槽试过加泥浆水。潍坊水槽的试验结果不理想,虽然在泰勒水槽的试验实现了对 ADCP 的水跟踪检测,但因为水体遭到污染,污染清除困难,代价也很大,因此难以将此种方式作为正常检测手段来应用[4]。

南京水利水文自动化研究所通过不断的探索和试验,提出了一种方法,可以有效增加水中的反射物以实现对 ADCP 水跟踪性能的检测,且不会污染水体。这个方法就是在水槽水体中增加纳米气泡,作为水中的声波反射物,从而有效反射超声波,对水槽水体也不会造成污染。

纳米气泡发生装置是将气体用高速旋回切割方式融入水中,采用旋回式气液混合型纳米气泡发生技术快速高效地制取纳米气泡水。旋回式气液混合型纳米气泡发生技术是以流体力学计算为依据进行结构设计的发生器,进入发生器的气液混合流体在压力作用下高速旋转,并在发生器的中部形成负压轴,利用负压轴的吸力可将液体中混合的气体或者外部接入的气体集中到负压轴上,当高速旋转的液体和气体在适当的压力下从特别设计的喷射口(曝气口)喷出时,将生成大量纳米级气泡[5]。

此处的纳米气泡是指发生时直径在 100 mm 到数百纳米之间的气泡,图 1 为发生装置所产生纳米气泡的粒径分布检测结果,从图 1 中可以看出,在不同进气量条件下,气泡的粒径分布有所不同,但都小于 1 μm,绝大部分气泡粒径在 100~600 nm 之间。气泡发生后,可以在水体中处于静止悬浮状态,并存在几十个小时,最终缓慢地溶于水体中,气泡在水中静止悬浮期间,可以很好地充当超声波的水中反射物,也不会对水体产生污染。

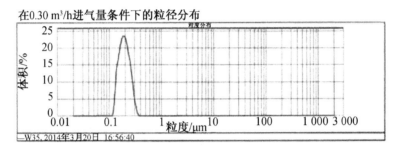

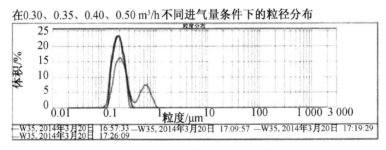

图 1　纳米气泡的粒径分布检测结果

4　实测

以东部地区某水槽为例,该水槽内壁宽度 7.5 m,有效工作段长度 100 m,水深 5.5 m。2017 年 4 月 26 日,水槽尚未安装纳米气泡发生装置,检定车上安装 RDI 公司 600 K WHR ADCP,进行仪器检测,采集软件为 WinRiver Ⅱ,得到的反射图如图 2 所示,从图 2 中可以看出,ADCP 的航迹线清晰,说明 ADCP 底跟踪效果很好,但基本没有信号在水中得到反射,无法进行水跟踪测量。

然后在水槽中布置纳米气泡发生装置,沿水槽长度方向每隔 10 m 布置 1 台,共布置 10 台,每台带 2 组曝气头,每组有 8 个曝气头,2 组曝气头不同时工作,通过电动球阀切换分时工作。上述曝气头都布置于槽底,曝气头布置方式如图 3 所示。

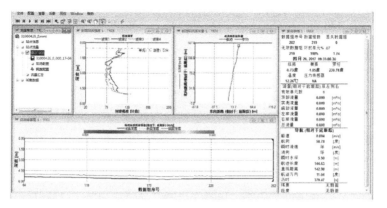

图 2　2017 年 4 月 26 日无纳米气泡发生时测得的反射图

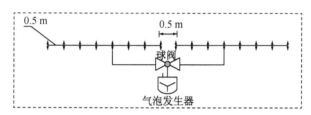

图 3　水槽沿长度方向布置的纳米气泡发生装置及曝气头

　　在测量前,同时启动 10 台气泡发生装置,连续发泡 6 h 后关闭装置,放置 4 h 让水体充分静止后开始测量。被测仪器为 600 K WHR ADCP,采集软件为 WinRiver Ⅱ,图 4 为 ADCP 测量得到的反射图,行车段车速为 3 m/s。从图 4 中可以看出,ADCP 在停止状态、加减速段和行车段,测得的水中信号反射都很好,水跟踪测量效果良好。另外,在停止气泡发生后的 48 h 内,我们进行了多次不同速度下的 ADCP 检测,每次都可以很好地实现对 ADCP 的水跟踪检测。

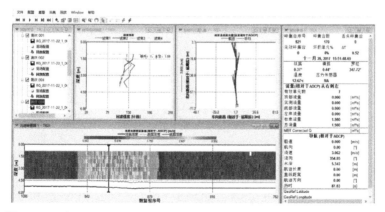

图 4　2017 年 11 月 29 日进行气泡发生后测得的反射图,行车段车速 3 m/s

　　在随后的半年多时间里,利用纳米气泡发生,先后开展了对美国 RDI 公司的 300 K、600 K、1 200 K ADCP,中科院声学所的 150 K、600 K ADCP,挪威 Nortek 公司的 2M Aquadopp Profiler,进行了水槽测试,除了中科院声学所的 150 K ADCP 受水槽水深限制,只能进行底跟踪测量外,其他仪器都很好地实现了水跟踪性能检测。

表 1 为 RDI 公司 600 K WHR ADCP 的水槽检测结果,测试时 ADCP 入水深度 0.5 m,设置 ADCP 微单元深度 0.5 m。各检定速度点采集时间长度均为 30 s,检定速度超过 3 m/s 时采用多次行车采集数据。为了客观评价被测仪器性能,减少偶然性因素的影响,检定仪器的水跟踪和底跟踪速度采用 30 s 采集时间内的平均值。

测量速度范围为 0.2～5 m/s,表 1 给出了不同行车速度时测得的 ADCP 底跟踪速度和水跟踪速度(不同分层),测速轮速度代表行车的标准速度,表 1 同时给出了 ADCP 底跟踪、水跟踪速度与标准速度的误差值。

表 1 600 K WHR ADCP 在气泡发生后的水槽检测结果

检定速度点/(m/s)	测速轮速度/(m/s)	底跟踪			水跟踪			
		速度/(m/s)	绝对误差/(m/s)	相对误差/%	剖面层数	速度/(m/s)	绝对误差/(m/s)	相对误差/%
0.2	0.199 9	0.200 6	0.000 7	0.35	0	0.200 8	0.000 9	0.45
0.2	0.199 9	0.200 6	0.000 7	0.35	1	0.201 8	0.001 9	0.95
0.2	0.200 1	0.197 2	−0.002 9	−1.45	2	0.200 8	0.000 7	0.35
0.5	0.499 7	0.503 6	0.003 9	0.78	2	0.499 4	−0.000 3	−0.06
0.5	0.499 4	0.501 9	0.002 5	0.50	1	0.500 6	0.001 2	0.24
0.5	0.499 4	0.501 9	0.002 5	0.50	0	0.499 8	0.000 4	0.08
1.0	1.000 8	1.007 2	0.006 4	0.64	0	1.000 5	−0.000 3	−0.03
1.0	1.000 8	1.007 2	0.006 4	0.64	1	0.999 8	−0.001 0	−0.10
1.0	1.001 7	1.007 5	0.005 8	0.58	2	0.996 5	−0.005 2	−0.52
1.5	1.501 9	1.497 6	−0.004 3	−0.29	2	1.501 1	−0.000 8	−0.05
1.5	1.501 7	1.497 6	−0.004 1	−0.27	1	1.499 9	−0.001 8	−0.12
1.5	1.501 7	1.497 6	−0.004 1	−0.27	0	1.490 3	−0.011 4	−0.76
2.0	2.001 9	1.990 4	−0.011 5	−0.57	0	1.995 2	−0.006 7	−0.33
2.0	2.001 9	1.990 4	−0.011 5	−0.57	1	1.996 1	−0.005 8	−0.29
2.0	2.001 4	2.008 6	0.007 2	0.36	2	2.002 0	0.000 6	0.03
2.5	2.498 4	2.501 3	0.002 9	0.12	0	2.505 4	0.007 0	0.28
2.5	2.498 4	2.501 3	0.002 9	0.12	1	2.473 8	−0.024 6	−0.98
2.5	2.498 4	2.501 3	0.002 9	0.12	2	2.486 7	−0.011 7	−0.47
2.5	2.498 4	2.501 3	0.002 9	0.12	4	2.467 9	−0.030 5	−1.22
3.0	3.001 6	2.972 7	−0.028 9	−0.96	4	2.999 4	−0.002 2	−0.07
3.0	3.001 6	2.972 7	−0.028 9	−0.96	2	3.011 6	0.010 0	0.33
3.0	3.001 6	2.972 7	−0.028 9	−0.96	1	2.981 0	−0.020 6	−0.69
3.0	3.001 6	2.972 7	−0.028 9	−0.96	0	2.991 8	−0.009 8	−0.33
3.5	3.501 7	3.485 0	−0.016 7	−0.48	0	3.492 1	−0.009 6	−0.27
3.5	3.501 7	3.485 0	−0.016 7	−0.48	1	3.514 0	0.012 3	0.35
3.5	3.501 7	3.485 0	−0.016 7	−0.48	2	3.476 3	−0.025 4	−0.73
3.5	3.501 7	3.485 0	−0.016 7	−0.48	3	3.263 3	−0.238 4	−6.81

检定速度点/(m/s)	测速轮速度/(m/s)	底跟踪			水跟踪			
		速度/(m/s)	绝对误差/(m/s)	相对误差/%	剖面层数	速度/(m/s)	绝对误差/(m/s)	相对误差/%
3.5	3.501 7	3.485 0	−0.016 7	−0.48	4	3.527 4	0.025 7	0.73
3.5	3.501 7	3.485 0	−0.016 7	−0.48	5	3.706 4	0.204 7	5.85
4.0	4.001 7	3.987 3	−0.014 4	−0.36	5	4.287 8	0.286 1	7.15
4.0	4.001 5	3.984 9	−0.016 6	−0.41	4	4.029 8	0.028 3	0.71
4.0	4.001 5	3.984 9	−0.016 6	−0.41	3	3.771 3	−0.230 2	−5.75
4.0	4.001 5	3.984 9	−0.016 6	−0.41	2	3.997 7	−0.003 8	−0.09
4.0	4.001 5	3.984 9	−0.016 6	−0.41	1	4.027 1	0.025 6	0.64
4.0	4.001 5	3.984 9	−0.016 6	−0.41	0	3.982 8	−0.018 7	−0.47
5.0	4.997 3	5.001 8	0.004 5	0.09	5	4.921 9	−0.075 4	−1.51
5.0	4.995 6	4.955 2	−0.040 4	−0.81	4	4.904 0	−0.091 6	−1.83
5.0	4.996 3	4.958 8	−0.037 5	−0.75	3	5.058 2	0.061 9	1.24
5.0	4.995 4	4.953 0	−0.042 4	−0.85	2	5.069 1	0.073 7	1.48

　　从表 1 可以得出,在 0.2～5 m/s 速度范围内,ADCP 底跟踪速度和检定车标准速度的相对误差小,除一个点为 −1.45% 外,其他所有点都在 ±1% 以内。在 0.2～3 m/s 速度范围内,水跟踪速度和标准速度相比,除速度 2.5 m/s 时,有一个层相对误差为 −1.22% 外,其他的相对误差也都在 ±1% 以内;在 3.5～5 m/s 速度范围内,水跟踪速度和标准速度的相对误差变化较大,范围为 −0.09%～7.15%。

5　总结

　　通过在检定水槽中布置纳米气泡发生装置,在水中发生纳米气泡,形成对 ADCP 所发生的超声波的有效反射,从而使得 ADCP 在水槽环境下的水跟踪得以实现,而且对水体不会造成污染,提供了 ADCP 在水槽环境下检测的关键技术,从而为实现在水槽环境下对 ADCP 的有效检测和校准提供了可行路径。

　　目前通过此种方法进行的测试数量总体还不够多,今后要进一步增加仪器测试种类和数量,另外设法采用不同方法进行比测验证,以进一步验证此种测试方法的合理性和可行性。

参考文献:
[1] 田淳,刘少华.声学多普勒测流原理及其应用[M].郑州:黄河水利出版社,2003.
[2] 中华人民共和国国家质量监督检验检疫总局,中国国家标准化管理委员会.声学多普勒流速剖面仪:GB/T 24558—2009[S].北京:中国电力出版社,2009.
[3] 国家海洋局.声学多普勒流速剖面仪检测方法:HY/T 102—2007[S].北京:中国电力出版社,2007.
[4] 姚永熙.水文用声学多普勒剖面流速仪的计量检定[J].水利技术监督,2008,16(2):8-10+30.
[5] 北京中农天陆微纳米气泡水科技有限公司.纳米气泡发生装置使用说明书[Z].2017.

基于 SFCW-TDR 技术的 SOILTOP 系列墒情测量仪器在辽宁省朝阳水文局的实践与应用

吴喜军[1]，王文[1]，王晨光[2]，刘惠斌[2]

(1. 辽宁省朝阳水文局，辽宁　朝阳　122000；2. 天津特利普尔科技有限公司，天津　300384)

摘　要：通过 SOILTOP-200 土壤水分测定仪的野外实地比测，验证了 SFCW-TDR 技术的适用广泛性、重复一致性及测量准确性；通过自动化在线的 SOILTOP-300 土壤墒情智能监测系统的连续监测及比测，确定了该项技术的稳定性、可靠性及客观性；通过入冬季节的连续观测，考察了监测系统在严寒气候中运行的稳定可靠性，同时发现监测数据能够很好地反映各层土壤的冻结过程，将进一步观测其在开春冻土融化过程中的监测数据变化，为北方地区农业生产提供科学依据。本文给出了一种 SFCW-TDR 技术无需烘干、快速测量土壤干密度和质量含水率的方法，具有十分重要的实际应用价值。

关键词：土壤墒情；监测仪器；时域法；应用

1　引言

辽宁省朝阳水文局多年来一直肩负着朝阳市各水文站的墒情监测工作，2009 年之前测量一直以人工烘干法为主，上报各站墒情数据，工作量大且效率不高。2009 年之后开始应用仪器进行墒情监测，目的是在保证精度的前提下，逐渐实现墒情的自动化监测，但效果均不理想。多年来，通过应用的多种便携式、在线式等墒情仪器与人工烘干法的对比监测，发现存在三个最为普遍的主要问题。

(1) 重复性差

现场测量时，同一仪器在同一土层连续测量的数据偏差较大，甚至超出有关标准允许的误差范围。

(2) 稳定性差

尽管仪器在安装时都进行了率定，但运行一段时间，尤其是每年冬季经历了土壤冻结与融化过程后，监测数据误差增大，无法满足实际生产需求，部分仪器过冬后无法开机、不能正常运行。

(3) 客观性差

部分仪器监测数据与人工烘干法数据的比测误差较大，无法如实反映降雨及干旱等气候自然变化的过程。

2017 年 10 月开始，我局开展了采用 SFCW-TDR 技术的国产 SOILTOP 系列土壤墒情

作者简介：吴喜军(1966—)，男，辽宁省朝阳市人，高级工程师，多年来一直从事环境、水文、大坝流速等分析仪器监测工作。

监测仪器的应用实践。该仪器基于时域反射原理,通过频域频率步进体系与向量接收技术测量电磁波在所测土壤中的传播速度,得到其表观介电常数,从而实现对土壤墒情的监测。该技术的最主要特点在于对于多种土壤类型耕地,不经率定即可达到体积含水率测量绝对误差低于 2% 的精度要求[1-2]。

2 实践与应用过程

SOILTOP 系列土壤墒情监测仪器在朝阳地区的应用实践分为三个阶段。

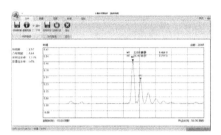

**图 1　SOILTOP-200 土壤水分测定仪
实测结果的线性幅度曲线**

(1) 2017 年 10 月至 2019 年 4 月

第一阶段是应用便携式的 SOILTOP-200 土壤水分监测仪(图 1),对朝阳市所辖区域的多个水文站及多种不同类型土壤的农田进行移动监测,通过与人工烘干法数据的比测实验,确定 SFCW-TDR 技术的适用广泛性(不需率定)、准确性及一致性。

(2) 2019 年 4 月至 2019 年 10 月

在第一阶段实验成功的基础上,我们在叶柏寿水文站和建平县旱情监测中心(太平庄水文站)分别安装了自动化在线的 SOILTOP-300 土壤墒情智能监测系统。通过半年时间的连续监测及其间近一个月的与人工烘干法的比测,确定了在线监测系统的稳定性、可靠性以及客观性,并进一步验证了 SFCW-TDR 技术的测量准确性。

(3) 2019 年 10 月至今

2019 年 10 月,我局进一步在所辖范围内又安装了 5 套 SOILTOP-300 土壤墒情智能监测系统,安装地点选取在实际耕作农田,着重考察了在严寒条件下设备的运行状况以及入冬及开春阶段土壤冻结和融化过程墒情监测的变化,为辽宁省墒情监测系统的建设提供可靠依据,至 2019 年 12 月底,共计 7 套设备运行正常。

3 监测结果及数据分析

3.1 适应性、重复性及准确性的野外检测

我们在 2017 年 10 月与 2018 年 4 月,使用便携式的 SOILTOP-200 土壤水分测定仪,参照 SL 364—2015《土壤墒情监测规范》,进行了两次野外与人工环刀取土烘干法的实际比测,实验过程如表 1 所示。

表 1　SOILTOP-200 土壤水分测定仪野外比测实验

实验仪器	SOILTOP-200 土壤水分测定仪
使用探针	厂商提供仪器配套的 CZY 型插针式传感器,针体长度为 20 cm
比测地块土壤类型	沙土、壤土、沙壤土、潮土

测量土层	地表以下 10 cm、20 cm 及 40 cm 三层
人工环刀取土烘干法测量体积含水率及干密度的方法	选取相应比测监测点及层面的邻近三个未受扰动点,采用容积 $V=100$ mL 或 200 mL 的环刀分别采集三组样品,加盖后用天平(精度为 0.01 g)分别称取质量 $M_{湿}$,记录并放入密实袋。在实验室内用烘箱在 105℃ 的温度下烘干不少于 15 h,取出后称取质量 $M_{干}$,清空环刀后称取环刀质量 $M_{环刀}$,由公式 $M_{水}=M_{湿}-M_{干}$ 及水的密度 $d_{水}=1$ g/mL 计算即得所测土样的体积含水率 $\theta_{人工}=\dfrac{M_{水}/d_{水}}{V}\times100\%$; 再由公式 $\rho_{人工}=\dfrac{M_{干}-M_{环刀}}{V}$ 及 $w_{人工}=\dfrac{\theta_{人工}\times d_{水}}{\rho_{人工}}$ 计算得到所测土壤的干密度 $\rho_{人工}$ 及质量含水率 $w_{人工}$; 同一监测点同一土层的三组土壤样品测得的体积含水率的绝对值最大不应超过 1%,否则该位置数据不计入实验结果
仪器测量体积含水率及质量含水率的方法	在所测点挖取垂直剖面,在相应测量深度水平插入探针,避免扰动周边土壤。每个测量点的每一测量深度重复测量 6 次,第 i 次的测量值为 $\theta_i(i=1,\cdots,6)$,测量间隔不超过 2 min。以 6 次测量结果的实验标准值(百分比)考察仪器重复性,其平均值 $\bar{\theta}$ 作为仪器体积含水率的测量值。由公式 $\bar{w}=\bar{\theta}/\rho_{人工}$ 得到质量含水率的仪器测量值 $\bar{w}$
结合人工环刀取土无需烘干、快速测量干密度及质量含水率的方法	由 $M_{水}=V\times\bar{\theta}\times d_{水}$ 得到环刀中土壤所含水分质量,再由 $M_{土}=M_{湿}-M_{环刀}-M_{水}$ 计算环刀中干土质量,从而计算得到所测土壤的干密度 $\rho^*=\dfrac{M_{土}}{V}$ 以及质量含水率 $\bar{w}^*=\bar{\theta}\times d_{水}/\rho^*$
仪器测量绝对误差	仪器测量值与烘干法结果的平均值之差的绝对值的平均值称为仪器的测量误差。例如,同一监测点的同一土层的三组人工烘干质量含水率的平均值记为 $\bar{w}_{人工}$,仪器第 i 次测量值 θ_i 与 $\rho_{人工}$ 的比值记为 w_i,则所有 w_i 与 $\bar{w}_{人工}$ 之差的绝对值的平均值 $\delta=\sum_{i=1}^{6}\|w_i-\bar{w}_{人工}\|/6$ 为仪器的测量绝对误差

表 2 为两次比测的部分实验结果,实验分别计算了体积含水率和质量含水率的测量精度。由表 2 的比测结果可以得到以下结论。

(1)测量精准,精确度高

对于 28 组有效数据的测量精度,除去 1 组体积含水率误差略超出 2% 外,其余均在 2% 之内。

(2)无需率定,适应性强

上述野外比测在 6 个不同地块,涵盖了朝阳地区分布的主要 4 种不同土壤类型,比测过程完全没有率定,说明了 SOILTOP-200 土壤水分测定仪所使用的 SFCW-TDR 技术具有较强的适应性。

(3)测量结果稳定,重复性好

每个测量点 6 次重复测量的结果均完全一致,误差为 0%,说明该仪器技术稳定,重复性极强。

监测技术

表2 SOIL TOP-200 土壤水分测定仪野外比测实验结果

测量时间	监测地点	土壤类型	测量深度/cm	人工环刀取土烘干法测量值			SOIL TOP-200 测量值			结合人工环刀取土无需烘干、快速测量		仪器测量量绝对误差		
				体积含水率$\theta_{人工}$	质量含水率$w_{人工}$*	干密度$\rho_{人工}$/(g/cm³)	体积含水率θ	重复性误差/%	质量含水率w	干密度ρ*/(g/cm³)	质量含水w*	$\bar{\delta_\theta}$	$\bar{\delta_w}$	δ_w*
2017年10月	气象场	沙壤土	10	17.98%	13.12%	1.37	17.79%	0	12.99%	1.33	13.34%	0.19%	0.13%	0.22%
			20	16.32%	13.03%	1.25	14.94%	0	11.92%	1.30	11.53%	1.38%	1.10%	1.50%
			40	16.73%	12.72%	1.32	17.07%	0	12.97%	1.34	12.71%	0.34%	0.25%	0.01%
	腰尔营子	沙土	10	13.51%	9.66%	1.40	12.17%	0	10.17%	1.43	9.96%	1.34%	0.51%	0.30%
			20	6.52%	4.65%	1.40	7.27%	0	5.18%	1.40	5.19%	0.75%	0.53%	0.55%
			40	数据异常			9.34%	0	—	—	—	—	—	—
	水文局院内	沙土	10	22.60%	16.79%	1.35	20.80%	0	15.41%	1.37	15.18%	1.80%	1.39%	1.62%
			20	12.14%	8.34%	1.46	13.72%	0	9.42%	1.44	9.50%	1.58%	1.08%	1.16%
			40	13.59%	8.94%	1.45	15.29%	0	10.53%	1.46	10.49%	1.70%	1.59%	1.55%
	小伍家	潮土	10	12.37%	10.65%	1.16	11.23%	0	9.66%	1.20	10.21%	1.14%	0.99%	0.44%
			20	22.17%	15.58%	1.42	23.52%	0	16.52%	1.44	16.34%	1.35%	0.98%	0.76%
			40	25.12%	17.83%	1.41	24.47%	0	17.37%	1.42	17.24%	0.65%	0.46%	0.59%
	十二台农田	壤土	10	21.37%	18.51%	1.15	数据异常					—	—	—
			20	25.83%	18.07%	1.43	26.11%	0	18.27%	1.49	17.50%	0.28%	0.20%	0.57%
			40	23.97%	16.95%	1.41	25.39%	0	17.95%	1.46	17.42%	1.42%	0.10%	0.46%

续 表

测量时间	监测地点	土壤类型	测量深度/cm	人工环刀取土烘干法测量值			SOILTOP-200 测量值			结合人工环刀取土无需烘干、快速测量		仪器测量绝对误差		
				体积含水率$\theta_{人工}$	质量含水率$w_{人工}$	干密度$\rho_{人工}$/(g/cm³)	体积含水率θ	重复性误差/%	质量含水率w	干密度ρ^*/(g/cm³)	质量含水率w^*	$\overline{\delta_\theta}$	$\overline{\delta_w}$	δ_w^*
2018年4月	气象场	沙壤土	10	17.64%	14.15%	1.25	17.43%	0	13.99%	1.23	14.16%	0.21%	0.16%	0.01%
			20	15.42%	13.71%	1.13	14.94%	0	13.27%	1.20	12.46%	0.48%	0.43%	1.25%
			40	15.39%	12.47%	1.23	15.29%	0	12.38%	1.22	12.56%	0.10%	0.08%	0.10%
	六合城	沙壤土	10	20.14%	14.57%	1.38	19.39%	0	14.03%	1.36	14.26%	0.75%	0.52%	0.31%
			20	19.44%	13.48%	1.33	18.65%	0	13.98%	1.33	13.98%	0.79%	0.59%	0.50%
			40	18.04%	13.73%	1.31	17.11%	0	13.02%	1.35	13.83%	0.93%	0.71%	0.10%
	小伍家	潮土	10	9.45%	8.35%	1.13	10.52%	0	9.27%	1.21	8.73%	1.04%	0.92%	0.38%
			20	24.61%	17.15%	1.44	22.54%	0	15.71%	1.42	15.92%	2.07%	1.44%	1.23%
			40	23.75%	16.68%	1.42	25.34%	0	17.79%	1.39	18.17%	1.59%	1.11%	1.49%
	腰尔营子	沙土	10	13.16%	9.37%	1.41	12.33%	0	8.78%	1.44	8.59%	0.83%	0.59%	0.78%
			20	6.07%	4.33%	1.40	6.47%	0	4.61%	1.39	4.64%	0.40%	0.28%	0.31%
			40	8.90%	6.34%	1.42	9.76%	0	6.88%	1.40	6.98%	0.76%	0.54%	0.64%
	十二台农田	壤土	10	18.73%	15.98%	1.17	19.18%	0	16.37%	1.19	16.09%	0.45%	0.39%	0.11%
			20	23.13%	16.29%	1.42	24.37%	0	17.16%	1.39	17.48%	1.24%	0.87%	1.17%
			40	24.88%	17.47%	1.42	23.91%	0	16.79%	1.46	16.42%	0.97%	0.68%	1.05%

注：由于在2017年10月比测中，腰尔营子40 cm土层采集的环刀内均含有较大石子，十二台农田10 cm土层数据严重不符，在现场复核发现是探针捕在了残留的玉米根茎上，故此两点数据合去。

（4）结合环刀取土，无需烘干即可快速测定土壤干密度及质量含水率

目前采用介电原理的墒情测量仪器大都只能直接测量土壤的体积含水率，而实际旱情监测中，更多的是需要质量含水率的数据，由体积含水率转换为质量含水率需要测定土壤的干密度，而干容重的精确测定以往只能通过人工环刀烘干法，因此在实际应用中往往是将测定的干密度结果反复使用。由于日常影响干密度的因素众多，因此影响了结果的准确性。本文给出了一种采用 SOILTOP-200 土壤水分测定仪结合环刀取土，不需烘干、直接快速测定土壤干密度及质量含水率的方法（计算方法见表1）。比测结果表明该方法具有较好的精确度。

2018 年 6 月，我局在叶柏寿水文站安装了仪器生产厂家提供的分层固定探针装置，该装置由三根分层探针及导管组成，按地表下 10 cm、20 cm 及 40 cm 分层埋设探针，其连接线日常可收纳于导管内，测量时取出连接线与便携设备连接测量，取得了较好的效果。特别是该装置安装一年中经历了冬季严寒和化冻的土壤变化过程后，埋设的探针仍能稳定正常工作，说明其适应严冬极寒的工作环境。

3.2 在线自动化监测的稳定性、可靠性及客观性检验

2019 年 4 月，我局在所辖建平县旱情监测中心（太平庄水文站）和叶柏寿水文站分别安装了自动化在线的 SOILTOP-300 土壤墒情智能监测系统，该系统集成天津特里普尔科技有限公司生产的"SFCW-TDR 数字信号采集器"和江苏南水科技有限公司生产的 "YDH-1W 遥测终端"，安装过程未经任何率定，每台设备分别在地表下 10 cm、20 cm 及 40 cm 分层埋设探针，设定间隔 4 h 测量一次并上传数据。这两个监测点自 2019 年 4 月 13 日开始投入使用至今，除人为因素外，一直正常运行，无故障运行的时间已超过 7 000 h，数据上传成功率达 99% 以上。

2019 年 6 月，我局对太平庄水文站所安装的 SOILTOP-300 土壤墒情智能监测系统，组织了为期一个月的较为密集的对比观测实验。考虑到连续长期采用人工环刀取土烘干法对固定监测点的土壤扰动太大，故仅首次比测采用人工环刀取土烘干法取样，以便得到各层土壤的干密度（表3），而后将系统上报的体积含水率数据与干密度换算得到的质量含水率，和直接采用烘干法得到的质量含水率进行比测。

表3 太平庄水文站各层土壤干密度数据表

仪器型号：SOILTOP-300 土壤墒情智能监测系统								
项目	体积含水率							
测试深度	10 cm			20 cm			40 cm		
铝盒号	Y-1	Y-3	Y-4	Y-2	Y-6	Y-8	Y-5	Y-7	Y-9
盒重＋湿土重/g	337.71	340.01	338.20	334.24	333.87	331.96	335.80	336.79	329.61
盒重＋干土重/g	313.03	315.55	312.60	304.75	306.56	304.44	307.62	310.25	302.50
盒重/g	44.69	43.79	43.16	43.79	46.50	44.86	46.71	50.03	41.78
干土重/g	268.34	271.76	269.44	260.96	260.06	259.58	260.91	260.22	260.72
土壤水质量/g	24.68	24.46	25.60	29.49	27.31	27.52	28.18	26.54	27.11

仪器型号:SOILTOP-300 土壤墒情智能监测系统								
土壤干密度/(g/cm³)	1.341 7	1.358 8	1.347 2	1.304 8	1.300 3	1.297 9	1.304 5	1.301 1	1.303 6
	1.35			1.30			1.30		
人工烘干法的质量含水率	9.2%	9.0%	9.5%	11.3%	10.5%	10.6%	10.8%	10.2%	10.4%
系统上报的体积含水率	13.4%	13.23%	12.77%	15.69%	15.36%	14.99%	15.06%	14.98%	15.35%
换算后的质量含水率	9.93%	9.8%	9.45%	12.07%	11.82%	11.53%	11.58%	11.52%	11.81%
绝对误差	0.73%	0.80%	0.05%	0.77%	1.32%	0.93%	0.78%	1.32%	1.41%

表 4 是为期一个月的比测结果,一致性较好,个别点偏差较大,但结合图 2 至图 4 同期仪器的连续监测迹线及当地的降雨状况,同时考虑到人工烘干法本身的误差,应该说仪器测量值的连续性、平稳性更好,更能客观地反映监测点的实际墒情变化。

表 4　太平庄水文站墒情监测系统比测数据汇总

日期	SOILTOP-300 体积含水率/%			SOILTOP-300 质量含水率/%			人工烘干法 质量含水率/%			绝对误差/%		
	10 cm	20 cm	40 cm	10 cm	20 cm	40 cm	10 cm	20 cm	40 cm	10 cm	20 cm	40 cm
5.30	19.9	21.3	19.1	14.7	16.4	14.7	14.7	15.2	16.8	0.04	1.18	−2.11
5.31	19.4	20.5	18.6	14.4	15.8	14.3	15.1	18.0	17.2	−0.73	−2.23	−2.89
6.1	18.9	19.9	18.3	14.0	15.3	14.1	13.3	15.8	17.0	0.70	−0.49	−2.92
6.2	18.6	19.4	18.0	13.8	14.9	13.8	12.3	13.5	16.1	1.48	1.42	−2.25
6.4	18.0	18.6	17.8	13.3	14.3	13.7	15.1	13.7	14.6	−1.77	0.61	−0.91
6.6	17.2	17.8	17.2	12.7	13.7	13.2	13.1	15.2	14.9	−0.36	−1.51	−1.67
6.8	17.0	17.2	16.7	12.6	13.2	12.8	12.5	14.2	14.0	0.09	−0.97	−1.15
6.10	16.4	16.7	16.4	12.1	12.8	12.6	13.8	14.6	13.2	−1.65	−1.75	−0.58
6.11	16.2	16.4	16.2	12.0	12.6	12.5	11.5	14.1	12.8	0.50	−1.48	−0.34
6.12	15.9	16.2	15.9	11.8	12.5	12.2	11.3	12.5	13.0	0.48	−0.04	−0.77
6.14	15.6	15.9	15.6	11.5	12.2	12.0	12.8	14.1	13.2	−1.24	−1.87	−1.20
6.16	15.1	15.4	15.1	11.2	11.8	11.6	12.2	12.8	12.9	−1.01	−0.95	−1.28
6.18	14.8	15.1	14.8	11.0	11.6	11.4	11.7	12.5	12.2	−0.74	−0.88	−0.82
6.20	14.3	14.6	14.6	10.6	11.2	11.2	11.0	12.3	12.0	−0.41	−1.07	−0.77
6.21	14.0	14.3	14.3	10.4	11.0	11.0	11.1	12.2	11.7	−0.63	−1.20	−0.70
6.22	13.8	14.3	14.3	10.2	11.0	13.1	10.0	12.2	14.5	0.22	−1.20	−1.40
6.24	13.3	13.8	14.0	9.9	10.6	10.8	10.2	11.0	11.6	−0.35	−0.38	−0.83
6.26	13.0	13.5	13.3	9.6	10.4	10.2	9.4	11.0	13.3	0.23	−0.62	−3.07
6.28	12.7	13.3	13.3	9.4	10.2	10.0	9.2	11.4	12.0	0.20	−1.20	−1.80
7.01	13.0	13.3	13.0	9.6	10.2	10.0	10.7	11.8	11.7	−1.10	−1.60	−1.70

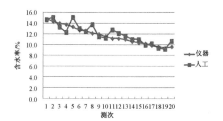

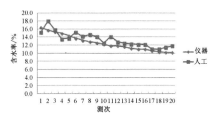

图 2　太平庄水文站 10 cm 深度土壤
含水率比测曲线

图 3　太平庄水文站 20 cm 深度土壤
含水率比测曲线

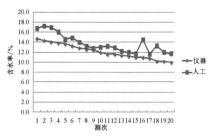

图 4　太平庄水文站 40 cm 深度土壤
含水率比测曲线

3.3　冬季设备的运行稳定性考察及土壤冻结过程中墒情监测的变化

介电原理测定土壤水分主要是利用了水分与土壤中其他成分的介电常数之间的巨大差异,土壤是由土壤颗粒(固相)、空气(气相)以及水分(液相)组成的三相混合体,其中土壤颗粒的介电常数通常在 2～4 之间,空气的介电常数为 1,而水的介电常数随着温度的不同,在 75～85 之间,因此土壤的介电常数主要由其所含的水分决定[3]。但是当温度降至零下水凝结为冰后,冰的介电常数急剧下降为 3 左右[4],因此介电法仪器无法准确测量冻土中的水分含量。

考虑到朝阳地区属于严寒地区,墒情监测设备需长期安装在野外,为考察仪器在严寒条件下的生存能力,我们在入冬前又在包括耕作农田在内的 5 个不同地点安装了 SOILTOP-300 土壤墒情智能监测系统,并采用间隔 1 h 测量上报的密集监测方式。截至 2020 年 2 月底,我局所安装的 7 套系统全部运行正常。

图 5 是六合城水文站 11 月 5 日至 12 月 15 日土壤含水率测量迹线图,由此可以看到:尽管在入冬后无法准确测量土壤含水率,但连续的监测迹线,结合当地的气候变化,可以客观地反映各土层上冻的实际过程。地下 10 cm 土层对于温度较为敏感,经过几次降温、升温的反复过程后,于 11 月 25 日进入冻土期;11 月 28 日,20 cm 土层进入冻土期,12 月 3 日,40 cm 土层进入冻土期。普遍进入冰冻期后,40 cm 土层的迹线最为平稳,而 10cm 土层的迹线抖动较大,这应该是由白天阳光直射引起的浅层冻土部分融化造成的,说明了 SFCW-TDR 技术的测量灵敏性好。

目前,上述监测仍在持续当中,我们将密切注意各监测点在开春升温后的变化过程,相信该监测系统能够准确反映各土层解冻的变化趋势,为农业生产的备耕、春耕提供有效的科学依据。

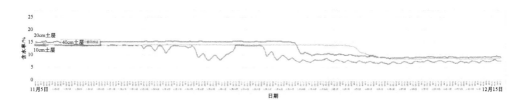

图5　六合城水文站体积含水率分层走势图

4　结论

通过两年的应用实践和一系列的比测实验结果,可以看到,采用 SFCW-TDR 技术的移动、固定墒情监测仪器准确、可靠、客观地反映了墒情的实际情况,同时也能满足墒情自动化在线监测的各项要求。

参考文献:

[1] 陆明,刘惠斌,王晨光,等.新型 TDR 土壤水分测定仪 SOILTOP-200 的开发及应用[J].水利信息化,2017(2):31-37.

[2] 陈仁朋,陈卓,陆明,等.基于频率步进原理的 TDR 研制及在土体含水率测试中的应用[J].岩土工程学报,2019(7):1191-1199.

[3] TOPP G C, DAVIS J L, ANNAN A P. Electromagnetic determination of soil water content: measurements in coaxial transmission lines[J]. Water Resources Research,1980,16(3):574-582.

[4] DEBYE,P. Polar Molecules[M]. New York:the Chemical Catalog Company,1929.

分析评价

基于经验贝叶斯克里金法的汉江流域年降水量空间插值

张晶

(长江水利委员会水文局水资源分析研究中心,湖北 武汉 430010)

摘 要:等值线法是水资源调查评价计算区域水资源量的常用方法。利用 ArcGIS 的空间分析模块对区域年降水量进行空间插值,并生成年降水量等值线,提高了工作效率和成果精度。选择适合的空间插值方法,是本次研究的重要内容。以汉江流域为研究对象,采用经验贝叶斯克里金法对年降水量资料进行空间插值,并与其他克里金法相比较,探讨经验贝叶斯克里金法在汉江流域的适用性。为水资源调查评价工作中年降水量等值线的绘制提供参考。

关键词:水资源调查评价;年降水量;经验贝叶斯克里金法;汉江流域

降水是水资源的重要来源,研究区域降水的时空分布,是水资源调查评价的重要内容之一。降水量等值线能够直观地反映降水的时空分布规律,并能方便地进行空间数据分析,它是目前水资源调查评价中计算区域水资源量的常用方法,绘制年降水量等值线是水资源调查评价的基础工作。在以往的水资源调查评价工作中,降水量等值线主要采用手工的方式绘制,耗时耗力。随着 GIS 中引入地统计分析法,可依据雨量站点的实测数据,通过空间插值的方法生成降水量等值线,大大提高了工作效率、成果精度及可靠性。

将离散的雨量站点的观测数据进行空间插值是绘制降水量等值线的前提条件。选择一种适合研究区域的空间插值方法,是本次研究的重要内容。克里金(Kriging)插值法是地统计学的主要内容之一,建立在变异函数理论及结构分析基础之上,对没有采样点的区域变化量进行线性无偏最优估计,并能给出估计精度,比其他传统方法更精确,更符合实际情况[1]。大量学者的研究成果也表明,克里金法比传统的插值法更可靠[2]。因研究目的及条件的不同,产生了多种克里金法,主要有普通克里金法、简单克里金法、协克里金法、泛克里金法、经验贝叶斯克里金法等插值方法。本文作者曾经以柬埔寨王国的 20 个气象站降水数据为实验样本,采用经验贝叶斯克里金法进行年降水量的空间插值,研究表明该方法可准确预测一般程度上不稳定的数据,对于小型数据集,比其他克里金法更精确[3]。

本次以汉江流域为研究对象,采用经验贝叶斯克里金法对年降水资料进行空间插值分析,并与其他克里金法相比较,研究经验贝叶斯克里金法在汉江流域的适用性。为水资源调查评价工作中年降水量等值线的绘制提供参考。

1 流域概况及基础数据

汉江是长江中游的重要支流,发源于秦岭南麓,经汉中盆地与褒河汇合后始称汉江,于

作者简介:张晶(1971—),女,高级工程师,主要从事工程水文分析计算工作。

武汉入汇长江,全流域集水面积 159 000 km²,干流全长 1 577 km,干流大致呈东西向,流域北以秦岭及外方山与黄河为界,东北以伏牛山及桐柏山与淮河为界,西南以米仓山、大巴山、荆山与嘉陵江、沮漳河相邻,东南为广阔平原。汉江流域内秦岭山脉最高峰太白山海拔为 4 100 m,大巴山最高峰达 2 500 m,整个地形由西北向东南倾斜。

汉江流域多年平均年降水量为 600~1 100 mm,由上游向下游增大,上游地区由南向北减少。流域内有三个年降水量在 900 mm 以上的高值带,分别为:流域西南部的米仓山、大巴山高值带,多年平均年降水量达到 1 500 mm;流域西北角秦岭山地高值带,多年平均年降水量大于 1 000 mm;流域在南部及东部郧县以下河段以南及皇庄、唐河一线以东地区为高值带,汉江出口附近多年平均年降水量达 1 200 mm。800 mm 以下的低值带从西至东散布于流域西北角襄河上游,北部边界夹河、丹江口上游,中部白河、竹山一带及唐白河中下游地区。700 mm 以下低值区在丹江上游商、丹盆地和东部南襄盆地内乡、镇平、邓州之间。

汉江流域内分设的雨量站点较多,且分布较为均匀。以汉江流域内 380 个雨量站作为研究站点,采用 1980—2016 年的实测多年平均年降水量用于插值。研究站点的属性表中包含站点经纬度、海拔高程及年降水量等数据。汉江流域雨量站点分布如图 1 所示。

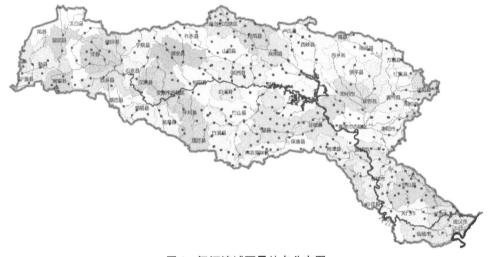

图 1　汉江流域雨量站点分布图

2　研究方法

2.1　插值方法概述

经验贝叶斯克里金法使用概率技术来量化与插值相关的不确定性[4],是将数据划分为给定大小的子集,估算每个子集的半变异函数模型,输入数据位置上的估计新值,并由模拟数据生成一个新的半变异函数模型,重复上述步骤,创建连续的半变异函数,将局部表面混入最终表面,然后将它们组合起来创建最终的面。普通克里金法和简单克里金法属于线性平衡地统计学范畴,是以空间分布结构为基础,利用变异函数理论和原始数据的空间变量性质,对区域化变量进行最优无偏估计,两者的区别在于,普通克里金法的数学期望是已知的,简单克里金法的数学期望是未知的[1]。协同克里金法属多元地统计学范畴,当同一空间位置采样点的多个属性之间密切相关,某些属性不易获取,而当另一些属性易于获取时,可以考虑选用协同克里金法[5]。泛克里金法属于线性非平稳地统计学范畴,首先分析数据中存在的变化趋势,获得拟合模型,并对残差数据进行克里金分析,再将趋势面分析与残差分析的克里金结合得到最终结果[1]。

2.2 插值精度检验

交叉验证法(Cross-validation)是验证空间插值效果的常用方法,国内外许多学者曾用该方法检验气象要素空间插值效果[6],即移除某一个或多个雨量站点的数据,使用周围雨量站点的数据预测省略站点的值,并与实测值比较,以评价插值方法的预测性能及精确程度。本次研究采用交叉验证法判定插值方法效果,评价的主要指标有平均误差(Mean Error)、均方根误差(Root Mean Square Error)、标准平均值误差(Mean Standardized Error)、标准化均方根误差(Root Mean Square Standardized Error)及平均标准误差(Average Standard Error)等统计指标,各指标的计算公式分别为:

$$\text{平均误差:} \frac{1}{n} \sum_{i=1}^{n} \left[\hat{Z}(X_i) - Z(X_i) \right] \tag{1}$$

$$\text{均方根误差:} \sqrt{\frac{\sum_{i=1}^{n} \left[\hat{Z}(X_i) - Z(X_i) \right]^2}{n}} \tag{2}$$

$$\text{标准平均值误差:} \frac{\sum_{i=1}^{n} \left[\hat{Z}(X_i) - Z(X_i) \right]^2 / \hat{\sigma}(X_i)}{n} \tag{3}$$

$$\text{标准化均方根误差:} \sqrt{\frac{\sum_{i=1}^{n} \left\{ \left[\hat{Z}(X_i) - Z(X_i) \right]^2 / \hat{\sigma}(X_i) \right\}^2}{n}} \tag{4}$$

$$\text{平均标准误差:} \sqrt{\frac{\sum_{i=1}^{n} \hat{\sigma}(X_i)}{n}} \tag{5}$$

式中:$\hat{\sigma}(X_i)$ 为预测标准误差;$\hat{Z}(X_i)$ 为第 i 个样本在位置 X 的预测值;$Z(X_i)$ 为第 i 个样本在位置 X 的测量值;n 为样本个数。

3 研究结果及分析

3.1 降水数据的预处理

地统计学一般要求对原始数据进行正态分布检验,可通过转换使其符合或基本符合正态分布[7]。经验贝叶斯克里金法不要求数据服从正态分布,其他克里金插值法均需对研究数据进行正态分析检验。ArcGIS 地统计分析模块提供了两种检验方法:概率分布直方图和正态 QQPlot 分布图。由汉江流域内 380 个雨量站的实测降水资料分析,年降水量最小值为 651 mm,最大值为 1 520 mm,年降水量平均值为 898 mm,标准差为 158,偏度系数为 1.309 8,

峰度系数为 4.971,数据呈非正态分布。地统计分析模块中有两种转换方法:Log(对数)变换或 Box-Cox 变换,可通过观察自动生成的变换数据分布图,来确定合适的转换方法。经分析选用 Log(对数)变换,变换后偏度系数为 0.824 8,峰度系数为 3.521 8,标准差为 0.163 7,年降水量数据接近正态分布。

协同克里金插值法是建立在协同区域化的理论基础上,指标间存在相关性是进行主变量分析的必要前提。根据汉江流域雨量站资料,可考虑将雨量站高程作为协助变量。因此需对高程及其年降水量进行相关性检验,经分析皮尔森相关系数(Pearson Correlation Coefficient)为 0.023,不满足置信度为 0.05 水平的显著性检验,说明汉江流域的雨量站年平均降水量与高程相关性不显著,因此以高程作为协助变量的协同克里金插值方法,不适合用于汉江流域雨量站的年降水量资料的插值。

3.2 年降水量分布图对比

经数据分析及预处理后,采用经验贝叶斯克里金法对汉江流域年降水量的空间分布进行研究,并与普通克里金法、简单克里金法、泛克里金法等 3 种方法的插值结果相比较。由图 2 可知,四种插值方法生成的汉江年降水量的空间分布总体趋势一致,均呈现由上游向下游增大、上游地区由南向北减少的分布格局。经验贝叶斯克里金法生成的年降水量的高值区与其他 3 种方法吻合;其他 3 种方法生成的年降水量的低值区分布位置接近,但范围及形状因插值方法的不同存在差异:简单克里金插值法生成的低值区内有明显的斑块,普通克里金插值法和泛克里金插值法生成的年降水量的低值区极为相似。经验贝叶斯克里金法生成的分布图与其他方法比较,在汉江流域中部白河、竹山及唐白河中下游地区的年降水量的低值区内存在差异。年降水量的空间分布图仅能粗略地判断插值方法的优劣,还需通过交叉检验的方法来判定插值方法的精确度。

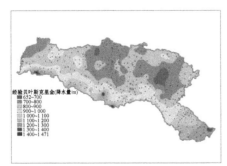 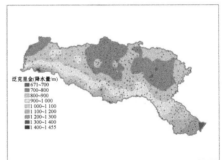

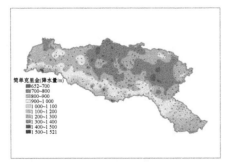 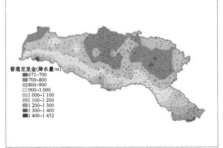

图 2   汉江流域年降水量空间分布对比图

3.3 统计指标比较

最佳插值方法的评判标准为：平均误差最小，标准平均值误差最接近0，较小的均方根误差，接近均方根误差的平均标准误差，以及接近1的标准化均方根误差[8]。不同插值方法交叉验证结果比较见表1，经验贝叶斯克里金法的平均误差最小，为−0.138 6；泛克里金法的平均误差次之，为0.225 0；简单克里金法的平均误差最大，为4.015 4，平均误差反映测量值与预测值之间的算术平均值，其值越小，表明预测值与实际值越接近，结果越可靠。经验贝叶斯克里金法和泛克里金法的标准平均值误差均近似于0，分别为−0.003 7和−0.003 2；简单克里金法的标准平均值误差最大，为0.039 5。简单克里金法的平均标准误差为66.74，其均方根误差为66.24，两者十分接近，普通克里金法的平均标准误差与均方根误差之差次之；经验贝叶斯克里金法的平均标准误差与均方根误差相差最大，平均标准误差与均方根误差越接近，说明预测值与测量值偏差越小。经验贝叶斯克里金法的标准化均方根误差为0.958，最接近1；普通克里金法与泛克里金法的标准化均方根误差相当，均为0.854；简单克里金法的标准化均方根误差为1.729，远大于1，标准化均方根误差越接近1，说明标准误差越精确。

检验误差分析显示：简单克里金法的误差较大，普通克里金法的误差次之，泛克里金法与经验贝叶斯克里金法的误差较为接近。经验贝叶斯克里金法的平均误差最小，标准平均值误差近似于0，标准均方根最接近1。经综合分析，经验贝叶斯克里金法优于其他插值法。

表1 不同插值方法检验误差比较表

插值方法	平均误差	均方根误差	标准平均值误差	标准化均方根误差	平均标准误差
经验贝叶斯克里金法	−0.138 6	64.13	−0.003 7	0.958	57.03
普通克里金法	0.730 0	65.82	0.013 5	0.854	69.79
简单克里金法	4.015 4	66.24	0.039 5	1.729	66.74
泛克里金法	0.225 0	63.45	−0.003 2	0.854	69.68

4 结论与讨论

本次研究选用的汉江流域，为长江中游的重要支流，流域西北部高、东南部低，流域内雨量站布设均匀且密度大。汉江流域年降水量呈非正态分布，年降水量与雨量站高程相关性不显著。经分析比较，经验贝叶斯克里金法空间插值结果较优，适用于汉江流域年降水量空间插值。研究显示经验贝叶斯克里金法运用于大数据集的空间插值，也能取得较为满意的结果。

经验贝叶斯克里金法是一种简单而功能强大的地统计插值方法，它使用概率技术来量化与插值相关的不确定性，在数据的子集上构建本地模型，将它们组合起来创建最终的面，自动模拟空间关系，使用局部模型来捕获全局克里金模型可能遗漏的小规模影响，其预测的标准误差比其他方法更准确并且结果通常比其他方法的结果更好。

经验贝叶斯克里金法的优势在于：不要求插值数据满足正态分布，能自动构建有效克里金模型过程中最困难的步骤,仅有少数需要手动调整的参数,很少的人机交互即可完成建模,较其他克里金插值法更便捷、更准确。长江中下游以平原、低山丘陵为主,该区域的年降水量与雨量站高程相关性不显著,在第三次全国水资源调查评价中,使用经验贝叶斯克里金法对长江中下游的年降水量进行插值分析,取得了满意的效果,提高了流域机构对各省的降水等值线的校核、拼接、汇总的工作效率。

由经验贝叶斯克里金法得到的空间插值成果,利用 ArcGIS 的空间分析模块生成的年降水等值线成果,需按水资源调查评价的技术要求进行合理性检验:检查年降水等值线是否与流域地形特征吻合;与同期的年降水量等值线、年径流深等值线进行对比分析,检查高、低值区的位置是否对应,主线走向是否一致,进行空间上的平衡;并与历次的水资源调查评价的年降水量等值线成果进行对照分析,以确保年降水量等值线趋势的合理性。

参考文献:

[1] 刘爱利,王培法,丁园圆.地统计学概论[M].北京:科学出版社,2012.

[2] 孟庆香,刘国彬,杨勤科.基于 GIS 的黄土高原气象要素空间插值方法[J].水土保持研究,2010,17(1):10-14.

[3] 张晶,李妍清.基于地统计学的柬埔寨年降水量数据空间插值[J].人民长江,2018,49(22):100-103.

[4] 鲁民颉,董有福.EBK 算法中半变异函数模型对 DEM 插值精度差异性研究[J].测绘技术装备,2018,20(1):22-24.

[5] 石朋,芮孝芳.降雨空间插值方法的比较与改进[J].河海大学学报(自然科学版),2005,33(4):361-365.

[6] 陈晶晶,胡蓓蓓,王军,等.天津降水数据的空间插值分析[J].安徽师范大学学报(自然科学版),2010,33(4):382-387.

[7] 程朋,张珺,张茹,等.山西高原降水量空间插值分析[J].人民黄河,2016,38(2):24-27+31.

[8] 李璐,姜小三,孙永远.基于地统计学的降雨侵蚀力插值方法研究——以江苏省为例[J].生态与农村环境学报,2011,27(1):88-92.

淮河区地下水评价类型区与评价单元划分

樊孔明[1],曹炎煦[1],王聪聪[2]

(1.水利部淮河水利委员会,安徽　蚌埠　233000;2.江苏省水文水资源勘测局,江苏　南京　210029)

摘　要：按照《全国水资源调查评价技术细则》要求,在第二次全国水资源调查评价、第一次全国水利普查的基础上,考虑下垫面条件变化,采用新资料开展了淮河区地下水评价类型区和评价单元的划分。本文总结分析了各省的变化情况及原因,梳理了本次地下水评价类型区划分的不同及其特点,得出了淮河区总面积33.08万 km^2,其中平原区面积20.70万 km^2,山丘区面积12.38万 km^2,平原区和山丘区占比分别为63%、37%。

关键词：地下水评价类型区;评价单元;淮河区

2017年3月,水利部、国家发展和改革委员会联合印发了《关于开展第三次全国水资源调查评价工作的通知》(水规计〔2017〕139号),2017年4月19日,水利部在北京召开了第三次全国水资源调查评价工作启动视频会议,全面启动和部署第三次全国水资源调查评价工作。同年8月,水利部组织水规总院编制了《全国水资源调查评价技术细则》[1],明确了技术要求。经过3年的工作,目前淮河区地下水资源数量评价成果基本形成,现介绍第三次淮河区地下水评价类型区与评价单元的划分技术方法及成果。

1　基础资料

按照《全国水资源调查评价技术细则》的要求,本次应在第二次全国水资源调查评价、第一次全国水利普查的基础上,考虑下垫面条件变化,采用新资料开展地下水评价类型区和评价单元的划分。本次评价淮河区湖北、河南、安徽、江苏、山东五省采用的水文地质基础资料情况如下:地形地貌水文地质资料各省均采用本省比例尺1∶20万的水文地质图;地下埋深资料本次收集到各省1980年、2001年和2016年共计841眼浅层地下水监测站埋深监测资料,矿化度资料本次收集到各省近年来平原区共计1 300眼监测井矿化度资料;土地利用资料采用各省比例尺1∶1万基本地理信息数字地图;淮河区一级、二级、三级水资源分区 shp 图层以及五省区省级、地市、县级 shp 图层[2]。

2　研究方法

按照《全国水资源调查评价技术细则》的要求,淮河区地下水类型区划分是在复核第二次调查评价(以下简称二调)地下水资源量评价类型区(以下简称类型区)成果基础上,全面收集地形地貌以及水文地质资料,采用更高精度更新的地理信息数字地图,利用 ArcGIS 专业软件[3],以水资源三级区套省级行政区为基础按Ⅰ～Ⅲ级依次划分类型区。

作者简介:樊孔明(1987—),男,硕士研究生,工程师,从事水文水资源分析、河流水量分配与调度等工作。

2.1 Ⅰ级类型区

根据地形地貌特征,将Ⅰ级类型区划分为平原区、山丘区 2 类。平原区地下水类型以松散岩类孔隙水为主,山丘区地下水类型以基岩裂隙水、碳酸盐岩类岩溶水为主。

2.2 Ⅱ级类型区

2.2.1 平原区

根据次级地形地貌特征,将平原区划分为一般平原区、内陆盆地平原区、山间平原区(包括山间盆地平原区和山间河谷平原区和黄土台塬区,下同)、沙漠区共 4 类Ⅱ级类型区,其中沙漠区可不进行地下水资源量评价。淮河区平原区主要为一般平原区、山间平原区 2 种。

本次评价规定,被山丘区围裹、连续分布面积大于 200 km²,或连续分布面积不大于 200 km² 但 2012—2016 年年均实际开采量大于 1 000 万 m³ 的地势较低、相对平坦区域,一般应单独划分为平原区。各省(自治区、直辖市)也可根据需要,将面积、实际开采量较小的地势较低、相对平坦区域从山丘区中单独划分为平原区。

2.2.2 山丘区

根据地下水类型,将山丘区划分为一般山丘区(以基岩裂隙水为主)和岩溶山丘区(以碳酸盐岩类岩溶水为主)2 类Ⅱ级类型区。当某一山丘区内一般山丘区和岩溶山丘区相互交叉分布时,可按其中分布面积较大者确定Ⅱ级类型区。

本次评价规定,被平原区围裹、连续分布面积大于 1 000 km² 的残丘,可单独划为山丘区。

2.3 Ⅲ级类型区

2.3.1 平原区

一般可按下述方法划分Ⅲ级类型区:在水资源三级区套省级行政区内,绘制包气带岩性分区图、矿化度分区图,将两张图相互切割的区域作为Ⅲ级类型区,即同一Ⅲ级类型区具有基本相同的包气带岩性、矿化度值;当两张图相互切割的区域面积小于 50 km² 时,可将其并入相邻的Ⅲ级类型区。包气带岩性可按以下 8 级划分:卵砾石、粗砂、中砂、细砂、粉砂、粉土、粉质黏土、黏土。

各省(自治区、直辖市)也可在保证计算精度的前提下,采用其他方法确定Ⅲ级类型区。

各Ⅲ级类型区总面积扣除水面面积和其他不透水面积后,为计算面积。

2.3.2 山丘区

参照水文站分布情况等,将山丘区中各Ⅱ级类型区分别划分为若干个Ⅲ级类型区,Ⅲ级类型区的面积一般控制在 300～5 000 km²。

2.4 计算面积

平原区和山丘区总面积扣除水面面积和不透水面积后为计算面积。

3 主要成果

本次地下水类型区划分,淮河流域各省均复核了第二次调查评价地下水平原区和山丘区的界线,其中河南省、湖北省没有变化。安徽省、江苏省和山东省本次划分均对平原区和山丘区的界线进行了调整,相较于第二次调查评价,本次划分采用了精度更高的底图,使用了更加专业的制图软件 ArcGIS,成果更加精细[4]。

3.1 Ⅰ级地下水类型划分成果

本次评价淮河区总面积为 33.08 万 km²,淮河流域总面积为 26.94 万 km²,山东半岛总面积为 6.14 万 km²,分别比二调增加了 868 km²、502 km²、366 km²。淮河区湖北省、河南省、安徽省行政区划面积不变,江苏省、山东省分别增加 693 km²、175 km²。

淮河区平原区面积为 20.70 万 km²,比二调的 19.98 万 km² 增加了 0.72 万 km²。其中淮河流域平原区面积为 18.42 万 km²,山东半岛平原区面积为 2.28 万 km²,分别比二调增加了 0.37 万 km²、0.35 万 km²。淮河区湖北省均为山丘区。淮河区河南省、安徽省、江苏省、山东省平原区面积分别为 5.51 万 km²、4.50 万 km²、5.77 万 km²、4.92 万 km²。

淮河区山丘区面积 12.38 万 km²,比二调的 13.01 万 km² 少了 0.63 万 km²,其中淮河流域山丘区面积为 8.52 万 km²,山东半岛山丘区面积为 3.86 万 km²,分别比二调减少 0.32 万 km²、0.31 万 km²。湖北省、河南省、安徽省、江苏省、山东省山丘区面积分别为 0.14 km²、3.13 km²、2.16 km²、0.65 km²、6.30 万 km²。

平原区面积和山丘区面积占比分别为 63%、37%。

平原区和山丘区总面积扣除水面面积和不透水面积后为计算面积,淮河区地下水资源量计算面积共 30.24 万 km²,比二调的 30.89 万 km² 少了 0.65 万 km²。其中平原区计算面积为 17.86 万 km²(所有矿化度),山丘区计算面积为 12.38 万 km²(表1、图1)。

表1 本次评价淮河区Ⅰ级地下水类型区分布情况统计表

省/水资源分区	行政区面积/万 km²	平原区面积/万 km²			山丘区面积/万 km²	
		合计(平原区总面积)	其中:地下水资源量评价计算面积(所有矿化度)	其中:地下水资源量评价计算面积($M<2g/L$)	合计(山丘区总面积)	其中:地下水资源量评价计算面积
湖北省	0.14	0.00	0.00	0.00	0.14	0.14
河南省	8.64	5.51	4.84	4.71	3.13	3.13
安徽省	6.66	4.50	3.92	3.91	2.16	2.16
江苏省	6.41	5.77	4.55	4.25	0.65	0.65
山东省	11.23	4.92	4.55	3.63	6.30	6.30
淮河流域	26.94	18.42	15.76	15.06	8.52	8.52
山东半岛	6.14	2.28	2.10	1.44	3.86	3.86
淮河区	33.08	20.70	17.86	16.50	12.38	12.38

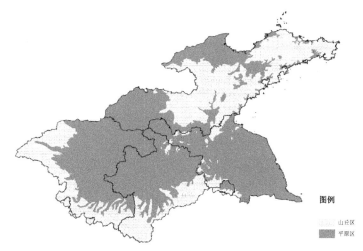

图例
山丘区
平原区

图 1　淮河区地下水 Ⅰ 级类型区分布图

3.2　Ⅱ级地下水类型区划分成果

本次评价淮河区一般平原区面积为 18.85 万 km²,计算面积为 16.18 万 km²;山间平原区面积为 1.85 万 km²,计算面积为 1.68 万 km²;一般山丘区面积为 11.01 万 km²,计算面积为 11.01 万 km²;岩溶山丘区面积为 1.37 万 km²,计算面积为 1.37 万 km²(表 2、图 2)。

表 2　本次评价淮河区 Ⅱ 级地下水类型区分布情况统计表

省/水资源分区	总面积/万 km²				计算面积/万 km²			
	一般平原区	山间平原区	一般山丘区	岩溶山丘区	一般平原区	山间平原区	一般山丘区	岩溶山丘区
湖北省	0	0	0.14	0	0	0	0.14	0
河南省	5.09	0.42	2.88	0.25	4.47	0.37	2.88	0.25
安徽省	4.50	0	2.09	0.07	3.92	0	2.09	0.07
江苏省	5.77	0	0.65	0	4.55	0	0.65	0
山东省	3.49	1.43	5.25	1.05	3.24	1.31	5.25	1.05
淮河流域	17.72	0.70	7.47	1.05	15.13	0.63	7.47	1.05
山东半岛	1.13	1.15	3.54	0.32	1.05	1.05	3.54	0.32
淮河区	18.85	1.85	11.01	1.37	16.18	1.68	11.01	1.37

3.3　Ⅲ级类型区划分成果

本次评价将Ⅲ级类型区作为地下水资源量评价的计算单元,将Ⅱ级类型区套水资源三级区再套地级行政区、Ⅱ级类型区套县级行政区分别作为地下水资源量评价的分析单元,将县级行政区、水资源三级区套地级行政区分别作为汇总单元。

平原计算单元共 213 个,湖北省、河南省、安徽省、江苏省、山东省分别为 0 个、32 个、53

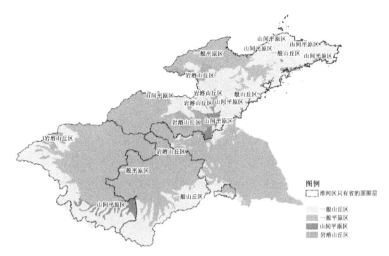

图2 淮河区地下水Ⅱ级类型区分布图

个、59个、69个;山丘区计算单元共118个,湖北省、河南省、安徽省、江苏省、山东省分别为3个、10个、33个、4个、68个,见表3。

表3 地下水资源量评价Ⅲ级类型区数量统计表   单位:个

水资源一级区	省级行政区	平原区(填写各Ⅱ级类型区内Ⅲ级类型区的数量)				山丘区	
		一般平原区	内陆盆地平原区	山间平原区	沙漠区	一般山丘区	岩溶山丘区
淮河区	湖北省					3	
淮河区	河南省	30		2		10	
淮河区	安徽省	53				27	6
淮河区	江苏省	59				4	
淮河区	山东省	35		34		39	29
合计		177		36		83	35

4 各省变化情况及原因分析

湖北省:总面积 1 355 km², 本次全部为山丘区,面积为 1 355 km²,与二调一致。

河南省:总面积 86 427 km²,平原区面积 55 167 km²,山丘区面积 31 260 km²。二调总面积 86 427 km²,平原区面积 55 322 km²,山丘区面积 31 105 km²。郑州市和洛阳市略有变化,其他地市未有变化。

安徽省:总面积 66 626 km²,平原区面积 44 959 km²,山丘区面积 21 667 km²。二调总面积 66 626 km²,平原区面积 42 491 km²,山丘区面积 24 135 km²。安徽省发生变化的情况如下:一是三级水资源分区套地市的面积发生变化。二是行政区划发生调整,王蚌区间南岸六安市的寿县划到王蚌区间南岸淮南市,变化比较大的主要为王蚌区间南岸套淮南市,其二

99

调平原区计算面积为 22 km²,本次增加至 2 711.33 km²。结合行政区划调整情况进行分析,主要原因是六安市的寿县划分到淮南市,导致淮南市面积增大。三是安徽省利用 1:1 万基本地理信息数字地图(2015 年),利用地形等高线结合地形地貌,重新对平原区面积和山丘区进行了划分,平原区和山丘区界线较二调有所变化,导致各单元平原区面积和山丘区面积发生变化,淮河区安徽省平原区面积增加了 2 468 km²,山丘区面积减少了 2 468 km²。

江苏省:总面积 64 146 km²,平原区面积 57 668 km²,山丘区面积 6 478 km²。二调总面积 63 453 km²,平原区面积 59 105 km²,山丘区面积 4 348 km²。江苏省发生变化的情况如下:一是本次总面积较二调总面积增加了 693 km²,增加的地方主要为盐城市。二是三级水资源分区做了微小调整,导致三级水资源分区套地市的面积也发生了变化。三是山丘区面积增加,主要是本次依据 2015 年最新下垫面在 1:1 万地形图将淮海平原区中的零星山丘单独划分出来作为山丘区,二调时该部分类型区均划分为平原区,主要涉及的地市为徐州市、宿迁市等。

山东省:总面积 112 275 km²,平原区面积 49 228 km²,山丘区面积 63 047 km²。二调总面积 112 100 km²,平原区面积 42 922 km²,山丘区面积 69 178 km²。山东省变化的情况如下:一是淮河区总面积增加了 175 km²,主要是水资源分区进行了微调,淄博市在淮河区增加175 km²。二是山东省根据第三次全国水资源调查评价的新要求,在山东省第二次水资源调查评价及各市原有划分成果的基础上,根据新资料,对二调的山区平原界线重新进行了复核调整,扩大了胶莱大沽河区、沂沭河区等山间河谷(或盆地)平原范围,增加了胶东地区独流入海河流河谷平原范围,使淮河流域山东省各水资源三级区的平原区面积均有所增加,其中胶东诸河区、沂沭河区增加较多,分别为 3 479 km²、1 802 km²;增加较多的地市有临沂市、青岛市、潍坊市、烟台市等市,分别为 1 676 km²、1 101 km²、848 km²、824 km²。

5 总结

本次评价淮河区地下水类型区划分总的说来有以下几点变化。

(1)划分标准发生变化

平原区的划分标准为被山丘区围裹、连续分布面积大于 200 km²,或连续分布面积不大于 200 km² 但 2012—2016 年年均实际开采量大于 1 000 万 m³ 的地势较低、相对平坦区域,一般应单独划分为平原区。当然省区也可根据需要,将面积、实际开采量较小的地市较低、相对平坦区域从山丘区中单独划分为平原区。而二调的规定相对简单直接,将山丘区中连续面积小于 1 000 km² 的山间平原并入附近的山丘区,没有再去区分 200 km² 这一等级的划分。

(2)采用了新资料、新方法、新技术

本次评价采用了最新的水文地质以及土地利用资料,精度更高;采用了专业的绘图软件 ArcGIS 对图件进行处理,不仅提高了效率同时提高了精度。

(3)水资源三级分区发生了调整

本次评价安徽省、江苏省、山东省水资源三级分区界线省内均发生了微调,三级区面积及三级区套地市单元面积也发生了变化。

(4)行政区划进行了调整

安徽省六安市的寿县划分到了淮南市,导致淮南市面积增大,王蚌区间南岸套淮南市面积发生变化。江苏省行政区划面积增加了 693 km²，增加的地方主要为沿海滩涂盐城市。山东省由于水资源分区进行了微调，淄博市在淮河区增加 175 km²。

参考文献：

［1］水利部水利水电规划设计总院.全国水资源调查评价技术细则［Z］.北京:中国水利水电出版社,2017.

［2］安徽省·水利部淮河水利委员会水利科学研究院.安徽省淮北地区浅层地下水资源调查评价报告［R］.合肥:安徽省·水利部淮河水利委员会水利科学研究院,2004.

［3］周荣.基于 GIS 的地下水及其环境问题分析［J］.城市建设理论研究(电子版),2017(36):104.

［4］淮河水利委员会.淮河流域及山东半岛水资源评价［R］.蚌埠:淮河水利委员会,2004.

松辽流域地表水资源调查评价方法

马雪梅,曾昭品

(松辽水利委员会水文局(信息中心),吉林 长春 130021)

摘 要:我国分别于 20 世纪 80 年代初、21 世纪初及 2017 年相继开展了三次全国范围的水资源调查评价工作,在水资源调查评价中,水资源数量评价占有重要的地位,水资源数量评价包括地表水资源量评价、地下水资源量评价和水资源总量评价,在地表水资源量评价中,包括流域降水量、蒸发量、地表水资源量等部分,本文整理分析了松辽流域水资源调查评价中降水量、蒸发量、地表水资源量采用的计算方法,这些方法广泛应用于松辽流域水资源调查评价、流域综合规划、水量分配方案,以及水利水电工程设计中,并将指导流域水资源管理以及流域水资源开发利用等项工作。

关键词:松辽流域;水资源调查评价;水资源数量评价;地表水资源量计算方法

1 前言

流域水资源调查评价是对流域水资源的数量、质量及其时空分布特征,开发利用状况和供需发展趋势作出调查和分析评价,是制订水资源规划和实行最严格水资源管理制度的基础,是水资源开发、利用、节约、保护、管理工作的前提,是制定流域和区域经济社会发展规划的依据。我国分别于 20 世纪 80 年代初、21 世纪初及 2017 年相继开展了三次全国范围的水资源调查评价工作,基本摸清了水资源的家底,对水资源总体状况、存在问题与演变规律进行了系统调查评价,调查评价成果在科学制定水资源规划、实施重大工程建设、强化水资源调度与管理、优化经济结构和产业布局等方面发挥了重要基础性作用。

在水资源调查评价中,水资源数量评价占有重要的地位,本文着重介绍松辽流域水资源调查评价中降水量、蒸发量、地表水资源量的计算方法。

2 流域概况

松辽流域位于我国东北部,泛指东北地区的松花江、辽河、沿黄渤海诸河及跨界河流(中国侧)流域,其地理位置为东经 115°32′～135°06′、北纬 38°43′～53°34′。松辽流域西北部邻接蒙古人民共和国及我国内蒙古自治区锡林郭勒盟,西南部与河北省毗连,北部和东北部以额尔古纳河、黑龙江干流和乌苏里江与俄罗斯分界,东部隔图们江、鸭绿江与朝鲜民主主义人民共和国相望,南濒渤海和黄海。松辽流域包含黑龙江、吉林、辽宁三省和内蒙古自治区东部三市两盟及河北省承德市的一部分,总面积为 123.51 万 km²[1]。

松花江区指松花江一级区,包含松花江以及额尔古纳河、黑龙江、乌苏里江、绥芬河和图们江等跨界河流(中国侧)流域。松花江区地处我国东北地区的北部,位于东经 115°32′～135°06′、北纬 41°42′～53°34′,东西宽 1 452 km,南北长 1 306 km。松花江区西北部邻接蒙古人民共和国及我国内蒙古自治区锡林郭勒盟,西南部与河北省毗连,北部和东北部以额尔古纳河、黑龙江干流和乌苏里江与俄罗斯分界,东部隔图们江与朝鲜民主主义人民共和国相望,西南部与辽河流域毗连,东南部以长白山为界与鸭绿江流域相连。行政区涉及内蒙古、吉林、黑龙江和辽宁四省(自治区),面积为 92.11 万 km²,占松辽流域总面积的 74.58%[2]。

辽河区指辽河一级区,包含辽河以及鸭绿江、东北沿黄渤海诸河等跨界河流(中国侧)。辽河流域位于我国东北地区的西南部,位于东经 116°54′～128°19′,北纬 38°43′～45°17′,东西宽 968 km,南北长 723 km。辽河区北以松辽分水岭与松花江流域相接;东部隔鸭绿江与朝鲜民主主义人民共和国相望;西接大兴安岭南端,并与内蒙古高原的大、小鸡林河及公吉尔河流域相邻;南濒渤海和黄海。行政区涉及内蒙古、吉林、辽宁和河北四省(自治区),面积为 31.4 万 km²,占松辽流域总面积的 25.42%[3]。

3 水资源分区

松辽流域包括一级区 2 个,即松花江区、辽河区;二级区 14 个,其中松花江区 8 个,为额尔古纳河、嫩江、第二松花江、松花江(三岔河口以下)、黑龙江干流、乌苏里江、绥芬河、图们江,辽河区 6 个,为西辽河、东辽河、辽河干流、浑太河、鸭绿江、东北沿黄渤海诸河;三级区 30 个,其中松花江区 18 个,辽河区 12 个;四级区 110 个,其中松花江区 69 个,辽河区 41 个。

4 采用站网及基本资料情况

雨量站按照"布局尽可能均匀,且资料质量、系列长度和站网密度满足降水量评价要求"的原则来选用,同时在降水量空间变化梯度较大的区域,加大选用雨量站的密度。松辽流域选用雨量站共计 1 219 处,站网密度为 1 013 km²/站。其中河北省有 7 处(由内蒙古自治区管理),站网密度为 630 km²/站;黑龙江省有 415 处,站网密度为 1 092 km²/站;吉林省有 227 处,站网密度为 826 km²/站;辽宁省有 301 处,站网密度为 477 km²/站;内蒙古自治区有 269 处,站网密度为 1 660 km²/站。长系列雨量站有 47 处,施测最早的雨量站是黑龙江干流的黑河站,施测年份是 1892 年。

水文站选用观测资料符合流量测验精度规范规定、观测系列较长的国家基本水文站、专用水文站和委托站。同时,大江大河及其主要支流的控制站、水资源三级区套地级行政区及中等河流的代表站、水利工程节点站为必选站。松辽流域选用水文站共计 286 处,站网密度为 4 319 km²/站,其中黑龙江省 93 处,吉林省 85 处,辽宁省 29 处(1 处由内蒙古自治区管理),内蒙古自治区 78 处,河北省 1 处(由内蒙古自治区管理)。水文代表站有 89 处,控制站有 49 处,其他站有 148 处。长系列水文站有 14 处,最早施测年份是 1935 年。

松辽流域选用蒸发站共计 319 处,站网密度为 3 872 km²/站,其中黑龙江省有 152 处,吉林省有 62 处,辽宁省有 40 处,内蒙古自治区有 65 处。E601 观测蒸发站有 152 处,ϕ20 观测蒸发站有 68 处,E601、ϕ20 同步观测蒸发站有 99 处。

5   地表水资源量计算方法

5.1   降水量计算方法

对于选用的雨量站实测系列中缺测的数据需要进行插补延长。根据《全国水资源调查评价技术细则》的要求,选取的资料系列为1956—2016年,为此在降水分析中,进行了适当的插补延长,延长方法为:① 等值线法,用于站点分布相对均匀、但较稀疏的区域;② 相关法,用于平原区、地理气候条件相似、两站相关性较好、相关系数大于0.8以上的测站;③ 邻站平均值法,用于站点较密集,邻近站点的平均值可以代表该站资料的测站。月值插补的方法为先插补年值,然后选择典型年,对年值进行分配。

分区年降水量计算采用泰森多边形法。在图上将相邻雨量站用直线联结,而后对各线段作垂直平分线,连接这些垂线的交点,得到若干个多边形,每个多边形内各有一个雨量站,以该多边形面积作为该雨量站所控制的面积,区域平均降水量按各站雨量面积加权法求得。根据所选取雨量站的年降水量数据,利用泰森多边形法计算各分区的年降水量,从而形成评价基本分区(四级区套地市)及其各流域和行政分区1956—2016年的年降水量系列。用等值线法计算分区降水量与泰森多边形计算的降水量成果对比,根据对比结果分析,两种方法计算得出的面平均降水量误差均未超过5%,则认为降水量等值线绘制合理。

5.2   蒸发量计算方法

5.2.1   水面蒸发量计算方法

在对蒸发资料进行整理的过程中,发现历年水面蒸发资料中存在蒸发器型号不统一的情况,有些年份一年中混有两种型号仪器的观测资料;各种蒸发器缺乏充分的对比观测资料;资料中有缺测现象等。所有这些问题,均影响到资料的精度和资料的使用。

针对上述问题,对原始蒸发资料进行复核、审查分析。通过对刊印资料的普遍复核审查,对明显的整编或刊印错误,做适当修正;对20 cm口径蒸发皿(所观测蒸发量记为$E_{\phi 20}$)和E601型蒸发器(所观测蒸发量记为E_{601})同步观测资料,进行逐月对比,因暴雨溅水影响或其他原因,而引起的后者观测值大于前者观测值的不合理数据,进行修正或舍弃处理;对年鉴刊印资料中,$E_{\phi 20}$和E_{601}记载不清的月份,或两者混合统计的年份,均重新进行统计。另外,对缺测或可疑资料,进行逐月、逐日审查,但是因为蒸发站分布较为稀疏,且影响蒸发数据的因素较多,相邻或者相近站点相关系数非常差,插补结果不具有可靠性,所以对于缺测或者无资料的月份及年份,不做插补延长处理。

对于无水面蒸发观测资料的,年水面蒸发量和年降水量具有一定相关性,通过二者相关插补,或者直接采用多年平均年水面蒸发量代替。

为反映天然水体蒸发量,将E601型蒸发器蒸发值近似代表大水体的蒸发量。选用站水面蒸发量按以下原则确定:对于有E601型蒸发器观测资料的,直接采用实测资料;对于无E601型蒸发器观测资料,但有20 cm口径蒸发器观测资料的,通过折算系数换算至E601型水面蒸发量。松辽流域大水体蒸发量直接观测资料很少,大部分都是采用20 cm小口径蒸发器,为了准确反映流域的蒸发能力,借助大型蒸发池 E601 型蒸发器同期观测资料进行对比分析,将20 cm 口径蒸发资料加以折算,换算为大水体水面蒸发量,并近似用 E601 型蒸发器观测的水面蒸发量代替当地的水面蒸发能力。由于水面蒸发量受季节、自然气候等的影响,各地区不同月份的折算系数不同。对于蒸发折算系数的确定,流域内各省采用了不同方式。

黑龙江省选取了 152 个蒸发站点计算每个站的蒸发折算系数,涵盖全省的水资源三级区。

吉林省按照地形地貌将本省西部平原区、中部低山丘陵区以及东部山区 3 个区域,分别确定了各区域的蒸发折算系数。

辽宁省根据辽宁实际气象情况,选择 4—11 月为畅流期,选择有对比观测数据且对比年限超过 15 年的数据,计算 22 处 789 站年畅流期折算系数,根据蒸发站 E601 蒸发器和 20 cm 口径蒸发皿两型仪器畅流期同步观测资料,在基本资料审查处理基础上,按月对 E601 和 $E_{皿20}$ 进行折算系数的计算。冰期 20 cm 口径蒸发皿蒸发总量($E_{冰皿20}$)与冰期折算系数($K_{冰}$)关系,通过台安、营盘、叶柏寿 3 个实验站 1981 年冬至 1985 年春的实测资料,建立了冰期 20 cm 口径蒸发皿蒸发总量($E_{冰皿20}$)与冰期折算系数($K_{冰}$)关系,即 $K_{冰}=0.407+0.475\times E_{冰皿20}$,其中 $E_{冰皿20}$ 单位为 mm。根据得到的各代表站冰期折算系数,进一步确定各水资源四级区的折算系数 K 值。

内蒙古自治区收集了水文站、气象站的 E601 和 20 cm 口径蒸发皿同步观测资料,分析了 42 个站点的蒸发折算系数,无同步观测资料的站点参照邻近同一部门设置的站点成果,仅无冰期同步观测资料的站点,冰期折算系数参照邻近有全年同步观测站点非冰期与冰期折算系数比例确定。

5.2.2 干旱指数计算方法

干旱指数是反映流域或区域的湿润与干旱分布规律和程度的一个指标。其定义为大水体的年蒸发量(或年蒸发能力)与年降水量的比值。采用代表站法和交会法相结合的方式计算干旱指数。代表站法,即选择蒸发代表站,根据其单站降水量,计算多年平均干旱指数;交会法,是将多年平均年水面蒸发量等值线与多年平均年降水量等值线相交,取其交叉点作为干旱指数计算点,计算其干旱指数。

5.3 地表水资源量计算方法

5.3.1 单站径流系列的插补延长

5.3.1.1 实测径流系列

在了解、核实选用站测站沿革、流量测验方法及手段、资料整编等环节基本情况的基础上,对实测流量资料进行全面的审查与复核,对错误处进行修正,确保资料的可靠性。在此基础上,统一流域内水文站径流系列,逐站统计历年实测年、月径流系列。

由于水库、堤防以及取用水工程建设等人类活动的影响,流域下垫面及河道径流情况发生了改变,大部分水文站实测径流系列存在着不一致性,个别水文站存在多种影响因素。人类活动对河川径流量的影响,主要表现在两个方面:第一,随着经济和社会的发展,河道外引用消耗的水量不断增加,直接造成河川径流量的减少,水文站实测径流已不能代表天然情况下的径流;

第二,由于工农业生产、基础设施建设和生态环境建设改变了流域的下垫面条件(包括植被、土壤、水面、耕地、潜水位等因素),导致了入渗、径流、蒸散发等水平衡要素的变化,从而造成产流量的减少或增加。

5.3.1.2　径流系列的插补延长

为提高径流系列的代表性,对部分水文站的缺测径流资料,根据实际情况,应进行插补延长。

插补方法包括:降水-径流相关法、上下游站月/年径流量相关法和水位流量关系推流法。有水位观测且水位流量关系稳定的水文站,畅流期利用水位流量关系插补,枯水期采用历年 K 值过程线插补。

对于监测断面上、下迁移且集水面积变化小于 3% 的水文站,径流资料直接进行合并;对集水面积大于 3% 的水文站,径流资料按面积进行修正,个别站加入了区域降水量比值作为修正值,将原水文站实测径流量全部还原到现断面,或将现水文站实测径流量全部还原到原断面。

5.3.2　径流还原计算

为使水文站历年的径流量能基本代表当年天然产流量,需将测站以上受水资源开发利用活动影响而增减的水量进行还原计算。

5.3.2.1　还原水量的调查、统计

还原计算采用全面收集资料和典型调查分析相结合的方法,按照评价要求逐年逐月进行。

资料搜集主要针对各省(区)、市(盟)、县(旗)水利普查成果、水资源公报、水利年报、统计年鉴等项目所呈现的信息。调查项目主要为工业用水量、城镇生活用水量、农田灌溉用水量、生态用水量、跨流域引水量、分洪水量和水库蓄水变量等。

对于资料缺乏地区,按照用水的不同发展阶段选择丰、平、枯典型年份,调查年用水耗损量及年内分配情况,推求其他年份的还原水量。

工业和城市生活用水所消耗的水量,按实际引水量根据调查到的耗水比例计算。

当天然月河川径流量出现负值时,针对各站不同情况进行具体分析,从经济社会用水的月耗损量是否偏小、回归水量是否为负值时、月水库蓄变量是否准确等几个方面,对各项月还原水量进行处理,并通过上、下游断面之间水量平衡分析确定月还原水量。部分站点冰期出现负值时,采用冰期和畅流期邻近月径流量进行修正,或在保证年水库蓄变量不变的基础上,通过调整月水库蓄变量解决负值问题。

还原计算分河系自上而下、按测站控制断面分段进行,然后逐级累计成全流域的还原水量。对于还原后的天然年河川径流量,进行干支流、上下游和地区间的综合平衡分析,检查其合理性。

5.3.2.2　还原计算

按下列水量平衡方程式进行各站天然径流量计算:

$$W_{天然}=W_{实测}+W_{农灌}+W_{工业}+W_{城镇生活}\pm W_{引水}\pm W_{分洪}\pm W_{库蓄} \tag{1}$$

式中:$W_{天然}$ 为还原后的天然径流量;$W_{实测}$ 为水文站实测径流量;$W_{农灌}$ 为农业灌溉耗损量;$W_{工业}$ 为工业用水耗损量;$W_{城镇生活}$ 为城镇生活用水耗损量;$W_{引水}$ 为跨流域(或跨区间)引水量,引出为正,引入为负;$W_{分洪}$ 为河道分洪决口水量,分出为正,分入为负;$W_{库蓄}$ 为大中型水库蓄水变量,增加为正,减少为负。

各省(区)依据调查的各业还原水量,按照公式(1),对所属水文站径流系列进行了还原。

5.3.3 径流系列一致性修正

5.3.3.1 径流系列一致性分析

1980年以来,特别是跨入21世纪以来,松辽流域经济高速发展,水利工程大幅度增加,用水量加大,部分流域人类活动对下垫面条件的影响加剧,可能还有气温升高的影响,东北地区半湿润、半干旱地带的地表水资源量呈衰减趋势,即在同量级降水情况下,21世纪近十几年的产流量明显小于20世纪50、60年代的产流量。

在第二次水资源调查评价阶段,经过对松辽流域地表径流变化的详细分析,对松花江区丰满以上、三岔河至哈尔滨、拉林河、图们江部分地区的地表径流1956—1979年系列进行了修正。进行一致性分析的方法是将1956—2000年45年系列划分为1956—1979年和1980—2000年两个系列,分别通过点群中心绘制其年降水-径流关系曲线,若发现在同量级降水条件下,后21年的天然年径流量比前24年明显减少(或增加),则表明系列一致性不好。在分析原因的基础上对1956—1979年天然年径流系列进行修正调查评价。

在第三次水资源调查评价阶段,各省(区)对所属测站径流系列,通过点绘水文站控制范围内面平均年降水量与天然年河川径流量的双累积相关图进行了一致性检查,发现大多数测站在2000年前后的年降水量与天然年河川径流量关系未发生明显变化,没有明显的拐点,说明径流系列一致性较好。但是西辽河内蒙古自治区的14处水文站在2000年左右有明显的拐点,因此对西辽河内蒙古自治区的14处水文站进行了一致性修正。

西辽河内蒙古自治区所属14个水文站,降水径流双累积相关线变化较大,存在明显的拐点。部分水文站降水径流双累积相关图见图1~图4。

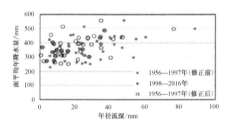

图1 新井水文站降水-径流相关图

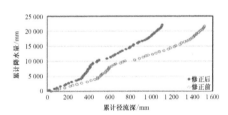

图2 新井水文站降水-径流双累积曲线

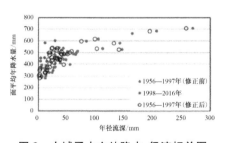

图3 小城子水文站降水-径流相关图

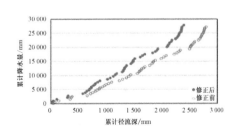

图4 小城子水文站降水-径流双累积曲线

分析西辽河水文站径流变化的原因,主要受人类活动的影响,可分为直接影响和间接影响。

直接影响是指河道外用水耗损量,即蓄、引、提、调等水利工程引水消耗量直接造成河川径流量的减少。

间接影响是指由于农业灌溉、工业用水、生活用水以及基础设施建设、生态环境建设等造成下垫面条件的改变,进而导致河川径流量发生较大变化。

内蒙古自治区西辽河流域的人类活动对河川径流的间接影响,主要包括以下几个方面。

(1) 降水量的减少造成河川径流量的减少。内蒙古自治区西辽河流域属于典型的干旱缺水地区,特别是 2000 年以来,流域降水量减少幅度较大。2001—2016 年多年平均年降水量为 310.4 mm,较 2000 年之前减少了 63.8 mm,幅度达 17.0%,降水量的大幅度减少是导致河川径流量减少的原因之一。

(2) 地下水过度开采袭夺了地表径流。内蒙古自治区西辽河流域行政区划主要包括赤峰市和通辽市,本次选用的主要控制站基本位于赤峰市境内。改革开放以来,赤峰市社会经济发展迅速,用水量随之大幅增加,降水的减少、地表水资源的衰减,导致地下水开采量的持续增加,地区发展对地下水资源的依赖程度越来越高。据统计,赤峰市地下水开采量由 1980 年的 1.7 亿 m^3 增加到 2016 年的 6.4 亿 m^3,增长了 3 倍以上,在赤峰市红山区、元宝山区形成了 2 个漏斗区,地下水平均埋深下降了 3.0~8.0 m。

地表水与地下水是一个融会贯通的整体,水力联系十分密切。地下水开采量过大,地下水位持续下降,改变了河川径流与地下水原有的互补关系,造成地下水对河川径流的大量袭夺,甚至导致河水枯竭,河道断流。可见地下水开采对河川径流影响很大,是内蒙古自治区西辽河流域河川径流量减少的最主要原因。

(3) 水保措施截留雨水造成河川径流量的减少。近年来,内蒙古自治区西辽河流域水生态环境保护得到了明显加强,各盟市实施的水土保持、坡耕地改造、风沙源治理等措施,对减少水土流失、延缓沙漠化、保护耕地资源等方面发挥了重要作用。赤峰市水土流失治理面积由 1980 年的 0.24 万 km^2,增加到 2016 年的 2.26 万 km^2,增长了 9 倍以上,治理效果明显。

水土保持措施的实施,起到了涵养水源的作用,土壤的滞蓄保水能力增强。雨水降落到坡面,被梯田、坝地、水保林等工程截留,导致径流的产汇流条件发生较大变化,能够汇入河道的有效降水减少,形成的径流减少,所以水保措施成为河川径流量减少的原因之一。

(4) 水利工程缺乏统一的调度管理。西辽河流域近些年干旱少雨、径流偏枯,位于上游的赤峰市境内修建的水利工程占到整个流域的 70% 以上。由于缺乏统一的调度管理,水利工程无序运行,上游水库层层拦蓄,沿河灌区引水量不断增加,使得部分河流超出了水资源的承载能力,出现断流。

5.3.3.2 径流系列一致性修正

采用物理成因法对内蒙古自治区西辽河流域 14 个水文站进行径流的一致性修正。

(1) 确定修正年份。在单站还原计算的基础上,点绘水文站以上面平均年降水量与天然年河川径流量的双累积曲线,曲线的转折点对应的年份就是该水文站下垫面条件发生变化的起始年份。需要将转折年份以前的河川径流量修正到现状下垫面条件下的径流量。

(2) 确定修正值。在考虑地下水过度开采的同时,考虑由于水保治理面积增加、人工造林面积扩大而导致下垫面条件的改变等因素综合影响,根据水资源公报、水利年报等相关资料,计算出转折年份之前历年地下水开采净耗量与 2001—2016 年多年平均地下水开采净消耗量的差值作为修正值,对转折年份之前的河川径流量进行修正。

通过以上实测系列统计、插补延长、还原计算及一致性分析计算,得到 1956—2016 年天然径流系列。内蒙古西辽河流域单站修正成果以及修正前后径流量对比见表 1。

表1 内蒙古西辽河流域单站修正成果以及修正前后径流量对比表

序号	站名	所在河流	拐点年份	修正年数	1956—1979年			1980—拐点前一年			1956—2016年		
					修正前径流量/万m³	修正后径流量/万m³	减少幅度/%	修正前径流量/万m³	修正后径流量/万m³	减少幅度/%	修正前径流量/万m³	修正后径流量/万m³	减少幅度/%
1	乌丹	少郎河	1998	42	4 741	2 841	40.1	3 717	1 893	49.1	3 490	2 204	36.8
2	初头朗	阴河	2001	45	16 581	15 111	8.9	12 624	11 154	11.6	12 268	11 183	8.8
3	新店	西路嘎河	2001	45	32 771	30 070	8.2	23 386	20 685	11.5	24 028	22 036	8.3
4	赤峰	英金河	2003	47	47 770	32 440	32.1	34 058	18 729	45.0	34 722	22 911	34.0
5	新井	召苏河	2001	45	2 561	1 154	55.0	3 322	1 481	55.4	2 469	1 281	48.1
6	小城子	坤兑河	1998	42	5 402	4 026	25.5	3 618	2 293	36.6	3 833	2 901	24.3
7	锦山	锡泊河	1998	42	6 188	5 814	6.0	6 005	5 631	6.2	5 225	4 967	4.9
8	甸子	老哈河	1998	42	21 386	20 581	3.8	12 398	11 592	6.5	15 045	14 490	3.7
9	太平庄	老哈河	1998	42	53 870	36 933	31.4	30 132	15 558	48.4	36 315	25 101	30.9
10	兴隆坡	老哈河	1998	42	116 056	78 985	31.9	88 062	41 975	52.3	87 308	56 461	35.3
11	乌敦套海	老哈河	1998	42	126 583	81 552	35.6	101 558	47 512	53.2	99 172	63 374	36.1
12	沟门子	蹦河	2002	46	5 529	3 593	35.0	2 925	1 138	61.1	3 590	2 183	39.2
13	干沟子	羊肠子河	2001	45	9 406	5 704	39.4	8 965	5 263	41.3	7 750	5 019	35.2
14	下洼	教来河	1995	39	14 093	11 561	18.0	11 714	9 183	21.6	9 821	8 203	16.5

5.3.4　分区地表水资源量计算

地表水资源量计算单元分两种情况考虑：① 有水文站控制的区域,按水文站以上流域套县级行政区为计算单元,将水文站以上或区间年径流量按面积比和降水量比修正至计算单元；② 无水文站控制的区域,以流域套行政区为计算单元,按面积比和降水量比将邻近自然地理特征相似流域的水文站年径流移用到计算单元,部分计算单元采用径流深等值线图计算。

分区地表水资源量采用以下方法计算：若水资源三级区套地级行政区内仅有一个计算单元,则该计算单元的逐年地表水资源量即为该评价分区的逐年地表水资源量；若水资源三级区套地级行政区内有 2 个及以上计算单元,则将评价分区内各计算单元逐年地表水资源量相加,求得评价分区同步系列期间的逐年地表水资源量。

吉林省部分流域采用模型方法,水资源分区内没有径流控制站或径流控制面积很小时,东部山区采用"三水"转化模型,西部平原区采用"四水"转化模型,或借用自然地理特征相似地区测站的降水-径流关系,由降水系列推求年、月径流量系列[4]。

6　结语

采用上述方法对松辽流域地表水资源量进行计算,为水资源调查评价提供基础。上述方法已经在三次水资源调查评价中进行了应用。但是在嫩江流域中下游,辽河区的大凌河、小凌河、西辽河、辽河干流等流域仍存在降雨量相同产流量减少的情况,这种情况的发生在降雨径流关系上寻找不出明显的拐点,部分地区开展了地表水和地下水转换分析,寻求上述流域地表水和地下水的转换规律,以便更好地为水资源调查评价服务。

参考文献：

[1] 水利部松辽水利委员会. 松辽流域水资源调查评价[R]. 长春：水利部松辽水利委员会,2006.

[2] 水利部松辽水利委员会. 松花江流域综合规划（2012—2030 年）[R]. 长春：水利部松辽水利委员会,2013.

[3] 水利部松辽水利委员会. 辽河流域综合规划（2012—2030 年）[R]. 长春：水利部松辽水利委员会,2013.

[4] 水利部松辽水利委员会. 松花江流域西部地区水循环调控关键技术研究[R]. 长春：水利部松辽水利委员会,2012.

三种流域面雨量计算方法的比较分析

余赛英,林金龙,徐玮

(福建省水文水资源勘测中心,福建　福州　350100)

摘　要：简述算术平均法、等雨量线法和泰森多边形法三种面雨量计算方法。运用三种方法分别计算福建省不同类型评价单元的面雨量。通过三种方法计算得到的面雨量结果比较得出：不论是山区还是沿海,雨量站点密度和分布如何,都可以应用泰森多边形法和等雨量线法计算,泰森多边形法应用更方便。

关键词：面雨量;差异;泰森多边形法;等雨量线法;算术平均法

降雨量是水资源调查评价中最基础的分析评价参数,根据评价单元的地形和雨量站点分布情况选择一种合适的面雨量计算方法是十分重要的。目前面雨量的计算方法有很多,主要有算术平均法、等雨量线法、泰森多边形法等。对福建不同地形和雨量站点密度及分布不同的评价单元,利用 1956—2016 年降雨量资料运用算术平均法、等雨量线法、泰森多边形法三种方法计算两个系列(1956—2016 年、1980—2016 年)的面雨量均值,并将计算结果进行比较分析,以探讨在福建使用哪一种面雨量计算方法最合适。

1　面雨量的定义

面雨量是指某一特定评价单元的平均降水量情况,定义为由各个点雨量推求出的平均雨量,在水文学上将面雨量表示为

$$\overline{P} = \frac{1}{A}\int P\mathrm{d}A \tag{1}$$

式中：$\overline{P}$ 为评价单元面雨量;A 为评价单元面积;P 为有限单元 $\mathrm{d}A$ 上的降雨量。

2　简述三种面雨量计算方法

算术平均法、等雨量线法、泰森多边形法[1]是最常见的三种面雨量计算方法[2]。算术平均法简单易行,但仅适用于流域面积小,地形起伏不大,雨量站多且分布较均匀的流域。等雨量线法精度高且适用于各种地形,但较多地依赖于分析技能,而且操作比较复杂,不便于日常业务使用。泰森多边形法考虑了各雨量站的权重,比算术平均法更合理,精度也较高,适合各种雨量站分布情况,因此应用较广。

作者简介：余赛英(1968—),女,高级工程师,现从事水文水资源分析评价工作。

2.1 算术平均法计算面雨量

将某一评价单元内所有测站的同期雨量相加后除以总测站数,即为该评价单元的面雨量,数学表达式为

$$\overline{P} = \frac{1}{n}\sum_{i=1}^{n}P_i \tag{2}$$

式中:$\overline{P}$ 为评价单元面雨量;$P_i(i=1,\cdots,n)$ 为评价单元内各雨量站同期雨量;n 为评价单元内雨量测站数。

2.2 等雨量线法计算面雨量

先将某一评价单元内各测站的实测雨量绘出雨量等值线,然后求取各相邻两降雨等值线间的面积,以此分别乘对应两降雨等值线所表示的雨量平均值,得到该面积上的降雨总量,再将各面积上的降雨总量相加,除以该评价单元的总面积,即为该评价单元的面雨量,数学表达式为

$$\overline{P} = \frac{1}{F}\sum_{i=1}^{n}f_i P_i \tag{3}$$

式中:$\overline{P}$ 为评价单元面雨量;f_i 为各相邻两降雨等值线间的面积;P_i 为各相邻两降雨等值线所表示的雨量平均值;F 为评价单元总面积。

2.3 泰森多边形法计算面雨量

泰森多边形法(Thiessen Polygons)是 1911 年由荷兰气候学家 A. H. Thiessen 提出的一种根据离散分布的雨量站来计算平均雨量的方法,即将评价单元划分成若干个单元面积,其中每一个单元面积包含一个雨量站点,该站点的雨量代表该单元面积的雨量,然后用各站点雨量与该站点面积权重相乘后累加即得该评价单元的面雨量。

泰森多边形法又称垂直平分法或加权平均法。此法实际应用是首先将某一评价单元内各雨量站就近用直线连成三角形,构成相互毗邻的三角形网,然后对每个三角形的各边作垂直平分线连接成若干个多边形,要求每个多边形内有且仅有一个雨量站点,假设每个雨量站点的控制面积等于此多边形的面积,则该评价单元的面雨量为各站点雨量与该站点面积权重相乘后累加即得。数学表达式为

$$\overline{P} = \sum_{i=1}^{n}w_i P_i \tag{4}$$

式中:$\overline{P}$ 为评价单元面雨量;w_i 为各雨量站用多边形面积计算的权重数;P_i 为各雨量站同期雨量。

3 福建省不同类型评价单元面雨量均值计算分析

选取平潭、连江、泉州市区、惠安、晋江 5 个沿海评价单元和寿宁、将乐、泰宁、邵武、建阳

5个山区评价单元,且对这10个单元雨量站点密度和分布不同的评价单元进行1956—2016年、1980—2016年两个系列三种方法的面雨量均值计算并对结果进行比较分析,详见表1。

从统计情况看,不管是沿海评价单元还是山区评价单元,等雨量线法与泰森多边形法计算的面雨量相对误差比算术平均法与泰森多边形法计算的面雨量相对误差基本上都小;等雨量线法与泰森多边形法计算的面雨量1956—2016年和1980—2016年两个系列平均相对误差绝对值均为0.3%、两系列相对误差最小为0%、最大为2.7%。而算术平均法与等雨量线法和算术平均法与泰森多边形法计算的面雨量两系列相对误差都较大;算术平均法与泰森多边形法计算的面雨量1956—2016年系列相对误差绝对值平均为1.0%、最小为1.3%、最大为3.8%,1980—2016年系列相对误差绝对值平均为1.0%、最小为0.5%、最大为4.6%;算术平均法与等雨量线法计算的面雨量1956—2016年系列相对误差绝对值平均为1.3%、最小为0.1%、最大为5.8%,1980—2016年系列相对误差绝对值平均为0.7%、最小为1.0%、最大为4.5%。

平潭、泉州市区、惠安、晋江雨量站少,将乐、邵武、泰宁雨量站分布不均匀,因此这7个评价单元用算术平均法计算的面雨量与用泰森多边形法和等雨量线法计算的面雨量相对误差大;连江、寿宁、建阳雨量站多且分布较均匀,因此这3个单元用算术平均法计算的面雨量与用泰森多边形法和等雨量线法计算的面雨量相对误差较小,而与评价单元是山区还是沿海的关系不大。而这10个单元用等雨量线法和泰森多边形法计算的面雨量两系列相对误差都较小,但泰森多边形法应用更方便。

表1 不同评价单元两系列面雨量均值三种方法计算结果相互比较汇总表

评价单元名称	评价单元面积/km²	等雨量线法与泰森多边形法相对误差/%		算术平均法与泰森多边形法相对误差/%		算术平均法与等雨量线法相对误差/%	
		1956—2016年	1980—2016年	1956—2016年	1980—2016年	1956—2016年	1980—2016年
平潭	365	−1.4	0.9	2.0	−3.2	3.4	−4.0
连江	1 214	−1.2	0.7	−1.3	−1.7	−0.1	−2.4
泉州市区	556	0.0	0.0	2.4	2.5	2.4	2.5
惠安	1 101	0.4	0.1	3.8	4.6	3.4	4.5
晋江	719	2.7	−0.7	−3.3	−3.2	−5.8	−2.6
寿宁	1 436	−0.5	−0.5	1.3	0.5	1.8	1.0
将乐	2 224	0.4	0.0	−3.1	1.6	−3.5	1.6
邵武	2 844	−0.8	0.6	3.0	3.1	3.9	2.5
泰宁	1 551	−1.3	1.8	2.8	2.0	2.2	1.4
建阳	3 375	−1.2	−0.4	1.7	2.1	2.9	2.5
平均相对误差/%		−0.3	0.3	1.0	1.0	1.3	0.7

4　结语

　　不论是山区还是沿海,不论雨量站点密度和分布如何,泰森多边形法与等雨量线法计算的面雨量的相对误差小,有的评价单元的相对误差甚至为0%,因此泰森多边形法和等雨量线法可以作为评价单元面雨量的计算方法。水利部水利水电规划设计总院在《全国第三次水资源调查评价技术细则》中提出应用泰森多边形法和等雨量线法计算评价单元面雨量的计算方法是正确的。泰森多边形法应用更方便,福建省在本次调查评价中应用泰森多边形法计算的面雨量结果是可靠的。

参考文献:

[1]　王名才.大气科学常用公式[M].北京:气象出版社,1994.

[2]　李飞,田万顺.流域面雨量的计算方法[J].河南气象,2003(3):20-21.

基于 DPS 和小波分析的河西走廊内陆河流域降水量趋势及预测研究

冯小燕，王汉卿

（甘肃省水文水资源局，甘肃 兰州 730000）

摘 要：基于甘肃省河西走廊疏勒河、黑河、石羊河流域雨量站1956—2016年系列降水量成果，利用DPS和小波分析对3大流域降水量进行趋势周期预测及验证分析。结果表明：加入10年预测结果后，1956—2026年，疏勒河流域降水量呈现先降后升的大周期，黑河、石羊河流域降水量呈现先降后升的振荡波。1956—2026年时间序列内各个流域都存在着不同的变化周期，且变化周期不一，存在不同丰水、连丰连枯或枯水周期。3大流域1956—2016年系列面降水量小波分析验证结果，与之前的肯德尔（Kendall）秩次检验、滑动T检验趋势预测结果基本一致，趋势预测结果基本可靠。

关键词：河西走廊；DPS；降水量趋势预测；小波分析

Precipitation trend and prediction studies in continental river basin of Hexi Corridor based on DPS and wavelet analysis

FENG Xiaoyan，WANG Hanqing

(Gansu Hydrological and Water Resources Bureau, Lanzhou 730000，China)

Abstract：Based on the series precipitation results of Shule River，Heihe River and Shiyang River basin rainfall stations in Hexi Corridor of Gansu Province from 1956 to 2016，the trend cycle prediction and verification analysis of precipitation in three major basins were carried out by using DPS and wavelet analysis. The results show that：After adding ten years of predicted results，during 1956—2026，the precipitation in Shule River Basin showed a large period of first down and then up，while the precipitation in Heihe River and Shiyang River Basin showed an oscillating wave of first down and then up. There are high frequency waves in the series of precipitation scaling factors of Shule River，Heihe River and Shiyang River basins，and their wavelet coefficients show strong oscillation between positive and negative in the whole time series. In the 1956—2026 time series，there are different change periods in each basin，and the change periods are different. including different periods of abundant water，continuous abundance，continuous depletion or dry water. The validation results of wavelet analysis of surface precipitation series in three river basins are basically consistent with the previous trend prediction results of Kendall rank-order test and sliding T test. The trend prediction results are basically reliable.

Key words：Hexi Corridor；DPS；prediction of precipitation trend；wavelet analysis

甘肃省河西走廊区域的降水量分布具有降水少、地区差异大、年内分配不均、年际变化大4大特点，大部分地区为半干旱和干旱气候，年降水量不多，且雨季集中。降水量的变化与生态环境密切相关，会对水资源、农业和生态系统产生深远的影响[1-2]，降水量的变化会受气候变暖的影响,气候变暖会使地表潜热增加,蒸发增大,在中国西北表现为干旱加剧[3-4]。因此,降水是地区气候干旱研究的重点。刘洪兰等[5]对河西走廊春末夏初降水的空间异常分布及年际变化进行了研究。马霄华等[6]基于 1960—2014 年天山北麓气温和降水资料进行了气温和降水变化趋势及预测的研究,未来一段时间内,天山北麓气温和降水均呈上升趋势。刘洪兰等[7]对河西走廊中部 1957—2009 年降水变化及未来趋势演变进行了研究,20 世纪 80—90 年代降水量出现下降,20 世纪 90 年代后期又开始缓慢增加,未来 15 年又将呈缓慢上升趋势。

降水量周期变化是一个序列稳定的循环运动,选择适当的方法对降水变化及趋势预测分析进行研究显得十分必要[8-9]。通常借用 DPS 软件,采用谐波分析模型进行水文周期分析、比较及预测研究。DPS(Data Processing System)数据处理系统是目前国内唯一一款实验设计、统计分析功能齐全、价格上适合于国内用户、资料信息方面可确保用户安全和国产自主知识产权的统计分析软件。小波分析法在时域、频域上同时具有局部化特征和多分辨功能,对处理非平稳序列具有独特的优点,十分有利于研究水文系统的周期性[10-11],可得到降水在不同时间尺度下的不同丰枯交替变化的规律,即小波分析可以验证趋势预测分析结果的可靠性[12]。因此,对河西走廊 3 大流域 1956—2016 年的降水量进行分析研究,利用 DPS 和小波分析对 3 大流域降水量进行趋势周期预测及验证分析,可为干旱区水资源的合理开发利用提供决策和依据。

1 研究区域概况

河西走廊(图 1)是中国内地通往新疆的要道,地处亚欧大陆腹地,位于东经 37°17′~42°48′,北纬 93°23′~104°12′,处于我国西北内陆干旱区东部地带,自东向西有石羊河、黑河和疏勒河 3 大水系。其中黑河流域位于河西走廊中部,地理坐标大致介于东经 98°~101°30′,北纬 38°~42°之间,总流域面积为 14.29 万 km²,气候干燥,降水稀少而集中,多大风,日照充足,太阳辐射强烈,昼夜温差大;石羊河流域介于东经 101°22′~104°04′,北纬 37°07′~39°27′之间,总流域面积为 4.07 万 km²,空气干燥,太阳辐射强、日照充足,温差大、降水少、蒸发强烈;疏勒河干流流域面积为 4.13 万 km²,多年平均年径流量为 10.31 亿 m³,海拔 1 100~2 010 m,年降水量为 37.63 mm,年蒸发量在 3 000 mm 以上,年日照时间为 3 033~3 246 h,属大陆荒漠干旱型气候。

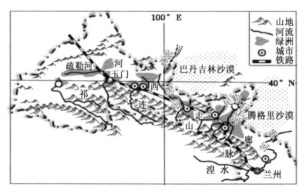

图 1 研究区域位置图

2 资料与方法

2.1 资料

本文选取甘肃省河西走廊内陆河流域雨量站1956—2016年系列降水量成果。3大流域雨量代表站见表1,流域不同时期降水量成果见表2。

表1 河西走廊内陆河流域代表雨量站

流域	疏勒河	黑河	石羊河
	党城湾	札马什克	九条岭
	瓜州县	冰沟	西大河水库
雨量站	敦煌市	肃州区	民乐县
	昌马堡	高台县	乌鞘岭
		金塔县	武威市

表2 河西走廊内陆河流域不同时期各系列降水量成果

流域	面积/km²	第二次评价降水量/mm	第三次评价降水量/mm		
		1956—2000 年	1956—2016 年	1980—2016 年	2001—2016 年
黑河	56 916	172.4	158.7	157.6	162.9
疏勒河	130 133	96.1	75.5	74.5	76.5
石羊河	38 935	213.1	216.7	218.6	224.7

注:面积采用第三次评价甘肃省境内最新面积,降水量采用第三次评价成果数据。

2.2 趋势检验方法

考虑到降水量变化趋势是一个随着时间、季节,动态、循环和随机变化形式的叠加或组合,可以认为它是一个非平稳时间序列,变化趋势可能是线性的,也可能是非线性的。采用DPS确定95%置信度,应用肯德尔(Kendall)秩次相关检验分析其变化趋势是否显著,同时应用时间序列突变滑动 T 检验法确定显著跳跃年份。3大流域降水量时间序列变化趋势及跳跃检验分析见表3。

表3 流域降水量时间序列变化趋势及跳跃检验分析

检验方法	Kendall 秩次法 [置信度 $\alpha=0.05, U(0.05/2)=1.96$]	时间序列突变滑动 T 检验法 [置信度 $\alpha=0.05, T(0.05/2)=1.64$]
黑河	$|U|=0.512<U$, 不显著	$|T|=1.47<T$, 2006 年前后无显著跳跃
疏勒河	$|U|=0.478<U$, 不显著	$|T|=2.56>T$, 2014 年前后均显著跳跃
石羊河	$|U|=1.38<U$, 不显著	$|T|=2.17>T$, 1966 年前后均显著跳跃

2.2.1 肯德尔(Kendall)秩次相关检验

选择置信度 $\alpha=0.05$、$U(0.05/2)=1.96$,通过检验,黑河、疏勒河、石羊河流域分区降水量 $|U|<U=1.96$,显示为变化趋势不显著。

2.2.2 时间序列突变滑动 T 检验

选择置信度 $\alpha=0.05$、$T(0.05/2)=1.64$,其中黑河流域分区降水量 $|T|<T=1.64$,显示为无显著跳跃,疏勒河流域及石羊河流域均有显著跳跃,但显著跳跃的年份不一,也无明显的年代规律可循。

2.3 周期预测方法

DPS 软件谐波分析法的理论基础为傅立叶级数理论,根据该理论,对于离散的时间序列 $Y_1,Y_2,\cdots,Y_n$,由于序列为离散点上的波形函数,若以 $\hat{Y}_t$ 表示 M 个谐波叠加后对 Y_t 序列的估计值,则

$$\hat{Y}_t = \hat{a}_0 + \sum_{i=1}^{M}\left(\hat{a}_i\cos\frac{2\pi it}{p} + \hat{b}_i\sin\frac{2\pi it}{p}\right) \tag{1}$$

$$\hat{a}_0 = \frac{1}{n}\sum_{t=1}^{n}Y_t \tag{2}$$

$$\hat{a}_i = \frac{2}{n}\sum_{t=1}^{n}\left(Y_t\cos\frac{2\pi it}{p}\right) \tag{3}$$

$$\hat{b}_i = \frac{2}{n}\sum_{t=1}^{n}\left(Y_t\sin\frac{2\pi it}{p}\right) \tag{4}$$

通常在 M 个谐波中选取波动比较显著的 m 个谐波相加来估计周期项 S_t,从而确定周期变化项的函数模型,即

$$\hat{S}_t = \hat{a}_0 + \sum_{i=1}^{M}\left(\hat{a}_i\cos\frac{2\pi it}{p} + \hat{b}_i\sin\frac{2\pi it}{p}\right) \tag{5}$$

式中:$\hat{a}_0,\hat{a}_i,\hat{b}_i$ 为傅立叶系数。

2.4 小波分析

抽取各流域 1956—2016 年系列面降水量进行小波分析,首先假设流域面降水量系列为分析处理的非平稳信号,设 $\psi(t)\in L^2(R)$,$L^2(R)$ 表示平方可积的实数空间,即能量有限的信号空间,其傅立叶变换为 $\hat{\psi}(\omega)$,当 $\hat{\psi}(\omega)$ 满足允许条件 $C_\psi=\int_R\frac{|\hat{\psi}(\omega)|^2}{|\omega|}\mathrm{d}\omega<$ 时,我们称 $\psi(t)$ 为一个基本小波、母小波或允许小波,将母函数 $\psi(t)$ 经伸缩平移后,就可以得到一个连续小波序列和离散小波序列:

连续小波序列: $\psi_{a,b}(t)=\frac{1}{\sqrt{|a|}}\psi\left(\frac{t-b}{a}\right) \quad (a,b\in R;a\neq 0)$ (6)

式中:a 为伸缩因子;b 为平移因子。

离散小波序列: $\psi_{j,k}(t)=2^{-j/2}\psi(2^jt-k) \quad (j,k\in Z)$ (7)

小波变换的实质就是将动态曲线通过小波函数族进行二维投影,使得在一维空间下隐含的规律性在二维空间显现出来,从而可以从一个崭新的视角分析出原空间已发现的潜在宏观特点,这里我们选用 Mexican-hat 小波对流域 1956—2016 年系列面降水量创建小波变换分析图。

3 研究结果与分析

3.1 流域周期预测

在实际应用中,确定周期变化项的函数模型一般只从前 6 个谐波中选取,并且选择置信度 $\alpha=0.05$、$(1-\alpha)\%=95\%$,从而确定波长、相关系数、周期间隔及 2017—2026 年降水量趋势预测值。各流域降水量谐波趋势预测分析过程详见表 4,图 2～图 4。

表 4 谐波法分析各流域降水量周期及趋势预测

周期趋势预测		疏勒河	黑河	石羊河
波长 W/年		30.5	2.3	3.2
相关系数		0.327 5	0.337 3	0.374 2
周期间隔/年		61.0	30.5	8.7
		30.5	12.2	4.7
		20.3	5.5	3.8
		4.7	4.1	3.6
		4.4	2.9	3.4
		4.1	2.7	3.2
趋势预测值/mm	2017 年	73.1	174.0	203.0
	2018 年	71.3	159.9	225.8
	2019 年	69.7	182.1	222.8
	2020 年	68.3	157.1	203.2
	2021 年	67.2	180.2	221.9
	2022 年	66.4	164.3	228.4
	2023 年	66.0	170.1	205.7
	2024 年	65.9	176.2	217.3
	2025 年	66.3	160.0	232.1
	2026 年	67.0	183.3	210.3

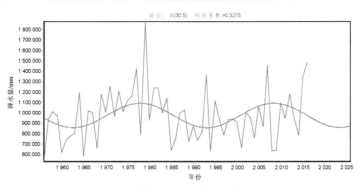

图 2 疏勒河流域降水量趋势预测

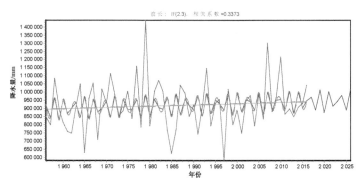

图3　黑河流域降水量趋势预测

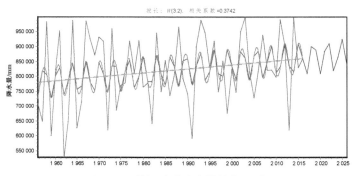

图4　石羊河流域降水量趋势预测

以上10年预测分析结果显示:2017—2026年,疏勒河流域降水量总体呈现先下降后趋于稳定的趋势;黑河、石羊河流域降水量呈现先降后升的振荡波。加入10年预测结果后,1956—2026年,疏勒河流域降水量呈现先降后升的大周期,黑河、石羊河流域降水量呈现先降后升的振荡波。可见河西走廊内陆河流域总的降水量趋势较复杂。

3.2　降水量趋势预测的验证

基于小波分析对3大流域的小波分析见图5～图7。趋势预测分析的结果是否可靠,我们本次采用小波分析的方法进行验证。小波分析是为了分析处理非平稳信号,对傅立叶分析进行推广而提出的新理论,克服了傅立叶分析不能作局部分析的缺点,以其时间与频率局部化分析的卓越效果而被广泛应用。当小波系数实部值为正时,代表降水偏多期;小波系数实部值为负时,表示降水偏少期。

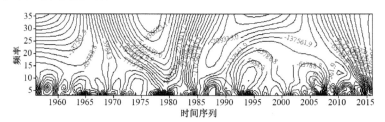

图5　疏勒河流域小波分析图

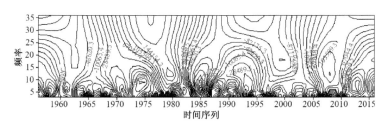

图 6 黑河流域小波分析图

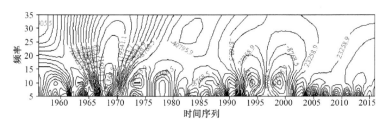

图 7 石羊河流域小波分析图

根据图 5~图 7 的小波分析可知,疏勒河、黑河和石羊河流域 1956—2016 年系列面降水量伸缩因子都存在高频波,其小波系数整个时间序列内表现出很强的正负相间的振荡特点。在研究的时间序列内各个流域都存在着不同的变化周期,且变化周期不一,存在不同的丰水、连丰连枯或枯水周期。主要的丰水期:疏勒河流域为 1969—1980 年和 2016 年之后;黑河流域为 1970—1984 年和 2007 年之后;石羊河流域为 1967—1971 年、1993—2002 年和 2004 年之后;其他时段为枯水期或者为连丰连枯的振荡波。但从 2016 年之后 3 大流域降水量总体变化趋势来看均呈现上升趋势。三大流域 1956—2016 年系列面降水量小波分析验证结果,与之前的肯德尔(Kendall)秩次检验、滑动 T 检验趋势预测结果基本一致,趋势预测结果基本可靠。

4 结论

通过对甘肃省疏勒河、黑河、石羊河流域 1956—2016 年系列降水量进行趋势周期预测分析,并采用小波分析法对 3 大流域面降水量进行验证。

(1) 1956—2026 年,疏勒河流域降水量呈现先降后升的大周期,黑河、石羊河流域降水量呈现先降后升的振荡波。

(2) 疏勒河、黑河和石羊河流域 1956—2016 年系列面降水量伸缩因子都存在高频波,其小波系数整个时间序列内表现出很强的正负相间的振荡特点。在研究的时间序列内各个流域都存在着不同的变化周期,且变化周期不一,存在不同的丰水、连丰连枯或枯水周期。

(3) 通过小波分析的验证和趋势预测结果的对比,3 大流域的降水量趋势预测结果基本可靠。

参考文献:

[1] 王国庆,张建云,刘九夫,等. 气候变化对水文水资源影响研究综述[J]. 中国水利,2008(2):47-51.

[2] 郝丽娜,粟晓玲,王宁. 基于统计降尺度模型的河西走廊未来气温和降水的时空变化[J]. 西北农林

科技大学学报(自然科学版)，2015，43(10):219-228.

［3］丁贞玉，马金珠，张宝军，等. 近50年来石羊河流域气候变化趋势分析[J]. 干旱区研究，2007，24(6):6779-6784.

［4］李玲萍，杨永龙，钱莉. 石羊河流域近45年气温和降水特征分析[J]. 干旱区研究，2008，25(5):705-710.

［5］刘洪兰，李栋梁，郭江勇. 河西走廊春末夏初降水的空间异常分布及年代际变化[J]. 冰川冻土，2004，26(1):55-60.

［6］马霄华，韩炜，党亚玲，等.1960年—2014年天山北麓气温和降水变化趋势及预测研究[J]. 环境科学与管理，2017(9):48-52.

［7］刘洪兰，白虎志，张俊国. 河西走廊中部近53年降水变化及未来趋势预测[J]. 干旱区研究，2011(1):146-150.

［8］赵利红. 水文时间序列周期分析方法的研究[D]. 南京:河海大学，2007.

［9］刘惠英，丁文峰，张平仓. 香溪河流域1965—2010年径流的变化趋势及突变分析[J]. 长江科学院院报，2014，31(4):12-16.

［10］ASAOKA A，MATSUO M. An inverse problem approach to the prediction of multi-dimensional consolidation behavior[J]. Soils and Foundations，1984，24(1):49-62.

［11］奚立平，吴海鹰，蔡文庆. 近60年无为县降水变化趋势研究[J]. 水土保持研究，2019，26(1):209-214.

［12］刘惠英，任洪玉，张平仓，等. 香溪河流域近60年来降雨量变化趋势及突变分析[J]. 水土保持研究，2015，22(4):282-286.

珠江干流磷的时空分布特征研究
——基于第三次水资源调查评价

李梓君，黎绍佐

（珠江流域水环境监测中心，广东　珠海　510635）

摘　要：珠江流域为我国七大流域之一，其水质情况对整个流域的生态环境有着重要影响。自 2017 年起，珠江流域水环境监测中心收集了珠江流域地表水质测站的监测数据，发掘其中的水质变化规律。研究发现，珠江干流总磷浓度呈现 2002—2007 年间总体上升，在 2006 年云南省、贵州省、广西壮族自治区三省达到峰值；其后下降，近年微有上升的趋势。珠江干流总磷高浓度段集中在柴石滩水库坝前至南盘江滇桂缓冲区前区域，河长共计约 463 km，占珠江干流总河长的 20%。该段的总磷多年平均浓度值占全珠江干流的比重高达 51.78%。

关键词：珠江；流域；磷；水质；时空分布特征

西江是珠江流域的主要干流，自上游至下游由南盘江、红水河、黔江、浔江、西江、西江干流水道、西海水道和磨刀门水道组成，沿途经过云南、贵州、广西和广东四省（自治区）[1]，沿途分布有 62 个水功能区，全长 2 244.3 km。

总磷作为流域生态环境的重要一环，直接影响到水体富营养化状态，以及浮游植物和浮游动物的生境[2-4]，本次研究调查了珠江干流上 75 个水质测站的监测成果，对珠江流域多年总磷时空变化情况进行了研究探讨。为摸清珠江流域在近年来水资源数量、质量、开发利用、水生态环境的变化情况，系统分析了流域水资源的演变规律和特点，提出了全面、真实、准确的评价成果，并形成规范化的滚动分析评价机制，为今后制定水资源战略规划、实施重大水利工程建设、落实最严格水资源管理制度、促进经济社会持续健康发展和生态文明建设提供可靠的基础[5]。

1　珠江干流不同省区河段多年总磷浓度情况

本次水资源调查收集了 2000—2016 年的地表水水质监测数据，在珠江干流沿河共收集到 38 个连续监测 5 年以上的水质测站的数据，从上游到下游穿越云南、贵州、广西、广东四省（自治区），各省测站总磷浓度年平均值见表 1。从 2002 年起到 2016 年，连续 15 年，位于珠江干流上游的云南段的总磷浓度平均值均为最高，且远高于下游其他三省（区），多年来，云南段总磷浓度为下游省（区）河段的 2～16 倍。

在多年趋势方面，总磷浓度呈现 2002—2007 年间总体上升，在 2006 年云南省、贵州省、广西壮族自治区三省（区）达到峰值；其后下降，近年微有上升的趋势。云南段 2002—2007 年连续 5 年总磷平均浓度逐年上升，2008 年总磷浓度大幅下降，至 2013 年下降到多年平均最低值，近年又有所上升。珠江干流贵州段总磷浓度先升后降，自 2007 年起逐年下降，到 2010 年达到多年平均最低值，近年无明显变化趋势。

作者简介：李梓君（1983—），女，硕士研究生，工程师，现主要从事水资源、水生态与水环境质量评价工作。

该污染状态时间变化的原因估计是 2000 年后随着经济的发展,排污的增加导致了水污染增加,但是随着国家、地方对水环境的日益重视,企业排污受控,水环境得到改善,呈现出先污染后改善的水环境时间变化状态。

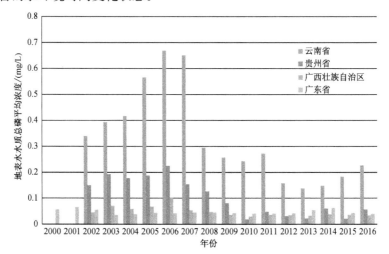

图 1　珠江干流多年磷浓度分布图(按省区划分)

2　单站总磷浓度分布

为便于区分河段总磷浓度贡献值的差异,对 38 个多年水质测站自珠江源头沾益起,从上游到下游进行排列。位于上游南盘江段(滇桂省界测站八大河上游)的测站下桥闸站、弹药库站、高古马站、江边街站的总磷浓度多年以来显著高于其他测站(图 2)。

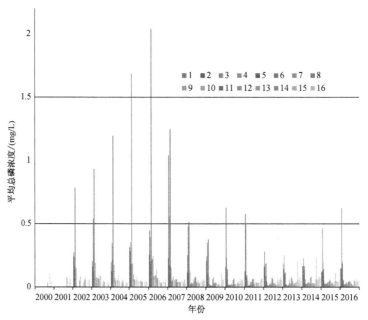

图 2　珠江干流测站总磷年平均浓度图

注:数字 1,2,3,…,16 为表 1 中的测站序号。

综合统计各测站总磷多年平均浓度值(表1),珠江干流38个测站的总磷多年平均浓度值范围为 0.021～0.654 mg/L,其中从源头起 1～5 号测站合计比重高达 51.78%。可见珠江磷污染最严重的河段为源头南盘江段。

表1　珠江干流各测站多年总磷浓度

序号	测站名称	所在行政区	总磷多年平均浓度值/(mg/L)	比重/%	序号	测站名称	所在行政区	总磷多年平均浓度值/(mg/L)	比重/%
1	下桥闸	云南省	0.19	5.79	18	大湟江口	广西壮族自治区	0.06	1.90
2	弹药库	云南省	0.33	9.98	19	武林	广西壮族自治区	0.06	1.92
3	高古马	云南省	0.38	11.70	20	南安	广西壮族自治区	0.03	1.00
4	小龙潭	云南省	0.14	4.34	21	泗洲尾	广西壮族自治区	0.03	1.04
5	江边街	云南省	0.65	19.97	22	深冲	广西壮族自治区	0.03	1.06
6	八大河	云南省/广西壮族自治区	0.04	1.28	23	下典口	广西壮族自治区	0.03	0.83
7	天生桥	贵州省	0.10	3.16	24	德庆	广东省	0.04	1.10
8	龙滩	广西壮族自治区	0.02	0.67	25	六都水厂	广东省	0.03	0.94
9	天峨	广西壮族自治区	0.05	1.50	26	三榕水厂	广东省	0.03	1.04
10	岩滩	广西壮族自治区	0.02	0.65	27	高要	广东省	0.04	1.10
11	都安	广西壮族自治区	0.04	1.17	28	贝水永安	广东省	0.05	1.60
12	蓝甲	广西壮族自治区	0.03	0.86	29	西江水厂	广东省	0.04	1.35
13	怀集	广东省	0.03	0.98	30	五南永安	广东省	0.13	3.85
14	迁江	广西壮族自治区	0.05	1.44	31	马口	广东省	0.04	1.37
15	河东水厂	广西壮族自治区	0.04	1.17	32	古劳	广东省	0.06	1.77
16	武宣	广西壮族自治区	0.06	1.97	33	甘竹	广东省	0.04	1.37
17	黔江大桥	广西壮族自治区	0.06	1.89	34	周郡水厂	广东省	0.05	1.63
					35	全禄水厂	广东省	0.06	1.73
					36	平岗	广东省	0.05	1.56
					37	广昌	广东省	0.06	1.68
					38	挂定角	广东省	0.05	1.66

3　2016 年度珠江流域总磷浓度分布情况分析

珠江干流 75 个测站中,共收集到 38 个测站的 2016 年总磷年平均浓度原始数据,其余 37 个测站的年度水质类别数据。根据年度水质类别及其超标项目反推总磷浓度,比如 Ⅰ 类水质类别测站的总磷浓度<0.02 mg/L,Ⅱ 类水质类别测站的总磷浓度<0.1 mg/L,Ⅲ 类水质类别测站的总磷浓度<0.2 mg/L。因此,在推算总磷浓度测站中,总磷浓度实际值要低于推算值。

由图 3 可以看出,珠江干流自源头起 200~400 km 处,总磷浓度有一个快速上升和快速下降的过程;600 km 处,总磷浓度趋于平缓,不再有特别高浓度值;2 070 km 处,总磷浓度稍微上升,维持在约 0.05 mg/L 的水平,直到进入南海。

结合地理情况,珠江干流总磷高浓度段集中在柴石湾水库坝前至南盘江滇桂缓冲区前区域,河长共计约 463 km,占珠江干流总河长的 20%。该河段共分布 4 个水功能区,分别为:南盘江沾益宜良开发利用区的南盘江宜良工业农业渔业用水区、南盘江宜良弥勒保留区、南盘江弥勒邱北开发利用区的南盘江弥勒邱北工业用水区、南盘江文山师宗保留区。行政区上,该河段全部位于云南省,穿越昆明市宜良县、华宁县,红河哈尼族彝族自治州的弥勒市、丘北县,曲靖市的师宗县等多个县市。

珠江干流末端磷浓度抬升段位于珠江三角洲的肇庆市永安贝水到珠江河口延伸区,该段河长共计约 183 km,约占珠江干流总河长的 8%。该河段全部位于广东省,在经济发达的珠江三角洲地区,监测的总磷浓度维持在约 0.05 mg/L 的水平,虽然该河段磷浓度略有抬升,但仍符合 GB 3838—2002《地表水环境质量标准》的 Ⅱ 类水质标准,没有发生超标现象。

珠江流域上游总磷污染最重,中段最轻,入海段略有抬升,这个情况与长江总磷空间分布情况相似[6]。

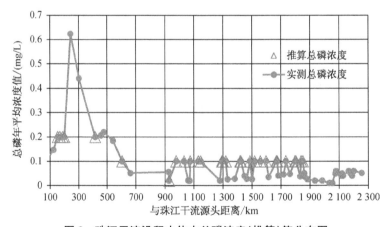

图 3　珠江干流沿程水体中总磷浓度(推算)值分布图

4　结论

根据第三次水资源调查评价的工作成果,发现珠江干流总磷高浓度段多年以来一直集中在上游的云南段。在时间变化规律上,呈现先污染后改善的水环境时间变化状态。

结合单站的多年总磷浓度和推算数据分析,总磷高浓度段集中在柴石湾水库坝前至南盘江滇桂缓冲区前区域,该段河长占珠江干流总河长的20%。水体总磷浓度在南盘江滇桂缓冲区前降低至 0.1 mg/L 以下,并维持到珠江入海口延伸段,没有特别高浓度值的河段。

综合本次珠江干流总磷浓度的时空变化研究结果,珠江磷污染治理,应着力补充调查上游南盘江段(滇桂省界测站八大河上游)磷的来源和排放情况,控制好该河段的磷污染问题,干流总体磷污染情况也随之可控。

参考文献:

[1] 陈明媚.珠江流域水污染治理的问题与对策[J].人民珠江,2012,33(03):54-56.

[2] 金相灿,刘鸿亮,屠清瑛,等.中国湖泊富营养化[M].北京:中国环境科学出版社,1990.

[3] 魏潇,李凡,马元庆,等.2014年山东近岸海域海水氮磷营养盐含量特征及富营养化评价[J].海洋湖沼通报,2019(5):103-109.

[4] 张紫霞,刘鹏,王妍,等.典型岩溶流域不同湿地水体氮磷分布及富营养化风险评价[J/OL].西北农林科技大学学报(自然科学版),2020(5):1-9[2019-11-28].https://doi.org/10.13207/j.cnki.jnwafu.2020.05.012.

[5] 李延东,武睐.辽河流域西辽河水质污染现状及变化趋势[J].环境工程,2016,34(S1):807-809+824.

[6] 秦延文,马迎群,王丽婧,等.长江流域总磷污染:分布特征·来源解析·控制对策[J].环境科学研究,2018,31(1):9-14.

河西梨园河流域水资源评价分析

黄芳兰,冯治天,李建玲

(甘肃省张掖水文水资源勘测局,甘肃 张掖 734000)

摘 要:本文依据《水资源评价导则》[1]对梨园河流域地表水资源数量及质量作评价分析。梨园河流域径流量总体呈上升趋势,年际变差系数 Cv 值在 0.16~0.21 之间;年内分配极不均匀,季节性强,主要集中在 5—9 月,约占年径流量的 88.0%;年蒸发量远大于年降水量,干旱系数为 3.17,属于半干旱气候区;利用 Tennant 法计算出山口控制站鹦鸽咀水库(坝上)站非汛期下泄最小生态需水量为 0.045 3 亿 m^3,年生态需水量为 0.686 1 亿 m^3;梨园河干流水质综合类别为Ⅲ类,水质良好。本文为梨园河流域水资源开发利用、生态环境恢复治理和水生态文明建设提供技术支撑和科学依据。

关键词:梨园河流域;水资源;评价分析

水是生存之本、文明之源、生态之基。水资源是基础性自然资源、战略性经济资源,是生态环境的重要控制性要素,也是一个国家综合国力的重要组成部分。随着全球气候变化加剧,以及我国改革开放 40 多年经济社会快速发展,水循环及水文过程发生了显著性变化,水资源形势和水安全状况日趋严峻,水资源短缺、水生态损害、水环境污染等问题愈加凸显。

2014 年,习近平总书记就水安全保障问题作出重要讲话,提出了"节水优先、空间均衡、系统治理、两手发力"的新时期治水方针;水利部鄂竟平部长指出当前的治水主要矛盾转变为人民群众对水资源、水生态、水环境的需求和水利行业监管不足的矛盾,强调要全面落实十六字治水方针,将水利工作的重心转移到"水利工程补短板,水利行业强监管"的水利改革发展总基调上来。为认真贯彻中央关于新时期治水方针,全面落实国家生态文明的战略要求,及时准确掌握我国水资源情势出现的新变化,系统评价水资源及其开发利用状况,摸清水资源消耗、水环境损害、水生态退化情况,适应新时期经济社会发展和生态文明建设对加强水资源管理的需要。

1 概述

梨园河是黑河的一级支流,位于黑河干流西侧,发源于祁连山中段北麓红双岔子横梁。梨园河上游称为隆畅河,至肃南裕固族自治县白泉门与白泉河汇合折向东北流始称梨园河,沿途有东柳沟、西柳沟、青沟、海牙沟、白杨沟等支流汇入,经鹦鸽咀水库到梨园堡出祁连山,流入河西走廊张掖盆地,经临泽县城北侧至野沟弯汇入黑河。梨园河全长 160 km,梨园堡

作者简介:黄芳兰(1981—),女,本科,工程师,从事水文测验分析、水资源评价等工作。

以上流域面积为 2 641 km²[2]。近年来,随着流域内经济社会的发展,水生态文明的建设和水资源利用需求的增加,需对梨园河流域进行水资源评价分析,为流域内水资源的进一步合理、有效的开发利用和生态环境建设提供技术支撑和保障。

2　流域水资源评价

水资源评价是水资源规划、开发利用、保护和管理的基础工作。水资源评价主要分为水资源数量评价和水资源质量评价[3]。

2.1　水资源数量评价

2.1.1　降水量

梨园河流域地势西南高,东北低,梨园堡出山口以上为高山峡谷,以下流经平原地带。流域内气候条件差异较大,从祁连山的半湿润气候区逐渐过渡到走廊平原大陆性干旱气候区。代表站肃南水文站地处肃南裕固族自治县,该县大部属高寒山地半干旱气候区,气候特点是冬春季长而寒冷,夏秋季短而凉爽。

流域内有水文站 2 个,雨量站 4 个(其中九个泉、大岔为中小河流新建站)。流域多年平均年降水量为 271.4 mm,降水量主要集中在 5—9 月,约占全年降水量的 80.0%。降水年内分配极不均匀,最大月降水量在 6—8 月,占全年降水量的 55.4%。各站降水量年际变化较小,流域内各站年际降水量极值比在 2.38~4.64 之间;各雨量站历年降水量变差系数 Cv 值在 0.002~0.357 之间。具体分析见表 1、图 1 及表 2。

表 1　梨园河流域降水量年内分配表

项目	月份												5—9月降水量/mm	多年平均降水量/mm
	1	2	3	4	5	6	7	8	9	10	11	12		
月降水量/mm	2.9	3.9	10.3	18.0	34.6	40.8	62.8	46.8	30.8	12.0	4.8	3.7	215.8	271.4
占年降水量百分比/%	1.1	1.4	3.8	6.6	12.8	15.0	23.1	17.3	11.3	4.4	1.8	1.4	79.5	

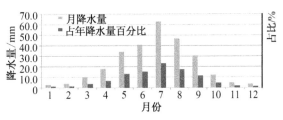

图 1　梨园河流域降水量年内分配图

表 2　梨园河流域内各代表雨量站降水量年际变化特征统计表

站名	资料系列长度/年	多年平均年降水量/mm	最大年降水量/mm	发生年份	最小年降水量/mm	发生年份	年际降水量极值比	$K_丰$	$K_枯$	降水量变差系数Cv
康乐	35	311.5	608.0	1998	131.1	2006	4.64	1.95	0.42	0.357
肃南	54	274.4	439.2	1979	159.4	1991	2.76	1.60	0.58	0.002
鹦鸽咀水库（坝上）	26	169.4	245.6	2007	103.0	1991	2.38	1.45	0.61	0.211
大河	45	339.6	796.5	1979	188.0	1997	4.24	2.35	0.55	0.293

以肃南站为代表站,绘制梨园河流域历年降水量过程线图,见图2。通过分析,流域内降水量年际变化大,总体降水量呈缓慢下降趋势。

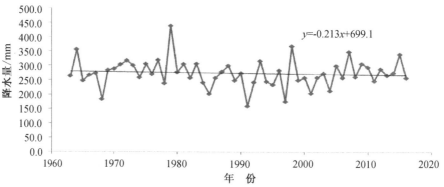

图 2　梨园河流域年降水量过程线图

2.1.2　蒸发量

蒸发量是影响水资源量的重要因素之一,为水量平衡要素分析和水资源总量的计算提供依据。分析计算通常包括水面蒸发和陆地蒸发两个方面。采用 2 个水文站的资料分析梨园河流域内蒸发特性。

（1）水面蒸发量

梨园河流域内蒸发观测资料只有 2 个站,分别是肃南水文站、鹦鸽咀水库（坝上）水文站,其中肃南站采用 E601 型蒸发器,鹦鸽咀水库（坝上）站采用 20 cm 口径蒸发皿。所以以肃南水文站为代表站的多年平均蒸发量 871.4mm 作为流域内多年平均蒸发量,蒸发量年内分配主要集中在 3—10 月,流域内蒸发量受气温、风速、空气湿度等因素的影响,年内分配不均匀,最大蒸发量在 6—7 月,最小蒸发量在 1 月。具体分析见表 3、图 3。

表 3　流域内蒸发量年内分配表

站名	项目	月份												多年平均蒸发量/mm
		1	2	3	4	5	6	7	8	9	10	11	12	
肃南	月蒸发量/mm	19.3	27.7	52.5	93.6	123.4	119.8	117.3	108.4	90.1	65.9	32.7	20.7	871.4
	占年蒸发量百分比/%	2.2	3.2	6.0	10.7	14.2	13.7	13.5	12.4	10.3	7.6	3.8	2.4	

站名	项目	1	2	3	4	5	6	7	8	9	10	11	12	多年平均蒸发量/mm
鹦鸽咀水库（坝上）	月蒸发量/mm	46.6	61.8	119.8	212.1	271.9	283.3	280.1	254.7	189.5	145.1	80.6	50.2	1995.7
	占年蒸发量百分比/%	2.3	3.1	6.0	10.7	13.6	14.2	14.0	12.8	9.5	7.3	4.0	2.5	

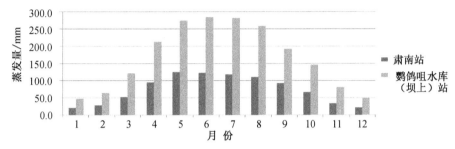

图3 梨园河流域内蒸发量年内分配图

（2）陆地蒸发量

陆地蒸发量等于地表水体蒸发、土壤蒸发和植物散发量的总和,蒸发量的大小主要取决于降水量。根据水量平衡原理,采用多年平均年降水量和年径流深的差值求得陆地蒸发量,即

$$\overline{E}=\overline{P}-\overline{R} \tag{1}$$

式中：$\overline{E}$ 为多年平均年陆地蒸发量,mm；$\overline{P}$ 为多年平均年降水量,mm；$\overline{R}$ 为多年平均年径流深,mm。

分析计算得到的流域多年平均年陆面蒸发量为 129.4 mm。

（3）干旱指数

干旱指数（蒸发系数）是反映气候干湿程度的指标,通常以蒸发能力与年降水量的比值来表示;E601 型蒸发器的观测值近似作为蒸发能力,本文以肃南水文站为代表站计算分析得到的流域干旱指数为 3.17,说明该流域属于半干旱气候区。

2.1.3 地表水资源量

梨园河流域上游、下游分别有肃南水文站和鹦鸽咀水库（坝上）水文站,经鹦鸽咀水库出祁连山区流入平原区为径流消耗区。流域内径流主要由降水、冰雪融水组成。本文利用上述两个水文站资料分析梨园河流域径流量的变化情况,上游、下游多年平均径流量分别为 1.802 亿 m³、2.287 亿 m³,径流年内分配极不均匀,主要集中在汛期 5—9 月,分别约占年径流量的 87.2%、88.2%。多年平均年径流量 Cv 值为 0.16～0.21,流域径流年际变化不大,见表4、表5。研究表明,在全球变暖情景下,祁连山中部和西部地区出山径流则均呈上升的趋势[4]。经分析,梨园河流域径流量总体呈上升趋势,上下游径流量分配较好,流域水量基本平衡,详见图4。

表 4　梨园河流域径流量年内分配表

站名	多年平均径流量/亿m³	项目	月份											
			1	2	3	4	5	6	7	8	9	10	11	12
肃南	1.802	月径流/亿m³	0.015 7	0.011 5	0.014 7	0.033 6	0.107 8	0.281	0.515 9	0.433 3	0.232	0.089 1	0.041 7	0.025 9
		占年径流量百分比/%	0.9	0.6	0.8	1.9	6.0	15.6	28.6	24.1	12.9	4.9	2.3	1.4
鹦鸽咀水库（坝上）	2.287	月径流/亿m³	0.013 5	0.010 2	0.015 1	0.044	0.153 7	0.380 4	0.666 7	0.544 6	0.271 2	0.108 9	0.052	0.026 6
		占年径流量百分比/%	0.6	0.4	0.7	1.9	6.7	16.6	29.2	23.8	11.8	4.8	2.3	1.2

表 5　代表站年径流量特征值表

站名	多年平均年径流量 Cv 值				年径流量				
	1956—2000年	1956—2016年	1980—2016年	2000年—2016年	最大/亿m³	所在年份	最小/亿m³	所在年份	多年平均/亿m³
肃南	0.21	0.21	0.19	0.16	2.693	1998	1.025	1968	1.802
鹦鸽咀水库（坝上）	0.21	0.21	0.20	0.16	3.346	2016	1.311	1968	2.287

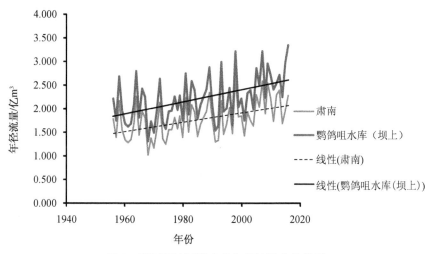

图4　梨园河流域代表站年径流演变趋势图

2.2　水资源质量评价

水资源质量评价主要包括水质物理、化学及水污染状况分析[5]。

2.2.1　泥沙分析

输沙率是反映河流挟沙能力的主要指标,泥沙模数的大小体现了流域内的泥沙侵蚀程度。本文对肃南站多年泥沙资料进行分析,洪水期洪峰陡涨陡落,流量变化大,挟带沙量较大,流域输沙率年内分配主要集中在4—10月。其余月份河水主要由冰川融水和地下水组成,含沙量为0。年平均输沙率 Cv 值为3.95,分析结果见表6、表7。

表6　代表站肃南水文站泥沙年内分配表　　　　　单位:kg/s

站名	1月	2月	3月	4月	5月	6月	7月	8月	9月	10月	11月	12月
肃南	0	0	0	0.160	1.69	9.91	22.9	12.7	2.51	0.214	0.001	0

表7　流域代表站泥沙特征值表

站名	年输沙量/(×10⁴t)			年输沙模数/(t/km²)			年平均输沙率/(kg/s)	多年平均输沙率 Cv
	平均	最大	最小	平均	最大	最小		
肃南	15.0	70.2	1.9	147	723	8.67	4.77	3.95

2.2.2　水质分析

梨园河流域水质监测河长共118 km,目前有3个水质监测点,分别是肃南、白泉门、鹦鸽咀水库(坝上),其中白泉门站、鹦鸽咀水库(坝上)站自2016年开始监测,只有3年资料,水质为Ⅱ类。肃南站水质监测资料系列较长,故选用肃南站近10年的资料进行分析。依据评价标准为GB 3838—2002《地表水环境质量标准》,梨园河干流水体色度小,无嗅无味;矿化度级别为3级,属于中等矿化度水;总硬度级别为4级,属于硬水;pH值为7～9,属于弱碱性水;水化学类型为 C 类 Ca 组 Ⅲ 型,梨园河干流水质综合类别为 Ⅲ 类,多年监测结果是无超标污染物。水体可满足工业用水、农业用水、渔业用水、景观娱乐用水的水质要求。

2.3 水资源利用及生态环境需水量分析

2.3.1 水资源利用

梨园河流域内有人口 8.24 万人,耕地 2.16 万 hm²。水力资源蕴藏量为 5.9 万 kW,流域内规划建成梯级电站 39 座,主要集中在鹦鸽咀水库至肃南之间,装机容量 10.85 万 kW,年发电量 33 820 万 kW·h(2014 年)。随着祁连山自然保护区的成立和对祁连山生态环境的恢复治理,部分小水电站关停,保证了流域内生态用水量的需求。

2.3.2 生态环境用水量分析

利用 Tennant 法计算流域生态环境用水量[6-7]。Tennant 法分为汛期和非汛期,以多年平均流量的百分比作为推荐流量,推荐值以占流量的百分比为标准。Tennant 法根据流量级及其对生态的有利程度,将河道生态环境需水量从“最大”到“极差”分为 8 级。本文采用汛期生态基流按多年平均流量的 20%～30%,非汛期生态基流应不低于多年平均流量的 10% 为标准。根据肃南水文站、鹦鸽咀水库(坝上)水文站径流量资料计算流域内生态环境用水量,结果见表 8,依据最小生态需水量占径流量不低于 10% 的原则[7],选择 4 级标准(好)即占多年平均流量 30% 的比例,计算得出肃南站、鹦鸽咀水库(坝上)站年生态环境需水量分别为 0.540 9 亿 m³、0.686 1 亿 m³,非汛期生态环境需水量分别为 0.039 7 亿 m³、0.045 3 亿 m³。

表 8 不同级别生态需水量表 单位:亿 m³

等级	肃南站			鹦鸽咀水库(坝上)站		
	汛期 5—9 月	非汛期 (10 月至 次年 4 月)	全年	汛期 5—9 月	非汛期 (10 月至 次年 4 月)	全年
最佳范围	0.942 0	0.119 2	1.082	1.210	0.135 8	1.372
极好	0.942 0	0.079 4	0.901 5	1.210	0.090 5	1.144
非常好	0.785 0	0.059 6	0.721 2	1.008	0.067 9	0.914 8
好	0.628 0	0.039 7	0.540 9	0.806 6	0.045 3	0.686 1
中或差	0.471 0	0.019 9	0.360 6	0.605 0	0.022 6	0.457 4

2.4 流域水资源综合评价

梨园河流域气候差异较大,从祁连山区半湿润气候到河西走廊平原区半干旱气候,流域内径流主要由降水和冰雪融水形成。降水量年际、年内变化大,历年年降水量呈缓慢减少趋势,而流域年径流量呈增加趋势,这与全球变暖、气温上升有密切的联系(缺少气象资料)。输沙率年内变化较大,季节性强,上游山区容易发生山洪泥石流灾害,对水文预警预报要求更高,整体上对水资源的开发利用影响不大。流域地表水污染源主要是市政生活用水,水质监测综合类别为Ⅲ类,并无超标污染物。生态环境的治理与文明城市的建设对水资源质量的恢复起到决定性作用,出山口控制站鹦鸽咀水库(坝上)站非汛期下泄生态水量为 0.045 3 亿 m³,保证了下游生态环境用水需求。水资源评价为水资源的综合利用提供更好的服务,也为流域内水生态文明建设提供技术支撑。

3 结论

本文通过梨园河流域内代表站肃南、鹦鸽咀水库(坝上)两个水文站及流域内雨量站系列水文资料,对流域内水资源量、水质及生态用水量 3 个方面进行分析。

(1) 梨园河流域大部属高寒山地半干旱气候,气候特点是冬春季长而寒冷,夏秋季短而凉爽,流域干旱指数为 3.17。流域降水量年内主要集中 5—9 月,分配极不均匀;年际变化较大,变差系数 C_V 值在 0.002～0.357 之间,总体降水量呈缓慢下降趋势。全球气候变暖,冰川融水径流量增加,祁连山中部和西部地区出山径流则均呈上升趋势[5]。梨园河流域径流量主要由降水量和冰川融水补给形成,多年径流量总体呈上升趋势,与全球变暖、气温上升有密切的联系。

(2) 本文对肃南站多年泥沙资料进行分析,洪水期洪峰陡涨陡落,流量变化大,挟带沙量较大,流域输沙率年内分配主要集中在 4—10 月,季节性较强。其余月份河水主要由冰川融水和地下水组成,含沙量为 0。梨园河干流矿化度级别为 3 级,属于中等矿化度水;总硬度级别为 4 级,属于硬水;梨园河干流水质综合类别为Ⅲ类。

(3) 利用 Tennant 法计算流域生态环境用水量,采用汛期生态基流按多年平均流量的 20%～30%,非汛期生态基流应不低于多年平均流量的 10% 为标准。计算得出肃南站、鹦鸽咀水库(坝上)站年生态环境需水量分别为 0.540 9 亿 m³、0.686 1 亿 m³,非汛期生态环境需水量分别为 0.039 7 亿 m³、0.045 3 亿 m³,保证了下游生态环境用水需求。水资源评价为水资源的综合利用提供更好的服务,也为流域内水生态文明建设提供技术支撑。

参考文献:

[1] 中华人民共和国水利部. 水资源评价导则:SL/T 238—1999[S]. 北京:中国水利水电出版社,1999.
[2] 杨成有,刘进琪. 甘肃江河地理名录[M]. 兰州:甘肃人民出版社,2014.
[3] 张尧旺. 水质监测与评价[M]. 郑州:黄河水利出版社,2002.
[4] 牛最荣. 气候变化对祁连山区水文循环的影响研究[M]. 兰州:甘肃人民出版,2013.
[5] 潘启民,田水利. 黑河流域水资源[M]. 郑州:黄河水利出版社,2001.
[6] 陈红翔,杨保,王章勇,等. 黑河中游河道生态环境需水量研究[J]. 水土保持研究,2010(6):194-197.
[7] 杨志峰,张远. 河道生态环境需水研究方法比较[J]. 水动力学研究与进展(A辑),2003(3):294-301.

径流量突变点的检验及其成因分析

吴奕[1]，张红卫[1]，赵清虎[2]

（1.河南省水文水资源局，河南 郑州 450003；2.鹤壁市水文水资源勘测局，河南 鹤壁 458000）

摘 要：本文以新村水文站控制流域为例，应用 Pettitt 检验法分别查找降水、径流 1956—2016 年系列突变点，以累积量斜率变化率比较法量化降水和人类活动对于径流量变化的影响。Pettitt 检验法与累积量斜率变化率比较法相结合，分析径流量突变年前后时期降水量与径流量的成因关系，以克服双累积曲线在确定突变年份时的主观性，验证双累积曲线确定 1998 年为拐点年份而进行一致性修正的合理性。结果表明：1998 年以后人类活动是径流量发生变化的主要原因。

关键词：降水径流关系；突变点；双累积曲线；Pettitt 检验；累积量斜率变化率比较法

近 20 年来，河南省豫北地区径流量大幅减少。运用双累积曲线检查 1956—2016 年天然河川径流系列一致性时，豫北地区多站降水-径流双累积曲线在 20 世纪 90 年代出现拐点，降水量与径流量关系发生明显改变。一些学者在径流量变化成因方面做了大量研究，主要研究成果归纳为：径流量的变化是气候变化和人类活动共同作用的结果[1-4]，在定量分析以上两种因素对于径流量改变的贡献率方面，气候变化因素主要被概化为降水的变化[5-6]，少数研究者加入了蒸发作为气候变化的表征因素之一[7-8]，除去气候变化的影响，剩余为人类活动对径流量变化产生的综合影响。

本文采用 Pettitt 非参数秩检验法分别检验降水、径流系列的突变点，并量化降水及人类活动对径流量变化的贡献率以分析降水、径流变化的同步性，从而克服双累积曲线在确定突变年份时的主观性，验证双累积曲线成果的合理性。

1 研究区域

选取海河流域海河南系漳卫河山区河南省新村水文站以上控制流域为研究范围。研究范围位于太行山东麓和华北平原的过渡地带，属暖温带半湿润型季风气候，四季分明，光照充足，温差较大，年平均气温为 14.2~15.5℃。新村水文站于 1952 年建站，东经 114°14′、北纬35°45′，控制流域面积为 2 118 km²，位于卫河的主要支流淇河上，淇河中游建有大型水库盘石头水库。

2 数据来源

新村站控制流域内共有 7 个雨量站，以泰森多边形法计算得到控制流域内 1956—2016 年系列面平均降水量。以新村站实测径流量为基础进行径流还原，得到 1956—2016 年系列

作者简介：吴奕（1982—），女，硕士研究生，高级工程师，主要从事水资源调查评价工作。

天然径流量。

3 研究方法

降水-径流双累积曲线(DMC):在直角坐标系中绘制同期降水量累积值与径流量累积值关系曲线。曲线斜率发生明显变化时,就是径流量突变的年份,以上假定了降水量与径流量的同步成因关系,认为累积降水量作为参考变量受人类活动影响微弱,累积径流量作为因变量受人类活动及降水量共同作用[9]。

Pettitt 检验:是水文气象序列趋势分析与变异诊断中常用的方法,自 1977 年提出后[10],已被国内外学者广泛应用于水文气象序列突变点识别研究中[11-13]。Pettitt 检验是一种非参数秩检验,它不是对原始数据直接进行计算,而是对基于原始数据所获得的秩进行统计分析,因此不需要样本数据服从一定分布,不受少数异常值和缺失数据的干扰和影响[14]。该方法用 Mann-Whitney 的统计量 U 来检验同一个总体中是否存在两个样本,根据时间序列数据找到突变点,判断突变点前后的累积分布函数是否存在显著差异,其本质是检验两个样本是否为同一总体[11]。

检验连续序列 $X_1, X_2, \cdots, X_n$ 中的两个样本 $X_1, X_2, \cdots, X_m$ 和 $X_{m+1}, X_{m+2}, \cdots, X_n$ 是否服从同一分布,Pettitt 检验统计量 $U_{m,n}$ 被定义为[15]

$$U_{m,n} = \sum_{i=1}^{m} \sum_{j=m+1}^{n} \text{sgn}(X_m - X_j) \tag{1}$$

式中:$1 \leqslant m \leqslant n$;$\text{sgn}(X) \begin{cases} 1, x > 0 \\ 0, x = 0 \\ -1, x < 0 \end{cases}$。

按照 Pettitt 的定义计算出统计量 $U_{m,n}$,若存在 m 时刻满足 $K_m = \max|U_{m,n}|$,则 m 点处为突变点,并计算可能发生突变的累积概率:

$$p(m) = 1 - \exp(\frac{-6U_{m,n}^2}{N^3 + N^2}) \tag{2}$$

给定一定的显著性水平 α,当 $p(m) > 1 - \alpha$ 时,变异点 m 显著。目前普遍认为 $p \geqslant 0.95$,表示存在显著突变点;$p \geqslant 0.99$,表示存在极显著突变点[11,14-15]。

累积量斜率变化率比较法:该方法是近年提出的定量分析降水及人类活动对径流变化的贡献率的一种方法[16],在松花江流域、黄河流域已经得到应用[1,16]。在坐标系中分别拟合累积降水量-年份、累积径流量-年份的线性关系。自变量为年份,是客观的,因变量为累积量,累积量的引入在一定程度上消除了实测数据年际波动的影响,自变量的客观性提高了累积量与年份之间的相关性,克服了降水量-径流量回归曲线相关系数不高的缺陷。

累积径流量-年份线性斜率在突变年前后两个时期分别为 S_{Rb} 和 S_{Ra},累积降水量-年份线性斜率在突变年前后两个时期分别为 S_{Pb} 和 S_{Pa},则累积径流量斜率变化率为

$$R_{SR} = (S_{Rb} - S_{Ra})/S_{Rb} \tag{3}$$

累积降水量斜率变化率为

$$R_{SP} = (S_{Pb} - S_{Pa})/S_{Pb} \tag{4}$$

降水对径流量变化的贡献率为

$$C_P = R_{SP}/R_{SR} \tag{5}$$

人类活动对径流量变化的贡献率为

$$C_m = 1 - C_P \tag{6}$$

4 径流突变点检验成果及分析

新村站 1956—2016 年系列降水-径流双累积曲线见图 1,径流量的突变点在 1998 年。

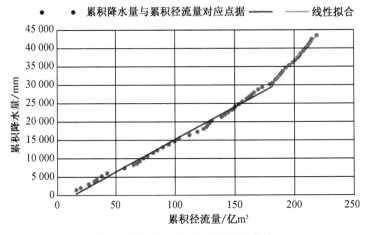

图 1 新村站降水-径流双累积曲线

应用 Pettitt 检验法分别对 1956—2016 年系列面平均降水量及径流量进行突变检验,降水量和径流量在 1977 年同步发生了显著性突变。为了进一步检验是否有多个突变点,对 1977—2016 年系列进一步检验,降水量无突变点,径流量在 1998 年发生了明显变化,但 $p = 0.90$,根据公认的显著性水平,突变并不显著。Pettitt 检验成果见表 1。

表 1 Pettitt 突变点检验成果表

检验要素	突变级别	统计量 K_m	突变年份	p	显著性水平
降水 P	一级突变	388	1977	0.96	显著
	二级突变	108	2002	0.31	不显著
径流 R	一级突变	666	1977	1	极显著
	二级突变	180	1998	0.90	一般

将研究系列分为 1956—1976 年、1977—1997 年、1998—2016 年 3 个时期,绘制累积降水量曲线、累积径流量曲线,分别拟合累积降水量-年份、累积径流量-年份的线性关系,见图 2、图 3。两图中各时期的线性相关系数都在 0.99 以上,线性相关性非常高。图 2 中 3 个

时期累积降水量随年份变化的线性斜率分别为 779.99,632.31,663.94,斜率变化率分别为 0.19,0.05;图 3 中 3 个时期累积径流量随年份变化的线性斜率分别为 4.99,2.84,1.92,斜率变化率分别为 0.43,0.32。降水、径流累积曲线斜率变化率见表 2。

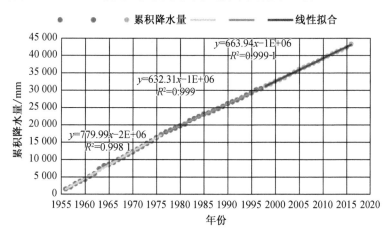

图 2　累积降水量曲线

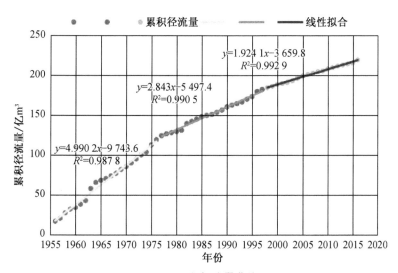

图 3　累积径流量曲线

表 2　降水、径流累积曲线斜率变化率

要素	累积曲线斜率			累积量斜率变化率	
	1956—1976 年	1977—1997 年	1998—2016 年	1956—1976 年到 1977—1997 年	1977—1997 年到 1998—2016 年
降水 P	779.99	632.31	663.94	0.19	0.05
径流 R	4.99	2.84	1.92	0.43	0.32

　　根据累积量斜率变化率比较法,1977—1997 年时期与 1956—1976 年时期相比,降水对径流量变化的贡献率是 0.44,人类活动对径流量变化的贡献率是 0.56;1998—2016 年时期与 1977—1997 年时期相比,降水对径流量变化的贡献率是 0.16,人类活动对径流量变化的

贡献率是 0.84,计算结果见表 3。

表 3　降水和人类活动对径流量变化的影响程度

时期	累积量斜率变化率		降水对径流量的贡献率 C_p	人类活动对径流量的贡献率 C_m
	降水 R_{SP}	径流 R_{SR}		
1956—1976 年到 1977—1997 年	0.19	0.43	0.44	0.56
1977—1997 年到 1998—2016 年	0.05	0.32	0.16	0.84

5　结论

Pettitt 非参数秩检验法的优势在于能够清晰地给出系列的突变年份并判断其显著性水平,但是对于成因复杂的水文要素来说,单用某一种统计方法来判断突变年份难免会脱离实际[17-18]。本文将 Pettitt 检验与量化径流量变化成因相结合,并与双累积曲线相印证。

采用 Pettitt 非参数秩检验法对新村站控制流域内 1956—2016 年系列天然径流量、降水量进行突变点检验,径流量、降水量的一级突变点在 1977 年,突变显著;径流量的二级突变点在 1998 年,突变显著性一般;降水量在 1977 年以后无明显变化趋势,更无突变点。利用累积量斜率变化率比较法分析,1998 年以来人类活动对径流量变化影响显著,降水量与径流量的成因关系不再那么密切,这也是利用 Pettitt 法检验 1998 年径流量的突变并没有达到显著性水平,但是降水-径流双累积曲线在 1998 年却形成拐点的原因。

参考文献:

[1] 王彦君,王随继,苏腾. 1955—2010 年松花江流域不同区段径流量变化影响因素定量评估[J]. 地理科学进展,2014(1):65-75.

[2] 郭爱军,畅建霞,王义民,等. 近 50 年泾河流域降雨-径流关系变化及驱动因素定量分析[J]. 农业工程学报,2015,31(14):165-171.

[3] 曹明亮,张弛,周惠成,等. 丰满上游流域人类活动影响下的降雨径流变化趋势分析[J]. 水文,2008,28(5):86-89.

[4] 夏军,马协一,邹磊,等. 气候变化和人类活动对汉江上游径流变化影响的定量研究[J]. 南水北调与水利科技,2017,15(1):1-6.

[5] 刘睿,夏军. 气候变化和人类活动对淮河上游径流影响分析[J]. 人民黄河,2013,35(9):30-33.

[6] 谢平,刘媛,杨桂莲,等. 乌力吉木仁河三级区水资源变异及归因分析[J]. 水文,2012,32(2):40-43+39.

[7] 王纲胜,夏军,万东晖,等. 气候变化及人类活动影响下的潮白河月水量平衡模拟[J]. 自然资源学报,2006,21(1):86-91.

[8] 邱国玉,尹婧,熊育久,等. 北方干旱化和土地利用变化对泾河流域径流的影响[J]. 自然资源学报,2008,23(2):211-218.

[9] 穆兴民,张秀勤,高鹏,等. 双累积曲线方法理论及在水文气象领域应用中应注意的问题[J]. 水文,2010,30(4):47-51.

[10] PETTITT A N. A non-parametric approach to the change-point problem[J]. Journal of the Royal Statistical Society Series C(Applied Statistics),1979,28(2):126-135.

[11] 刘建祥. 近30年河龙区间侵蚀产沙时空变化及驱动因子研究[D].北京:中国科学院研究生院(教育部水土保持与生态环境研究中心),2013.

[12] 李舒,吕志方. 窟野河径流突变点分析[J].人民黄河,2015,37(1):27-29+33.

[13] 李占玲,徐宗学. 近50年来黑河流域气温和降水量突变特征分析[J].资源科学,2011,33(10):1877-1882.

[14] 张应华,宋献方. 水文气象序列趋势分析与变异诊断的方法及其对比[J].干旱区地理,2015,38(4):652-665.

[15] 曾杭. 非一致性洪水分析计算及对水利工程防洪影响研究[D].天津:天津大学,2015.

[16] 王随继,闫云霞,颜明,等. 皇甫川流域降水和人类活动对径流量变化的贡献率分析——累积量斜率变化率比较方法的提出及应用[J].地理学报,2012,67(3):388-397.

[17] 张洪波,余荧皓,南政年,等. 基于TFPW-BS-Pettitt法的水文序列多点均值跳跃变异识别[J].水力发电学报,2017,36(7):14-22.

[18] 李建勋,唐子豪,张永进,等. 基于Kriging方法和Pettitt检验的数据冲突判别[J].计算机工程与应用,2020(3):86-93.

岢岚水文站河川基流与降水关系分析

（忻州市水文水资源勘测分局,山西 忻州 034000）

摘 要：基流的影响因素总体上分为自然因素和人为因素,通过对 1959—2016 年岢岚水文站实测径流量、天然径流量、河川基流量及降水量系列资料的分析,发现岢岚水文站河川基流主要受降水影响。通过对绘制的河川基流量与降水量、基径比与降水量关系曲线分析,认为灰岩山区岢岚水文站基流量与降水量呈正相关,基径比与降水量呈负相关,降水对基流的影响有滞后现象。

关键词：河川基流；实测径流量；天然径流量；基径比；降水量；地下水资源量

Analysis of the relationship between river base flow and precipitation at Kelan hydrological station

WANG Jianping

(Xinzhou Hydrological and Water Resources Bureau，Xinzhou 034000,China)

Abstract：The influencing factors of base flows are generally divided into natural factors and human factors. According to the analysis of the measured runoff, natural runoff, river base flow and precipitation data of Kelan hydrological station from 1959 to 2016, the river base flow of Kelan hydrological station is mainly affected by precipitation. Based on the analysis of relationship curves of river base discharge and precipitation，base diameter ratio and precipitation，It can be concluded that at Kelan hydrological station in limestone mountainous area, the base discharge and precipitation are positively correlated, whereas base diameter ratio and precipitation are negatively correlated，and the effect of precipitation on base flow is lagged behind.

Key words：river base flow；measured runoff；natural runoff；base-diameter ratio，precipitation，groundwater resources

1 引言

河川基流量是一般山丘区地下水的主要排泄项,河川基流量占山丘区地下水资源量的绝大部分。忻州市一般山丘区的河川基流量占地下水资源量的 60％以上,忻州市黄河流域地下水资源量超过 80％为河川基流量,河川基流量计算的合理性及精确度对地下水资源量的计算起着基础性的决定作用[1]。

作者简介：王建平(1974—),女,大学本科,高级工程师,主要从事地下水监测管理及水资源分析评价工作。

计算河川基流量时水文站控制区采用分割流量过程线的方法,未控制区采用水文下垫面条件相似的水文站控制区的基流模数类比。在计算岢岚水文站基流量时,考虑到断面以上农业、工业、生态环境、林牧渔业、居民生活、建筑及三产等人类活动的影响,将实测径流量进行天然还原后,结合当地降水量、降水量滞后时间、地形地貌、地表岩性、下垫面植被等天然因素采用逐月天然径流分割基流量。

2 岢岚水文站基本概况

岢岚水文站位于山西省忻州市岢岚县岚漪镇东关,岚漪河上游,地理坐标为东经111°35′、北纬38°42′,是1958年12月由黄河水利委员会设立的国家基本水文站,是为研究晋西北土石山区水土流失及产汇流而设立的区域代表站。1965年交山西省水文总站管理,1996年领导机关更名为山西省水文水资源勘测局。2013年8月因受到县城景观工程影响,断面上迁1 150 m[2]。

岢岚水文站控制流域集水面积为476 km²,断面以上主河道长43.8 km,平均坡度为7.1‰,流域形状系数为0.248。岢岚站水文下垫面产流地类共有4种,即变质岩灌丛山地86.6 km²,占集水面积的18.2%;变质岩森林山地35.7 km²,占集水面积的7.5%;灰岩灌丛山地199.4 km²,占集水面积的41.9%;灰岩森林山地154.3 km²,占集水面积的32.4%。灰岩占74.3%、变质岩占25.7%,故可作为灰岩站进行分析。

3 岢岚水文站基流影响因素分析

根据岢岚水文站资料积累情况,并考虑系列代表性的要求,依据全国第一、第二次水资源调查评价的系列要求,岢岚水文站采用1959—1979年(21年)、1980—2000年(21年)、2001—2016年(16年)、1959—2016(58年)4个年系列进行基流影响因素分析[3]。

通过对岢岚水文站1959—2016年系列实测径流量、天然径流量和还原量分析,还原量占天然径流量的比值较小,不同时期该比值均未超过15%,说明该流域受人类活动影响较小,河川径流主要是受降水量变化的影响。但在同量级降水情况下,近期径流量明显小于20世纪60、70年代,说明人类活动对水文下垫面及径流的影响逐渐增大,同时导致还原量的占比增大。通过计算分析,岢岚水文站河川基流主要受降水影响。

表1 岢岚水文站不同系列径流与还原量占比统计 单位:万m³

系列	实测径流量	天然径流量	还原量	还原量占天然径流量百分比/%
1959—1979年	3 078	3 356	278	8.3
1980—2000年	1 901	2 031	130	6.4
2001—2016年	1 479	1 664	185	11.1
1959—2016年	2 211	2 409	198	8.2

4 岢岚水文站河川基流与降水量关系分析

通过对岢岚水文站 58 年降水和河川基流的统计分析,降水与河川基流变化趋势基本一致。在 1987 年出现一个拐点,1959—1987 年呈逐年递减趋势,1987 年后呈逐年递增趋势。图 1 为岢岚水文站基流量与降水量关系曲线图。

在 1959—1987 年期间,1967 年岢岚县发生局部暴雨,北川河、岚漪河大水,岢岚站年降水量达到历史最大[4],为 833.2 mm,同年基流量也最大,为 5 719.5 万 m³,天然径流量为 11 508万 m³。1977 年、1978 年年降水量也相对偏大,分别为 671.3 mm、655.5 mm,连续丰水年也使得 1978 年的河川基流量较大,为 3 148.0 万 m³。由于连续几年降水较少,均为平水年或偏枯水年,1987 年的基流量为历年最小,为 314.4 万 m³,天然径流量仅为350 万 m³。

在 1988—2016 年期间,2007 年年降水量达到本时期最大,为 741.1 mm,但是由于 2005 年、2006 年为连续枯水年,降水量分别为 391.3 mm、427.6 mm,所以 2007 年河川基流量并未达到最大值,为 853.1 万 m³,天然径流量为 2012 万 m³。1999 年年降水量达到本时期最小,为 345.9 mm,但是由于 1994—1998 年为连续偏丰水年,降水量平均为 577 mm,所以 1999 年河川基流量并不是本时期最小值,为 1 371.6 万 m³,天然径流量为 1 524.0 万 m³。

综上所述,岢岚水文站基流量变化与区域降水量变化基本一致,一般随降水量的增大而增大,随降水量的减小而减小。丰水年时,降水量增大,基流量增大;枯水年时,降水量减小,基流量也减小;平水年时,降水量一般,基流量也一般。这表明基流变化主要受降水量影响,同时降水对基流影响有滞后现象。

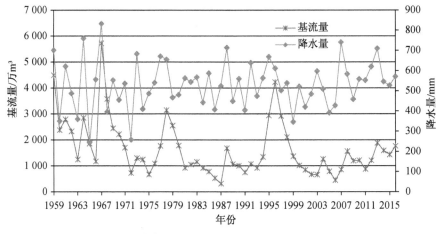

图 1 岢岚水文站基流量与降水量关系曲线图

5 岢岚水文站基径比与降水量关系分析

基径比是河床基流与径流之间的比值。其中,河川基流是指河道中能常年存在的那部分径流,枯季河流所能维持的最小水流,山区河川基流量一般占该区域地下水资源量的 60%以上;河川径流是汇集陆地表面和地下而进入河道的水流,包含大气降水、高山冰川积雪融水产生的动态地表水及绝大部分动态地下水[5]。

灰岩山丘区水文站历年基径比随降水量变化而变化。降水量大时基径比小;降水量小时基径比大,基径比与降水量呈反比,降水量峰值与基径比谷值基本吻合。1967年岢岚站年降水量833.2mm为历史最大,基径比最小,为0.5;1999年岢岚站年降水量345.9 mm,相对为历史降水枯水年,基径比0.9为历年最大。基径比与降水量呈线性相关,如图2、图3所示。

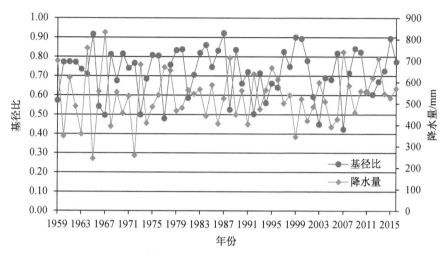

图2　岢岚水文站基径比与降水量关系曲线图

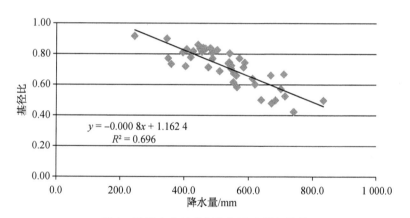

$$y = -0.000\ 8x + 1.162\ 4$$
$$R^2 = 0.696$$

图3　岢岚水文站基径比与降水量相关性

从表2来看,1959—1979年系列降水量较小时,基径比较大;2001—2016年系列降水量较大时,基径比较小。这是因为岢岚水文站位于灰岩山丘区,整体基径比偏大。

表2　岢岚水文站不同系列降水量与基径比统计

系列	降水量/mm	基径比
1959—1979年	525.0	0.72
1980—2000年	529.1	0.71
2001—2016年	543.6	0.69
1959—2016年	531.6	0.71

6 结论

河川基流是气候条件与流域下垫面综合作用的产物,它不仅受人类活动强度影响显著,而且对降水变化响应敏感。

岢岚水文站的基流量随降水量变化而变化,基流量与降水量呈正相关,降水对基流的影响有一定的滞后现象。

基径比与降水量呈负相关关系,灰岩山丘区的岢岚水文站基径比整体偏大,2001—2016年在降水量增大的情况下基径比有减小趋势。

参考文献:

[1] 范堆相.山西省水资源评价[M].北京:中国水利水电出版社,2005.

[2] 忻州市水文水资源勘测分局,忻州市水资源管理委员会办公室.忻州市水文水利计算手册[M].北京:中国水利水电出版社,2011.

[3] 水利部水利水电规划设计总院.全国水资源调查评价技术细则[Z].北京:中国水利水电出版社,2017.

[4] 山西省水文水资源勘测局.岢岚县山洪灾害防治非工程措施建设实施方案[Z].2011.

[5] 李新,李英晶,田长涛.呼兰河铁力站河川基流-径流关系分析[J].科技创新与应用,2015(28):221-222.

上海市浅层地下水资源量计算评价

何晔,朱晓强,吴建中

(上海市地质调查研究院,上海 200072)

摘 要:本文结合上海市水文地质条件选取合适的水文地质参数,计算浅层地下水资源量,对上海市浅层地下水资源量进行评价,为生态文明建设和经济高质量发展、合理开发利用地下水资源提供科学依据。

关键词:浅层地下水;水资源量;计算评价

Calculation and evaluation of Shallow groundwater resources quantity in Shanghai

HE Ye, ZHU Xiaoqiang, WU Jianzhong

(Shanghai Institute of Geological Survey, Shanghai 200072, China)

Abstract:In this paper, the appropriate hydrogeological parameters are selected by the hydrogeological conditions in Shanghai, the shallow groundwater resources quantity is calculated, the shallow groundwater resources quantity in Shanghai is evaluated, and the scientific basis is provided for the construction of ecological civilization and the development of high-quality economy, and the rational exploitation and utilization of groundwater resources.

Keywords:shallow groundwater; water resources quantity; calculation and evaluation

上海市位于长江三角洲东缘,是我国最大的经济文化中心,都市化程度极高,人们对生活质量的要求越来越高,而城市水资源质量将直接关系到人们生活质量的提高和城市的生存与发展。上海是一个水质型缺水城市,水资源短缺及水环境污染是需面临的重要问题[1],而浅层地下水作为水资源的重要组成部分,既是维系区域生态环境的重要自然要素,也是保障社会稳定不可替代的基础支柱。本文根据上海市近年浅层地下水资源情势的新变化,对浅层地下水资源量进行评价,为后续合理开发利用地下水资源提供科学依据。

1 区域概况

1.1 地形地貌

上海市位于北纬 30°41′~31°53′,东经 121°51′~122°12′,地处长江三角洲东缘,太湖流

作者简介:何晔(1987—),男,硕士,主要从事地下水与地面沉降防治研究工作。

域下游,东临东海,南临杭州湾,西与江苏省、浙江省接壤,北界长江入海口,是江、河、湖、海动力作用条件下形成的广袤堆积平原,尤以长江泥沙堆积为主。境内除西南部有少量丘陵山脉外,全为坦荡低平的平原,是长江三角洲冲积平原的一部分。

区域地貌按成因类型大致可分为:陆上三角洲平原(河口滨海堆积地形)、西部湖沼平原(湖沼堆积地形)、东部滨海平原、冲积平原(黄浦江两岸漫滩与阶地)和剥蚀残丘(基岩残丘地形)。

区域地势平坦,为略呈东高西低的倾斜状平原。地面高程(吴淞基准面)一般为 2.2～4.8 m,最高点位于金山区杭州湾的大金山岛,西部有天马山、薛山、凤凰山等残丘,天马山为上海陆上最高点,立有石碑"佘山之巅"。

1.2 气象水文

上海位于北亚热带东亚季风盛行的地区,气候温和、湿润,雨量适中,四季分明,冬夏长、春秋短。年平均气温为 15.2～15.9℃,一月最冷,平均气温为 3.1～3.9℃;七月最热,平均气温为 27.2～27.8℃。年平均降水量为 1 048～1 138 mm,年降水日为 129～136 d,全年 60% 的雨量集中于 5—9 月。年日照时数为 1 872～2 115 h,年平均相对湿度为 77%～83%。年平均风速市区为 2.9 m/s、郊区为 3.1～3.7 m/s,风速以春季最大,冬季次之,秋季最小,夏季盛行东南风,冬季多为西北风。城市气温在空间分布上存在"热岛效应",即市区气温高于郊区,气温最大差值可达 4.8～6.8℃。

区内河渠交织成网,湖塘星罗棋布,水资源丰富,是著名的江南水乡。上海的水文环境,除外围长江、东海、杭州湾水体之外,内陆主要以黄浦江为主干的众多中小河流形成了交织成网的水系。上海的河网水系受海洋、气象及上游径流影响较大,呈现复杂、多样的水文特征。

2 水文地质概况

上海地区地下水类型主要为第四系松散岩类孔隙水,根据地质时代和成因类型,自上而下可划分为 3 大含水岩组、7 个含水层。全新统潜水含水岩组:潜水含水层和微承压含水层;上、中更新统承压含水岩组:第Ⅰ、第Ⅱ、第Ⅲ承压含水层;下更新统含水岩组:第Ⅳ、第Ⅴ承压含水层。本次计算评价的浅层地下水主要指地下水体中参与水循环且可以逐年更新的动态水量,即潜水含水层。

潜水含水层为全新世(Q_h)河口-滨海相沉积,分布广泛,含水层具有二元结构特征。以黏性土为介质的单一结构区,主要分布于陆域中部至西部;上部为黏性土、下部以粉性土为介质的二元结构区,主要分布在滨海平原区以及河口砂岛地区。潜水含水层底面埋深为 3～25 m 不等,二元结构区粉性土厚度普遍小于 3 m,但东南部沿江地区及崇明河口砂岛地区粉性土厚度普遍大于 10 m,含水层渗透性能与富水性受岩性影响均较差(图 1)。

3 浅层地下水资源量计算

3.1 浅层地下水资源量计算区的划分

3.1.1 水资源分区

按照《全国水资源调查评价技术细则》的规定,将上海市进行水资源分区,见表 1、图 2。

表 1　上海市水资源分区

水资源分区				省级行政区	面积/km²
一级区	二级区	三级区	四级区		
长江区	太湖水系	武阳区	阳澄淀泖区	上海市	159
		杭嘉湖区	杭嘉湖区	上海市	403
		黄浦江区	浦东区	上海市	2 449
			浦西区	上海市	2 165
	湖口以下干流	通南及崇明岛诸河	通南及崇明岛诸河	上海市	1 164.5

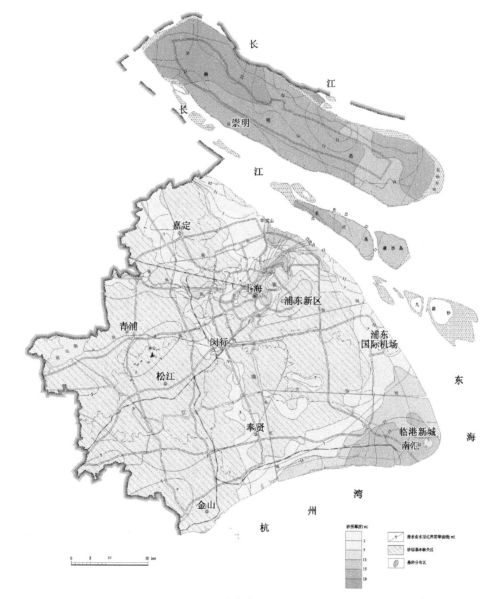

图 1　潜水含水层结构图

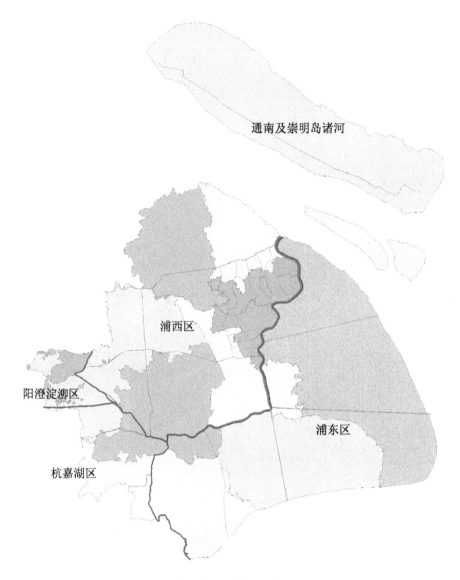

图 2　上海市水资源分区图

3.1.2　计算区的划分

根据上海市水文地质条件,主要考虑包气带岩性和地下水埋深,以及水文地质参数地区性差异,划分计算区。本次评价共划分 7 个计算区,其中太湖流域 3 个,长江流域 4 个(图 3)。计算区是各项资源量的最小计算单元,按各计算区与各水资源分区交叉面积加权,将计算结果分配汇总到各水资源分区进行评价。

3.2　水文地质参数确定

本次浅层地下水资源量计算评价主要需要的参数为:水稻田稳渗率 φ,降水入渗补给系数 α,渠灌田间入渗补给系数 β 和潜水蒸发系数 C 等。对于 α,β,C,本次评价根据《全国

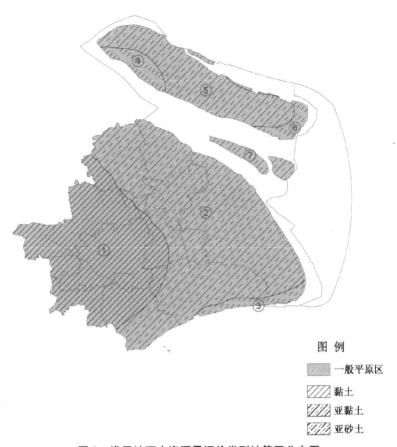

图 例

▨ 一般平原区

▨ 黏土

▨ 亚黏土

▨ 亚砂土

图 3 浅层地下水资源量评价类型计算区分布图

水资源调查评价技术细则》中提供的南方地区的参考取值表并结合上海实际情况进行合理参数选取。对于稳渗率 φ 和给水度 μ,上海地区缺乏相关试验数据,采用以往经验数值(表 2)。

表 2 各参数取值

地下水埋深 包气带岩性	α	β	C	μ	$\varphi/(\text{mm/d})$
	Z<1 m	Z<1 m	Z<1 m	Z<1 m	Z<1 m
黏土	0.09	0.06	0.2	0.02	1
粉质黏土	0.10	0.07	0.3	0.04	1
粉土	0.11	0.09	0.4	0.08	1

3.3 浅层地下水资源量计算

按计算区分别根据上海市 2001—2016 年平均降水量计算多年平均条件下的降水入渗补给量,以及渠灌田间入渗补给量、潜水蒸发量、各项补给量、排泄量等,并将这些计算结果分配到水资源分区中。计算结果见表 3。

表3　上海市浅层地下水资源量计算结果表

单位:面积(km²),水量(万 m³),模数(万 m³/km²)

所在水资源分区			面积		降水入渗补给量	降水入渗补给量模数	地表水体补给量	地表水体补给量模数	地下水总补给量	地下水总补给量模数	潜水蒸发量	潜水蒸发量模数	河道排泄量	地下水总排泄量
一级区	二级区	三级区	合计	其中:计算面积										
长江区	湖口以下干流	通南及崇明岛诸河	1 164.5	1 000.5	18 481	18.47	5 744.9	5.74	24 225.9	24.21	6 994.6	6.99	15 234.4	22 229
长江区	太湖水系	武阳区	159	78.2	1 331.1	17.02	238.1	3.04	1 569.2	20.07	472.7	6.04	1 097.3	1 570
长江区	太湖水系	杭嘉湖区	403	337	5 970.9	17.72	2 236.3	6.64	8 207.2	24.35	2 037.2	6.05	4 921.9	6 959.1
长江区	太湖水系	黄浦江区	4 614	3 603.11	64 334	17.86	21 880.9	6.01	86 214.9	23.93	23 611.6	6.55	53 031.9	76 643.5

　　按水资源分区进行水均衡分析,计算相对均衡差,以校验各项补给量、各项排泄量及地下水蓄变量计算结果的可靠性(表4)。

表4　上海市浅层地下水均衡分析　　单位:面积(km²),水量(万 m³)

所在水资源分区			所在省级行政区	面积		地下水总补给量	地下水总排泄量	地下水蓄变量	相对均衡差
一级区	二级区	三级区		合计	其中:计算面积	(1)	(2)	(3)	(4)=[(1)−(2)−(3)]/(1)×100%
长江区	湖口以下干流	通南及崇明岛诸河	上海市	1 164.5	1 000.5	24 225.96	22 229	303.3	6.99%
长江区	太湖水系	武阳区	上海市	159	78.2	1 569.2	1 570	10.4	−0.71%
长江区	太湖水系	杭嘉湖区	上海市	403	337	8 207.2	6 959.1	44.9	14.66%
长江区	太湖水系	黄浦江区	上海市	4 614	3 603.11	86 214.97	76 643.5	851.1	10.11%

　　由表4可知,各水资源三级区套省级行政区单元的相对均衡差绝对值$|\delta| \leqslant 15\%$,即表示各项补给量、各项排泄量及地下水蓄变量计算结果可靠,满足要求。

4 浅层地下水资源量评价

上海市 2001—2016 年多年平均浅层地下水资源总量为 12.022 亿 m³,平均资源量模数为 23.95 万 m³/km²,其中矿化度≤2 g/L 的多年平均浅层地下水资源量为 10.769 亿 m³。太湖流域多年平均浅层地下水资源总量为 9.599 亿 m³,平均资源量模数为 23.89 万 m³/km²,其中矿化度≤2 g/L 的多年平均浅层地下水资源量为 8.751 亿 m³。长江流域多年平均浅层地下水资源总量为 2.423 亿 m³,平均资源量模数为 24.21 万 m³/km²,其中矿化度≤2 g/L 的多年平均浅层地下水资源量为 2.018 亿 m³。

上海市 2001—2016 年多年平均大气降水入渗补给量为 9.012 亿 m³,平均大气降水补给量模数为 17.96 万 m³/km²。其中太湖流域多年平均大气降水入渗补给量为 7.164 亿 m³,平均大气降水补给量模数为 17.83 万 m³/km²;长江流域多年平均大气降水入渗补给量为 1.848 亿 m³,平均大气降水补给量模数为 18.47 万 m³/km²。

上海市 2001—2016 年多年平均渠灌田间入渗补给量为 3.010 亿 m³,平均渠灌田间入渗补给量模数为 6.00 万 m³/km²。其中太湖流域多年平均渠灌田间入渗补给量为 2.436 亿 m³,平均渠灌田间入渗补给量模数为 6.06 万 m³/km²;长江流域多年平均渠灌田间入渗补给量为 0.574 亿 m³,平均渠灌田间入渗补给量模数为 5.74 万 m³/km²。

上海市 2001—2016 年多年平均潜水蒸发量为 3.311 亿 m³,平均潜水蒸发量模数为 6.60 万 m³/km²。其中太湖流域多年平均潜水蒸发量为 2.612 亿 m³,平均潜水蒸发量模数为 6.50 万 m³/km²;长江流域多年平均潜水蒸发量为 0.699 亿 m³,平均潜水蒸发量模数为 6.99 万 m³/km²(表 5、表 6)。

表 5　上海市多年平均浅层地下水资源量($M \leqslant 2g/L$)

单位:面积(km²),水量(万 m³),模数(万 m³/km²)

所在水资源分区			面积		降水入渗补给量	降水入渗补给量模数	地表水体补给量	地表水体补给量模数	地下水总补给量	地下水总补给量模数	潜水蒸发量	潜水蒸发量模数	河道排泄量	地下水总排泄量
一级区	二级区	三级区	合计	其中:计算面积										
长江区	湖口以下干流	通南及崇明岛诸河	969.9	833.3	15 392.56	18.47	4 784.8	5.74	20 177.36	24.21	5 825.7	6.99	12 688.5	18 514.2
长江区	太湖水系	武阳区	159	78.2	1 331.1	17.02	238.1	3.04	1 569.2	20.07	472.7	6.04	1 097.3	1 570
长江区	太湖水系	杭嘉湖区	403	337	5 970.9	17.72	2 236.3	6.63	8 207.2	24.35	2 037.2	6.05	4 921.9	6 959.1
长江区	太湖水系	黄浦江区	4 178.1	3 256.71	58 148.97	17.86	19 589	6.01	77 737.97	23.87	21 341.6	6.55	47 933.5	69 275.1

表6 上海市多年平均浅层地下水资源量（M>2g/L）

单位：面积（km²），水量（万 m³），模数（万 m³/km²）

所在水资源分区 一级区	二级区	三级区	所在行政分区 省级	面积 合计	其中:计算面积	2g/L<M≤3g/L 计算面积	降水入渗补给量	降水入渗补给量模数	地表水体补给量	地下水总补给量	地下水补给量模数	3g/L<M≤5g/L 计算面积	降水入渗补给量	降水入渗补给量模数	地表水体补给量	地下水总补给量	地下水补给量模数	M>5g/L 计算面积	降水入渗补给量	降水入渗补给量模数	地表水体补给量	地下水总补给量	地下水补给量模数
			A	$F=F1+F2+F3$	$F1$	(1)	(2)=(1)/$F1$	(3)	(4)=(1)+(3)	(5)=(4)/$F1$	$F2$	(6)	(7)=(6)/$F2$	(8)	(9)=(6)+(8)	(10)=(9)/$F2$	$F3$	(11)	(12)=(11)/$F3$	(13)	(14)=(11)+(13)	(15)=(14)/$F3$
长江区	湖口以下干流区	通南及崇明岛诸河	上海市	194.6	167.2	167.2	3 088.5	18.5	960.1	4 048.6	24.2	0	0	/	0	0	/	0	0	/	0	0	/
长江区	太湖水系	武阳区	上海市	0	0	0	0	/	0	0	/	0	0	/	0	0	/	0	0	/	0	0	/
长江区	太湖水系	杭嘉湖区	上海市	0	0	0	0	/	0	0	/	0	0	/	0	0	/	0	0	/	0	0	/
长江区	太湖水系	黄浦江区	上海市	435.9	346.4	346.4	6 334.7	18.3	2 142.3	8 477.0	24.5	0	0	/	0	0	/	0	0	/	0	0	/

5 结论和建议

通过对上海市 2001—2016 年浅层地下水资源的计算评价,可知:

(1) 上海市多年平均浅层地下水资源总量为 12.022 亿 m^3,平均资源量模数为 23.95 万 m^3/km^2。

(2) 上海市多年平均大气降水入渗补给量为 9.012 亿 m^3,平均大气降水补给量模数为 17.96 万 m^3/km^2。

(3) 上海市多年平均渠灌田间入渗补给量为 3.010 亿 m^3,平均渠灌田间入渗补给量模数为 6.00 万 m^3/km^2。

(4) 上海市多年平均潜水蒸发量为 3.311 亿 m^3,平均潜水蒸发量模数为 6.60 万 m^3/km^2。

上海水资源量丰富,但浅层地下水由于水质较差,除工程降水外开放利用程度较低,建议对已停止使用的水井要及时封闭,防止通过井孔污染地下水源,加强水土环境治理和保护。

参考文献:

[1] 成丽华,张效国,徐竟成,等.上海水质型水资源短缺状况分析及其对策[J].上海建设科技,2000(1):17-18+22.

[2] 钱嫦萍.上海地区水资源开发利用及其可持续发展对策[J].国土与自然资源研究,2002(1):7-9.

海河流域山前平原河道渗漏规律分析

朱静思,杨学军

(水利部海河水利委员会水文局,天津 300170)

摘　要：海河流域山前平原河道渗漏损失直接影响下游洪水演进规律和生态调水决策。本文从统计学角度出发,选取流域 3 个典型河段计算历史洪水过程的渗漏损失量,对河道不同蓄水条件上游来水量、过水历时等因素与单位河长渗漏率的相关关系进行分析,估算各典型河段不同量级洪水的初渗损失率。研究结果表明:上游来水量与河道单位河长渗漏率呈负相关,且上游来水量增大到一定值时单位河长渗漏率趋于稳定;过水历时与单位河长渗漏率在有底水时呈负相关;河道前期干涸程度是影响渗漏能力的主要因素之一;单位河长渗漏率与上游来水量一般呈对数或指数相关;典型河段中小水的初损率较高,均大于 30%,且大水的初损率均低于中小水的初损率。

关键词：平原河道;渗漏损失;单位河长渗漏率;初损率

1　前言

海河流域多年平均年降水量 535 mm,属于半湿润半干旱气候区。流域内多季节性河流,河道在枯季常有干涸断流现象,"96·8"大洪水以来流域整体处于少雨状态,部分河道多年干涸。因此洪水传播沿程渗漏损失量大,改变了天然状态下洪水演进过程和演进规律,尤其在平原河道,渗漏损失导致洪水传播时间延长、削峰率大幅增加,同时河道渗漏损失补给地下水,是地下水资源的重要来源之一[1]。开展平原河道渗漏损失规律研究对于洪水演进、生态调水、地下水补给等方面具有重要意义,研究结果可以为洪水预报调度、生态补水等重大决策提供依据,为提高水旱灾害防御能力和水资源服务能力提供技术支撑。

目前,河道渗漏损失估算及模拟方面的研究已取得了一定成果。喻海军等[1]对河道渗漏模拟和计算方面的研究进展进行了归纳总结。张彦增等[2]对上游引水量、河道入渗补给系数与河道渗漏损失率进行了相关分析,总结了河北平原河道过水损失的一般规律。从水动力学角度出发研究洪水波的传播机制比较复杂,且河道水力学模型在实际洪水预报中往往难以满足时间和精度的双重要求。因此,本文采用统计学方法,对流域典型河段历史洪水过程的渗漏损失进行统计分析,从河道不同蓄水条件下上游来水量、过水历时等因素与单位河长渗漏率的相关分析探求渗漏损失的规律,估算各典型河段不同量级洪水的初渗损失率,研究结果可以为洪水演进渗漏损失计算提供依据。

2.　计算方法与资料

2.1　计算方法

在一次洪水演进过程中,水量损失包括潜水蒸发、包气带浸润及渗漏损失等。由于洪水演进过程中蒸发、包气带浸润等损失所占比例极小,故其在水量损失分析中被忽略。河道渗漏采用单位河长渗漏率来表示。当单位河长渗漏率一定时,下游断面过水量根据上游断面来水量和单位河长渗漏率计算[2]:

$$W_d = W_u (1-\varphi)^L \tag{1}$$

式中:W_u 为上游断面来水量,亿 m³;W_d 为下游断面过水量,亿 m³;φ 为单位河长渗漏率,‰;L 为计算河段长度,km。

由式(1)得到单位河长渗漏率的计算公式:

$$\varphi = 1-(\frac{W_d}{W_u})^{\frac{1}{L}} \tag{2}$$

2.2 分析资料

典型河段的选择要满足:

(1) 河段代表性,即要求典型河段区间入流很小,可忽略,以河道洪水演进为主。

(2) 分析资料完整性,即资料系列长,且有近些年份的过水过程。

(3) 研究结果适用性,即选择不同河系的典型河段进行对比,分析不同下垫面条件下渗漏损失的共性规律。

基于以上原则,本文选择海河流域内三个典型河段:①漳卫河系漳河岳城水库—蔡小庄段;②子牙河系滹沱河黄壁庄—北中山段;③大清河系沙河新乐—北郭村段。三个典型河段在海河流域的位置如图 1 所示。

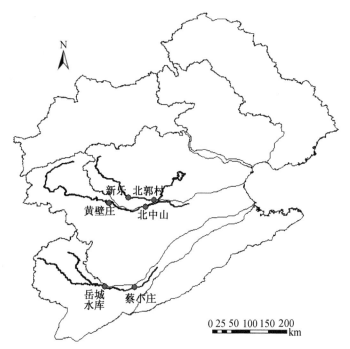

图 1 典型河段位置示意图

三个河段均处于人类活动较为集中的地区,近些年受上游引蓄水工程的影响,河段来水量骤减,导致河道断流天数增加。河道周边植被覆盖面积减少,河床沙化,三个河段均为宽浅型沙质河床。

河段基础信息和选用资料情况见表 1。漳河岳城水库—蔡小庄段河长 76 km,平均宽度约 230 m,资料系列自 1967 年至 2016 年,选用其中完整过水数据 21 组;滹沱河黄壁庄—北中山段河长 110 km,平均宽度约 650 m,资料系列自 1963 年至 2018 年,选用其中完整过水数据 15 组;沙河新乐—北郭村段河长 55 km,平均宽度约 700 m,资料系列自 1965 年至 2013 年,选用其中完整过水数据 16 组。

表 1　河段基础信息和选用资料情况

序号	河段名称	河段长/km	河段平均宽度/m	资料系列	过水资料/组
1	岳城水库—蔡小庄	76	230	1967—2016 年	21
2	黄壁庄—北中山	110	650	1963—2018 年	15
3	新乐—北郭村	55	700	1965—2013 年	16

3　渗漏规律分析

3.1　单位河长渗漏损失规律

影响单位河长渗漏率的因素主要有:过水前期河道蓄水状态、河床岩性、流量大小、过水历时、水力条件等[3-4]。过水前期河道蓄水状态包括无底水和有底水两种情况。无底水时河道渗漏损失包括初渗损失和稳渗损失,有底水时河道渗漏损失为稳渗损失。由于河床岩性、水力条件受下垫面地质岩层结构、河道形态的影响,在分析时不便量化,故本文对河段上游来水量、过水历时与单位河长渗漏率在有底水和无底水两种情况下分别进行相关分析。三个典型河段上游来水量与单位河长渗漏率相关关系见图 2,过水历时与单位河长渗漏率相关关系见图 3。

(1)上游来水量与河道单位河长渗漏率呈负相关,且上游来水量增大到一定值时单位河长渗漏率趋于稳定

一般上游来水量越大,渗漏量越大,但来水量与渗漏率的关系并非如此[5]。在有底水和无底水两种情况下,上断面来水量与单位河长渗漏率均呈显著负相关。随上游来水量的增加,单位河长渗漏率逐渐下降,且上游来水量增大到一定值时,单位河长渗漏率趋于稳定,说明河道渗漏率已达到渗漏能力。因此,河道渗漏对中小洪水演进影响较大,对大洪水演进影响较小。

由于上断面来水量越小,渗漏率越高,而来水量沿程衰减,因此相同河段长度的渗漏率沿程增加。

(2)无底水时的单位河长渗漏率明显高于有底水时的单位河长渗漏率

三个典型河段在河道无底水时的单位河长渗漏率均明显高于有底水时的单位河长渗漏率。这是由于无底水时,下渗水量先进行河道初渗损失,再进行稳渗损失。这也表明,在现状条件下,流域内多数河道干涸期变长,即使来水量与历史情况一致,一般情况下渗漏量也较历史渗漏量大。

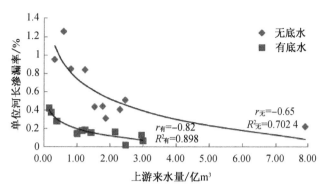

（a）漳河岳城水库—蔡小庄段

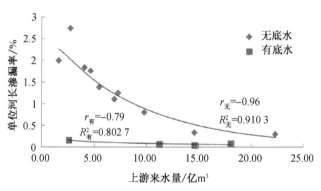

（b）滹沱河黄壁庄—北中山段

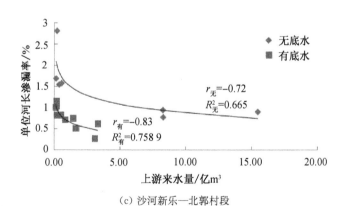

（c）沙河新乐—北郭村段

图2　上游来水量与单位河长渗漏率相关图

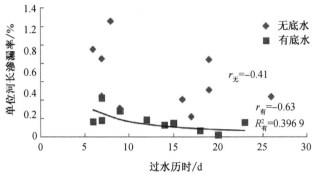

（a）漳河岳城水库—蔡小庄段

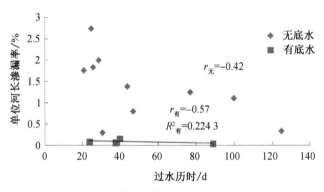

（b）滹沱河黄壁庄—北中山段

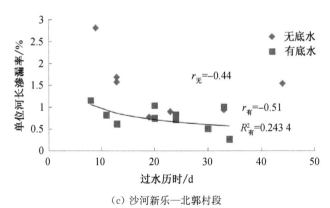

（c）沙河新乐—北郭村段

图 3　过水历时与单位河长渗漏率相关图

（3）过水历时与单位河长渗漏率在有底水时呈负相关

过水历时越长,洪水与河道相互作用越多,但同时含水岩层也逐渐趋于饱和[5]。有底水时,随着过水历时的增加,三个典型河段的单位河长渗漏率均呈下降趋势。这表明,在有底水的情况下,随着过水历时的增加,土壤含水率趋于饱和,河道入渗能力下降。无底水时,数据点呈现比较分散的状态,无明显相关关系。这是由于在前期河道干涸的情况下,下层土壤包气带厚度不同,导致流域蓄水能力不同,初渗损失情况不同。因此有底水时,单位河长渗漏率与过水历时呈负相关。

（4）河道干涸程度是影响渗漏能力的主要因素之一

由于三个典型河段下垫面条件、前期蓄水状态等不相同,其渗漏能力存在差别。无底水时三条典型河段单位河长渗漏率对比情况见图4。无底水时,当上游来水量一定时,黄壁庄—北中山段与新乐—北郭村段单位河长渗漏率明显高于岳城水库—蔡小庄段单位河长渗漏率。这主要是由于近些年岳城水库—蔡小庄段洪水过程较多,其他两个典型河段近20年仅有一两场洪水,河道干涸期长,因此渗漏能力较强。可见,前期不同干涸程度的河道渗漏能力存在差异,河道干涸程度是影响渗漏能力大小的主要因素之一。

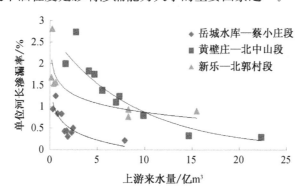

图4 无底水时三条典型河段单位河长渗漏率对比

3.2 河道渗漏方程

通过曲线最优拟合,确定三个河段单位河长渗漏率的计算公式。

（1）岳城水库—蔡小庄段

无底水：
$$\varphi = -0.321\ln(W_u) + 0.742 \tag{3}$$

有底水：
$$\varphi = -0.113\ln(W_u) + 0.195 \tag{4}$$

（2）黄壁庄—北中山段

无底水：
$$\varphi = 2.729e^{-0.114W_u} \tag{5}$$

有底水：
$$\varphi = -0.051n(W_u) + 0.198 \tag{6}$$

（3）新乐—北郭村段

无底水：
$$\varphi = -0.31n(W_u) + 1.561 \tag{7}$$

有底水：
$$\varphi = -0.191n(W_u) + 0.689 \tag{8}$$

由以上公式可见,单位河长渗漏率与上游来水量一般呈对数或指数相关。当已知上游来水量,利用公式(3)～公式(8)可以推算对应河段有、无底水两种情况下的单位河长渗漏率,再由公式(1)可以进一步估算该河段下游断面来水量。

4 初损率估算

海河流域多数河道干涸期长,每年汛期第一场洪水的初渗损失量估算难度大。因此本文通过估算典型河段的初损率分析不同量级洪水的初损率特征,为洪水预报提供参考。由于无底水时河道渗漏损失包括初渗损失和稳渗损失,有底水时河道渗漏损失为稳渗损失,结合有底水和无底水两种过程估算初损率的方法如下:

(1)计算稳渗率。采用有底水过程损失量与过水历时之比作为平均稳渗率。

(2)计算稳渗损失量。无底水过程的稳渗损失量由平均稳渗率与稳渗时长相乘得到。近年来,海河流域局地性暴雨多发、频发,产流模式以混合产流居多。因此,无底水过程的稳渗时长近似用总的过水历时代替计算。

(3)计算初损量。从无底水过程总损失量中扣除稳渗损失量,即为初损量。

(4)计算初损率。初损量与上游来水量之比即为初损率。

岳城水库—蔡小庄段采用 1982 年以来有底水的 5 场过水过程计算,稳渗率取平均值 0.011 亿 m^3/d。黄壁庄—北中山段采用 1964 年以来有底水的 3 场过水过程计算,稳渗率取平均值 0.012 亿 m^3/d。新乐—北郭村段采用 1970 年以来有底水的 10 场过水过程计算,稳渗率取平均值 0.007 亿 m^3/d。各场次洪水计算结果见表2～表4。

表 2　岳城水库—蔡小庄段初损率计算结果

序号	时间		洪水历时/d	上游来水量/亿 m^3	下游过水量/亿 m^3	初损量/亿 m^3	初损率/%
	年份	月、日					
1	1969	6.15—7.10	26	1.54	1.11	0.15	9
2	1970	6.18—6.25	9	1.88	1.49	0.29	16
3	1988	8.11—8.17	7	1.79	1.28	0.43	24
4	1996	8.3—8.21	17	7.92	6.72	1.01	13
5	2001	7.3—7.8	6	0.33	0.16	0.10	32
6	2006	4.9—4.15	7	0.82	0.43	0.31	38
7	2008	6.2—6.20	19	1.25	0.66	0.38	30
8	2012	8.2—8.9	8	0.60	0.23	0.28	47
9	2013	7.17—8.1	16	2.31	1.70	0.43	19
10	2016	7.23—8.10	19	2.47	1.68	0.58	24

岳城水库—蔡小庄段中小水(上游来水量小于 1.5 亿 m^3)的初损率为 30%～50%,集中在 30%～40%;大水的初损率为 10%～25%。

表3 黄壁庄—北中山段初损率计算结果

序号	时间		洪水历时 /d	上游来水量 /亿 m³	下游过水量 /亿 m³	初损量 /亿 m³	初损率 /%
	年份	月、日					
1	1970	4.20—6.2	44	5.53	1.2	3.80	69
2	1971	3.15—5.30	77	7.34	1.85	4.57	62
3	1977	5.30—10.1	125	14.64	10.18	2.96	20
4	1978	9.23—10.21	29	1.65	0.18	1.12	68
5	1979	7.7—10.14	100	6.98	2.06	3.72	53
6	1991	6.29—7.24	26	4.12	0.54	3.27	79
7	1996	8.3—9.2	31	22.31	16.18	5.76	26
8	1996	9.4—10.20	47	9.84	4.09	5.19	53
9	1997	4.22—5.16	25	2.76	0.13	2.33	84
10	2016	7.20—8.10	21	4.70	0.67	3.78	80

黄壁庄—北中山段中小水(上游来水量小于 10.0 亿 m³)的初损率为 50%~80%,集中在 60%~80%;大水的初损率为 20%~30%。

表4 新乐—北郭村段初损率计算结果

序号	时间		洪水历时 /d	上游来水量 /亿 m³	下游过水量 /亿 m³	初损量 /亿 m³	初损率/%
	年份	月、日					
1	1965	7.26—8.7	13	0.17	0.07	0.08	46
2	1968	7.18—8.13	44	0.41	0.18	0.15	36
3	1978	5.25—6.16	23	15.49	9.44	6.00	38
4	1979	10.3—10.21	19	8.31	5.43	2.84	33
5	1988	8.3—9.8	33	8.29	4.94	3.29	38
6	1990	7.29—8.10	13	0.59	0.25	0.32	43
7	2013	7.11—7.19	9	0.24	0.05	0.17	53

新乐—北郭村段中小水(上游来水量小于 1.0 亿 m³)的初损率为 35%~55%,集中在 40%~50%;大水的初损率为 30%~40%。

可见,各河段中小水的初损率较高,均大于 30%,且大水的初损率均低于中小水。由于海河流域多发生局地性暴雨洪水,中小洪水多发、频发,因此掌握中小洪水的初损率至关重要。

进一步对比发现,岳城水库—蔡小庄段中小水及大水的初损率均低于其他两个典型河段的初损率;黄壁庄—北中山段中小水的初损率高于新乐—北郭村段中小水的初损率,其大水的初损率低于新乐—北郭村段大水的初损率。由于无底水时渗漏损失一般为初渗损失,将初损率推算结果与图 4 的曲线对比,发现二者损失率大小对应关系一致,由此也证实了初损率估算的可靠性。

5　结论

通过分析河道不同蓄水条件下单位河长渗漏变化规律和计算不同量级洪水的初损率，得到如下结论：

（1）上游来水量与河道单位河长渗漏率呈负相关，且上游来水量增大到一定值时单位河长渗漏率趋于稳定，河道渗漏损失率沿程增加；过水历时与单位河长渗漏率在有底水时呈负相关。

（2）不同干涸程度的河道渗漏能力存在差异，河道干涸程度是影响渗漏能力的主要因素之一。

（3）单位河长渗漏率与上游来水量一般呈对数或指数相关；通过曲线拟合得到各典型河段由上游断面来水量推算单位河长渗漏率的计算公式。

（4）初损率估算结果表明：典型河段中小水的初损率较高，均大于30％，且大水的初损率均低于中小水的初损率。

参考文献：

［1］喻海军，马建明，范玉燕.河道渗漏模拟计算方法研究进展［J］.人民珠江，2017，38(12)：11-15.

［2］张彦增，尹俊岭，崔希东.河北省中东部平原区河道渗漏损失率分析探讨［J］.地下水，2002，24(1)：10-11.

［3］邱景唐.用水文学的方法研究河北平原河道渗漏模型［J］.水文地质工程地质，1989(3)：5-9.

［4］孙天伟，李忠心，戚卫伟.辽河干流河道渗漏量规律分析研究［J］.科技信息，2010(10)：744.

［5］卢胜勇.河北省山前平原区河道渗漏特征分析［J］.南水北调与水利科技，2009，7(2)：114-118.

甘肃省天然年径流量一致性分析及修正

——以黄河流域为例

王启优，岳斌，孔祥文

（甘肃省水文水资源局，甘肃 兰州 730000）

摘 要：本文以肯德尔秩次相关法、有序聚类分析法等数理统计检验方法为基础，结合降水量与径流深双累积曲线图，对下垫面条件变化影响下的天然径流系列跳跃年份作了分析研判，提出径流系列突变情况下的一致性修正方法，并以甘肃省渭河武山水文站为例，对甘肃省内黄河流域武山、北道、甘谷（二）、秦安、仁大、窑峰头、红河、毛家河（二）、靖远9处代表水文站点的天然年径流系列进行了一致性分析修正。结果表明：各代表站径流量均显著减小。黄河流域渭河各站主要跳跃年份是1993年，祖厉河靖远站跳跃年份为1996年，泾河各站跳跃年份分别为1984年、1996年。修正后的1956—2016年多年平均年径流量与修正前的天然径流量比较，减少幅度在24.8%～58.2%之间。

关键词：黄河流域；径流；一致性；修正

Consistency Analysis and Correction of Natural Annual Runoff in Gansu Province

—— Taking the Yellow River Basin as an example

WANG Qiyou，YUE Bin，KONG Xiangwen

(Gansu Hydrological and Water Resources Bureau，Lanzhou 730000，China)

Abstract：Based on the basic principle of water balance，this paper examines the rationality of natural runoff series jumping years at representative stations in Gansu Province. Taking Wushan Hydrological Station of Weihe River as an example，this paper introduces the method of consistency analysis and correction of natural annual runoff series，and also introduces the methods of Wushan，Beidou，Gangu（Ⅱ），Qin'an，Renda，Yaofengtou，Honghe，Maojiahe（Ⅱ）and Jingyuan in the Yellow River Basin of Gansu Province. The natural annual runoff series representing hydrological stations in 9 places were analyzed and revised by a series of consistency analysis. The results show that the runoff of each representative station decreases significantly. The main jumping points of Weihe River stations in the Yellow River Basin were in 1993，Zuli River Jingyuan station in 1996，Jinghe station in 1984 and 1996. Compared with the natural runoff before the revision，the average value of the revised natural runoff from 1956 to 2016 decreased from 24.8% to 58.2%.

Key words：the Yellow River Basin；runoff；consistency；amendment

资助项目：全国第三次水资源调查评价项目（水规计〔2017〕139号）。

地表水资源量是指河流、湖泊、冰川等地表水体中由当地降水形成的、可以逐年更新的动态水量,用天然河川径流量表示。径流受气候、地貌、土壤、植被等自然条件以及人类活动的耦合作用,其演变过程不仅表现出一定的规律性,同时伴随着强烈的随机性[1]。近年来,随着全球变暖和人类活动影响的不断加剧,河川径流发生了显著的时空变化,直接影响到了水资源的配置、开发与利用,以及生态系统的物理、化学和生物过程[2-3]。流域径流量决定了区域可用水资源数量,对国家多个主要部门产生重要影响[4],如农业灌溉[5]、工业用水及居民用水[6-7]等。

由于人类活动改变了流域下垫面条件,入渗、径流、蒸发等水平衡要素发生一定的变化,从而造成径流的减少(或增加)[8]。下垫面变化对产流的影响非常复杂,尤其是甘肃省的黄河流域,许多流域的径流量因下垫面变化而衰减的现象已经非常明显,必须予以修正,以保证系列成果的一致性。通过对甘肃省水文站进行调查研究分析,确定对黄河流域武山、北道、甘谷(二)、秦安、仁大、窑峰头、红河、毛家河(二)、靖远9处代表水文站做天然河川径流一致性修正。根据《全国水资源调查评价技术细则》要求,对地表水资源量1956—2016年、1980—2016年两个系列进行评价,甘肃省水资源分析评价中对1956—2016年系列进行分析。

1 研究区概况

甘肃省位于黄土高原、蒙古高原及青藏高原的交汇地带,虽然跨越多个气候带(包括干旱区、半干旱半湿润区及高寒区等气候类型),各地区存在不同的气候特征[9],但总体以干旱、半干旱区为主。甘肃省总面积42.58万 km²,从东南到西北呈狭长状伸展,东西斜长1 655 km,南北宽68~530 km,年平均气温为−0.3~14.8℃[10],多年平均年降水量约300 mm,降水量自东南向西北递减。甘肃省水系可分为3大流域:长江流域上游、黄河流域上游及内陆河流域(图1),其中黄河流域分为黄河干流、洮河、湟水、渭河、泾河及北洛

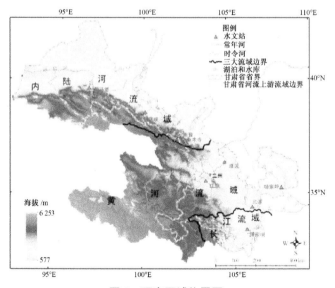

图1 研究区域位置图

河 6 个水系[11],是中国古代文明的重要发源地[12]。甘肃省降水量总体较少,省内人民生活严重依赖邻近河流和地下水资源,使得人类活动对河川径流量及流域下垫面的影响日趋增大。

2 分析方法

2.1 趋势检验方法

对各代表站经过还原后的天然径流系列按照肯德尔秩次相关法、斯波曼秩次法、线性趋势法进行一致性检测。3 种方法 α 均采用 0.05,判别值分别为肯德尔秩次相关法 $U(\alpha/2)=$ 1.96、斯波曼秩次法 $T(\alpha/2)=1.64$、线性趋势法 $T(\alpha/2)=1.64$。

2.2 显著性检验方法

采用 R/S 分析法、有序聚类分析法、李-海哈林(Lee-Heghinan)法,曼-肯德尔(Mann-Kendall)法等 4 种方法进行检验,对趋势性显著的测站天然径流系列进行判别计算。这 4 种方法 α 均采用 0.05,判别值 $T(\alpha/2)=1.64$。

2.3 修正方法

采用式(1)和式(2)分别计算年径流衰减系数和修正系数:

$$\gamma = (R_1 - R_2)/R_1 \tag{1}$$

$$\Psi = R_2/R_1 \tag{2}$$

式中:γ 为年径流衰减系数;Ψ 为年径流修正系数;R_1 为前一年段年降水与径流关系曲线上的天然年径流深,mm;R_2 为后一年段年降水与径流关系曲线上的天然年径流深,mm。

点绘各站面平均年降水量与天然径流量双累积曲线相关图,寻找明显的跳跃年份,并以显著性检验方法中初步确定的跳跃年份做合理性检查。当两者检验结果不一致时,以面平均年降水量与天然年径流量的双累积曲线相关图为主,显著性检验的几种方法作为参考,结合地域、径流成因等进行综合研判,合理确定各站跳跃年份。

以确定的跳跃年份为分割点,将年降水量和天然年河川径流量系列划分为前、后两个年段,并对前一年段的天然年河川径流量系列进行修正。

3 研究结果与分析

3.1 趋势分析

对各代表站经过还原后的天然径流系列按照肯德尔秩次相关法、斯波曼秩次法、线性趋势法进行一致性检测,结果见表 1。

表 1 甘肃省各代表站趋势性检验结果统计表

序号	站名	趋势方程	肯德尔秩次法		斯波曼秩次法		线性趋势法		趋势程度
			$\mid U\mid$	显著性	$\mid T\mid$	显著性	$\mid T\mid$	显著性	
1	靖远	$Y=-0.016\ 7X+1.79$	4.100	显著	4.52	显著	4.17	显著	减小
2	武山	$Y=-0.075\ 8X+8.08$	4.237	显著	4.81	显著	4.46	显著	减小
3	北道	$Y=-0.180\ 9X+18.21$	4.339	显著	5.11	显著	4.89	显著	减小
4	甘谷(二)	$Y=-0.011\ 1X+0.94$	6.036	显著	7.48	显著	5.56	显著	减小
5	秦安	$Y=-0.065\ 8X+5.21$	5.250	显著	6.51	显著	5.48	显著	减小
6	仁大	$Y=-0.006\ 4X+0.44$	6.184	显著	7.92	显著	6.41	显著	减小
7	窑峰头	$Y=-0.000\ 7X+0.100\ 3$	4.590	显著	5.61	显著	4.39	显著	减小
8	红河	$Y=-0.007X+0.67$	4.954	显著	5.82	显著	7.05	显著	减小
9	毛家河(二)	$Y=-0.025\ 8X+2.68$	4.647	显著	4.93	显著	4.30	显著	减小

由此可见,所选 9 处代表站的径流量均显著减小。

3.2 显著性检验

采用 R/S 分析法、有序聚类分析法、李-海哈林(Lee-Heghinan)法、曼-肯德尔(Mann-Kendall)法等 4 种方法进行检验,对趋势性显著的测站天然径流系列进行判别计算,结果见表 2。

表 2 甘肃省各代表站天然径流序列显著性(跳跃、突变)检验结果表

序号	站名	赫斯特指数		检验结果					
		H	跳跃强度	$\mid T\mid$	显著性	跳跃年份	跳跃前均值	跳跃后均值	跳跃量
1	靖远	0.84	中跳跃	5.51	显著	1996	1.49	0.70	0.79
2	武山	0.86	强跳跃	6.00	显著	1993	7.00	3.65	3.35
3	北道	0.88	强跳跃	6.05	显著	1993	15.48	7.86	7.62
4	甘谷(二)	0.89	强跳跃	6.4	显著	1993	0.74	0.35	0.39
5	秦安	0.88	强跳跃	5.62	显著	1993	4.12	1.71	2.41
6	仁大	0.91	强跳跃	7.26	显著	1986	0.35	0.12	0.23
7	窑峰头	0.82	中跳跃	4.70	显著	1996	0.086 8	0.057 4	0.029 4
8	红河	0.84	强跳跃	5.17	显著	1984	0.59	0.33	0.26
9	毛家河(二)	0.80	中跳跃	4.35	显著	1996	2.20	1.23	0.97

检验结果显示,黄河流域天然径流量较小的各水文站径流序列跳跃年份较凌乱,渭河各站跳跃年份较一致。黄河流域渭河各站主要跳跃年份为 1993 年,祖厉河靖远站跳跃年份为 1996 年,泾河各站跳跃点年份分别 1984 年、1996 年。

3.3 一致性修正

3.3.1 修正实例

对测站天然径流系列跳跃年份进行合理性检查后,以该年份作为分割点,将年降水量和天然年河川径流量系列划分为前后两个年段,并对前一年段的天然年河川径流量系列进行修正(以下以渭河武山水文站为例说明)。

用计算好的武山站以上历年面平均年降水量、天然年河川径流量,点绘面平均年降水量与天然年河川径流量的双累积相关图(图2)。

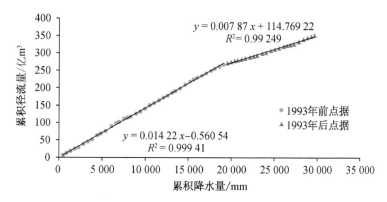

图2 武山站面平均年降水量-年径流量累积相关图

由图2可见,双累积相关图有明显拐点(1993年),将原系列以1993年为分割点分成两个系列,点绘降水量-径流深相关图(图3)。

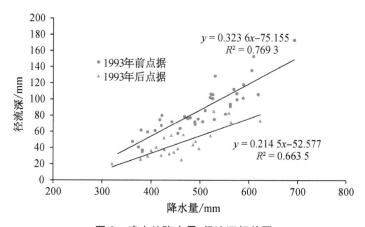

图3 武山站降水量-径流深相关图

查算不同量级年降水量的 Ψ 值,绘制 P 与 Ψ 关系曲线(图4)。

根据需要修正年份的降水量,从 P-Ψ 关系曲线上查得修正系数(可用曲线方程计算),再乘以该年天然年河川径流量,即为修正后的天然年河川径流量。武山站天然径流量修正前后对比见图5。

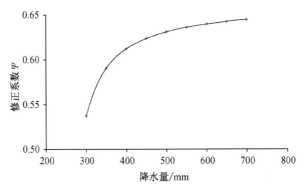

图 4 武山站年降水量-年径流修正系数 Ψ 相关图

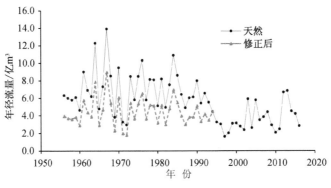

图 5 武山站天然径流时序图

3.3.2 修正结论

用同样的方法计算修正其他各测站跳跃前的天然径流量,组成修正后的径流系列,结果分析见表 3。

表 3 修正站径流一致性修正结果统计表 单位:亿 m³

序号	站名	天然值(均值)				修正值(均值)					
		二次评价 1956—2000 年	1956—2016 年	与二次评价比较		二次评价 1956—2000 年	1956—2016 年	与二次评价比较		与天然值比较	
				绝对值	相对值/%			绝对值	相对值/%	绝对值	相对值/%
1	靖远	1.48	1.27	−0.21	−14.0	0.845	0.804	−0.041	−4.85	−0.466	−36.7
2	武山	6.34	5.73	−0.61	−9.6	4.20	4.15	−0.05	−1.19	−1.58	−27.6
3	北道	14.7	13.1	−1.6	−10.9	8.85	8.805	−0.045	−0.51	−4.295	−32.8
4	甘谷(二)	0.684	0.594	−0.09	−13.2	0.453	0.424	−0.029	−6.4	−0.17	−28.6
5	秦安	3.64	3.17	−0.47	−12.9	1.88	1.87	−0.01	−0.53	−1.3	−41.0
6	仁大	0.289	0.237	−0.052	−18.0	0.104	0.099	−0.005	−4.81	−0.138	−58.2
7	窑峰头	0.084	0.077	−0.007	−8.3	0.044	0.045	0.001	2.97	−0.032	−41.6
8	红河	0.501	0.452	−0.049	−9.8	0.358	0.34	−0.018	−5.03	−0.112	−24.8
9	毛家河(二)	2.13	1.88	−0.25	−11.7	1.267	1.24	−0.027	−2.13	−0.64	−34.0

从表 3 可以看出,修正后 1956—2016 年均值与修正前天然径流量比较,减幅在 24.8%～58.2%之间,仁大站减幅最大,减少 0.138 亿 m³,红河站减幅最小,减少 0.112 亿 m³。

4 结论

对黄河流域武山、北道、甘谷(二)、秦安、仁大、窑峰头、红河、毛家河(二)、靖远 9 处代表水文站进行调查研究分析,并对 1956—2016 年系列天然河川径流进行一致性修正。

(1)各代表站经过还原后的天然径流系列按照肯德尔秩次相关法、斯波曼秩次法、线性趋势法进行一致性检测,所选 9 处代表站径流量均显著减小。

(2)检验结果显示,黄河流域天然径流量较小的各水文站径流序列跳跃年份较凌乱,渭河各站跳跃年份较一致。黄河流域渭河各站主要跳跃年份为 1993 年,祖厉河靖远站跳跃年份为 1996 年,泾河各站跳跃年份分别为 1984 年、1996 年。

(3)修正后 1956—2016 年均值与修正前天然径流量比较,减幅在 24.8%～58.2%之间,仁大站减幅最大,减少 0.138 亿 m³,红河站减幅最小,减少 0.112 亿 m³。

参考文献:

[1] 张强,李裕,陈丽华. 当代气候变化的主要特点、关键问题及应对策略[J]. 中国沙漠,2011,31(2):492-499.

[2] 李迎春,刘颖,张成龙. 人类活动和气候变化对流域水资源的影响[J]. 才智,2012(34):137.

[3] 王玉洁,秦大河. 气候变化及人类活动对西北干旱区水资源影响研究综述[J]. 气候变化研究进展,2017(5):483-493.

[4] GERHARD M, LEHN N, NEUMAYER N, et al. Clinical relevance of the Helicobacter pylori gene for blood-group antigen-binding adhesin[J]. Proceedings of the National Academy of Sciences of the United States of America, 1999,96(22):12778-12783.

[5] PIAO S, CIAIS P, HUANG Y, et al. The impacts of climate change on water resources and agriculture in China[J]. Nature, 2010,467(7311):43-51.

[6] 热依莎·吉力力,ISSANOVA G,吉力力·阿不都外力. 哈萨克斯坦水环境与水资源现状及问题分析[J]. 干旱区地理,2018(3):518-527.

[7] FANG C L, XIE Y. Sustainable urban development in water-constrained Northwest China: a case study along the mid-section of Silk-Road—He-Xi Corridor[J]. Journal of Arid Environments, 2010,74(1):140-148.

[8] 王启优. 甘肃省近 60 年来水资源演变及趋势预测研究[J]. 气象水文海洋仪器,2008(3):72-78.

[9] 崔如平. 高寒阴湿地区农村公路路基路面排水和软地基处理[J]. 科技与企业,2013(24):236-237.

[10] 马建琴,韩曦. 甘肃省平均气温与极端高温时空特征分析[J]. 人民黄河,2014(1):35-38.

[11] 胡兴林. 甘肃省主要河流径流时空分布规律及演变趋势分析[J]. 地球科学进展,2000(5):516-521.

[12] 周群英,黄春长. 渭河流域全新世环境演变对人类文化发展的影响[J]. 地理科学进展,2008,27(5):12-18.

长江流域湿地资源现状、问题及保护对策

(水利部中国科学院水工程生态研究所,水利部水工程生态效应与
生态修复重点实验室,湖北 武汉 430000)

摘　要：长江流域湿地面积接近 25 万 km²,自然湿地接近 9 万 km²。本文概述了长江流域湿地的分布现状,长江经济带中列入国际湿地重点保护名录的湿地有 17 处、国家级与省级湿地自然保护区达到 167 个、国家湿地公园有 291 座。另外,分析了目前仍存在的湿地动物、植物和水资源不合理利用、生物多样性下降等问题,并提出了树立长江流域湿地保护理念、推进长江流域湿地保护工作、实施长江流域湿地修复重点工程、加强长江流域湿地保护制度建设 4 个方面的湿地保护对策。

关键词：湿地;资源;长江流域;保护对策

Current status, problems and conservation strategy of wetland resources in the Yangtze River Basin

LI Sixin[1], DONG Fangyong[1]

(Key Laboratory of Ecological Impacts of Hydraulic-projects and Restoration of Aquatic Ecosystem, Ministry of Water Resources, Institute of Hydroecology, Ministry of Water Resources & Chinese Academy of Sciences, Wuhan 430000, China)

Abstract: The wetland area of the Yangtze River Basin is about 250 000 square kilometers, and the natural wetland is about 90,000 square kilometers. This paper outlined the distribution and status of wetlands in the Yangtze River Basin. There are 17 wetlands included in the international list of key protected wetland, 167 national and provincial natural wetland reserves, and 291 national wetland parks in Yangtze River economic belt. In addition, the paper analyzed the problems of unreasonable utilization between animals and plants in wetland and water resources, and the decline of biodiversity, and proposed the countermeasures for wetland protection from the four aspects of establishing the concept of wetland protection, promoting the protection of wetlands, implementing the key projects of wetland restoration, and strengthening the construction of wetland protection system in the Yangtze River Basin.

Keywords: wetland; resources; the Yangtze River Basin; conservation strategy

　　长江流域横跨我国东中西部,覆盖十多个省区市,以不到全国五分之一的国土面积,养育了全国三分之一的人口,创造了全国接近一半的经济总量。长江流域水资源充足,拥有我国最为丰富和独特的生态系统,野生动物、植物物种众多。类型多样的森林、湿地,不仅维护

基金项目：国家自然科学基金项目(No.51779158)。

作者简介：李嗣新(1979—),男,博士,副研究员,主要从事生态毒理研究工作。

了长江流域的生态平衡和经久不衰的生命力,更是对全流域经济社会发展乃至中华民族的生存发展,起到了极为重要的支撑保障作用。本文概述了长江流域湿地的分布现状,分析目前存在的主要问题,并提出湿地保护的相关对策。

1 分布现状

长江干流及其支流涉及我国 19 个省(市、自治区),其中长江干流流经青海省、西藏自治区、四川省、云南省、重庆市、湖北省、湖南省、江西省、安徽省、江苏省、上海市等 11 个省(市、自治区),其支流延伸到贵州省、甘肃省、陕西省、河南省、广西壮族自治区、广东省、浙江省、福建省等 8 个省(自治区)[1]。长江流域湿地面积接近 25 万 km^2,约占全国湿地总面积 20%,其中,自然湿地接近 9 万 km^2[2]。根据国家林业和草原局 2016 年资料显示,长江经济带被列入国际湿地重点保护名录的有 17 处、国家级与省级湿地自然保护区达到 167 个、国家湿地公园有 291 座[3]。

经统计,长江流域 1 km^2 以上的沼泽湿地、洪泛平原湿地、三角洲湿地 3 种天然陆域湿地的分布情况为:长江流域共有 347 个湿地,总面积为 23 968.98 km^2。其中,沼泽湿地 187 个,总面积为 22 395.91 km^2;洪泛平原湿地 147 个,总面积为 889.01 km^2;三角洲湿地 13 个,总面积为 684.06 km^2。

这 3 种天然陆域湿地按水资源二级区进行统计(图 1),金沙江石鼓以上共有 17 个湿地,总面积为 16 745.51 km^2。金沙江石鼓以下共有 32 个湿地,总面积为 3 098.74 km^2。岷沱江共有 7 个湿地,总面积为 1 172.61 km^2。嘉陵江共有 2 个湿地,总面积为 55.23 km^2。洞庭湖水系共有 91 个湿地,总面积为 659.43 km^2。汉江共有 71 个湿地,总面积为 263.20 km^2。鄱阳湖水系共有 5 个湿地,总面积为 556.29 km^2。宜昌至湖口共有 90 个湿地,总面积为 429.74 km^2。湖口以下干流共有 25 个湿地,总面积为 792.80 km^2。太湖水系共有 7 个湿地,总面积为 195.43 km^2。

3 种天然陆域湿地按省行政区进行统计(图 2),青海省共有 5 个湿地,总面积为 14 031.30 km^2。甘肃省共有 1 个湿地,总面积为 8.45 km^2。陕西省共有 11 个湿地,总面积为 41.00 km^2。云南省共有 23 个湿地,总面积为 2 512.09 km^2。贵州省共有 1 个湿地,总面积为 16.75 km^2。四川省共有 28 个湿地,总面积为 4 503.49 km^2。广西壮族自治区共有 1 个湿地,总面积为 1.82 km^2。湖南省共有 83 个湿地,总面积为 631.98 km^2。湖北省共有 161 个湿地,总面积为 748.24 km^2。江西省共有 5 个湿地,总面积为 556.29 km^2。安徽省共有 12 个湿地,总面积为 243.39 km^2。江苏省共有 5 个湿地,总面积为 597.22 km^2。浙江省共有 4 个湿地,总面积为 19.77 km^2。上海市共有 7 个湿地,总面积为 57.15 km^2。

2 主要问题

湿地是功能独特的生态系统,被誉为"地球之肾"、"生命摇篮"和"物种基因库"。我国湿地分布广泛,类型多样,受自然条件的影响,湿地类型的地理分布具有明显的区域差异。近年来,受自然及人类活动的影响,湿地资源存在天然湿地不断萎缩,湿地质量不断下降的趋势,湿地生态系统面临着严重的威胁。

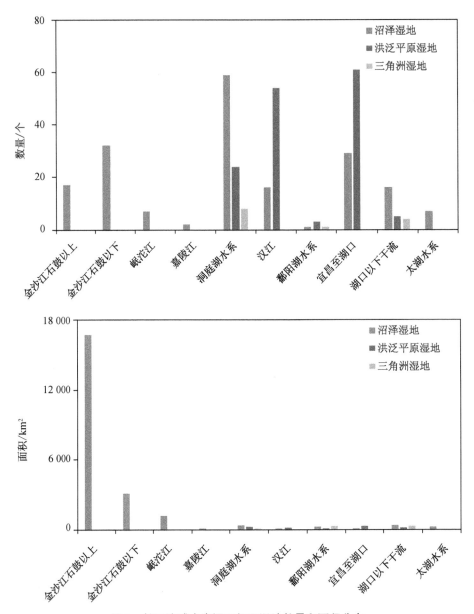

图1 长江流域水资源二级区湿地数量和面积分布

　　我国于1992年加入国际湿地公约,湿地保护工作起步较晚,同时对湿地概念的界定、类型的划分存在技术手段上的局限,这些技术手段仍在不断发展、更新,因此,第一次全国湿地资源调查和第二次全国湿地资源调查中湿地的名称、划分方法并不统一。另一方面,我国对湿地的保护力度在不断加大,一些代表性湿地保护区范围有所扩大。

　　第三次全国水资源调查评价揭示了长江流域沼泽湿地、洪泛平原湿地、三角洲湿地这3种天然陆域湿地中的部分典型湿地面积变化情况,这些湿地主要分布在云南省、湖北省、湖南省、江西省、安徽省5个省,涉及金沙江石鼓以下、宜昌至湖口、汉江、洞庭湖水系、鄱阳湖水系、湖口以下干流6个水资源二级区,其中湖北省、湖南省湿地较多。对1980—2000年和2001—2016年的历史资料进行对比,拉市海国际重要湿地面积增加了1.65 km²,大冶市梁

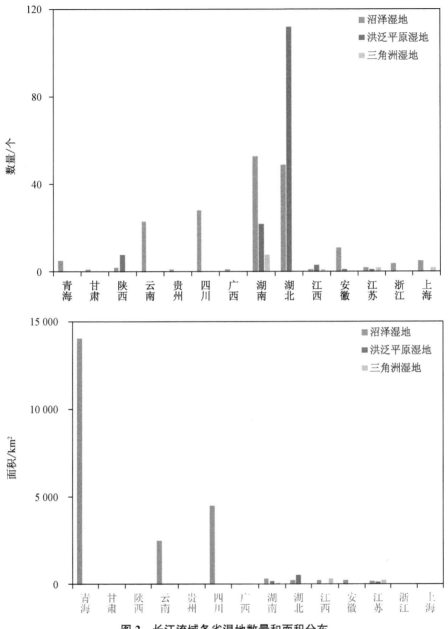

图 2　长江流域各省湿地数量和面积分布

子湖湿地面积减少了 1.11 km²,梁子湖区梁子湖湿地面积增加了 5.84 km²,江夏区梁子湖湿地面积减少了 0.03 km²,神农架林区神农架大九湖湿地面积减少了 0.09 km²,湘江洪泛平原湿地面积减少了 7.43 km²,湖南省东洞庭湖国家级自然保护区面积增加了 2.12 km²,湖南省南洞庭湖省级自然保护区面积增加了 0.51 km²,湖南省湘阴洋沙湖—东湖国家湿地面积增加了 0.27 km²,鄱阳湖湿地面积减少了 889.96 km²,巢湖湿地面积增加了 0.13 km²。

　　长江流域湿地还面临着一些突出的问题。长期以来,对湖泊、湿地的肆意围垦占用,阻断了河湖联系,严重削弱了湿地的防洪减灾功能,同时,一些区域对湿地的填埋、污染、过牧也尚未完全得到有效遏制。此外,湿地动物、植物和水资源不合理利用仍存在,生物多样性下降的问题亦突出。长江流域水资源虽然丰富,但分布不均衡,湿地的丧失、功能的退化使河流径流不稳定,蓄水、净水功能下降,顺应自然规律的天然水资源分配模式被打破。

3 保护对策

2016 年 11 月 30 日,国务院办公厅印发《湿地保护修复制度方案》。文件提出的完善湿地分级管理体系、实行湿地保护目标责任制、健全湿地用途监管机制、建立退化湿地修复制度、健全湿地监测评价体系、完善湿地保护修复保障机制,进一步增强了湿地生态功能,维护了湿地生物多样性,为长江流域湿地保护进一步指明了方向。

(1) 树立长江流域湿地保护理念

长江流域湿地保护,是整个长江大保护的重要组成部分,也是我国全面保护湿地的重要环节。要加强流域湿地总量管控,把现有湿地面积作为管控政策,实行到流域内各省(市、自治区)、各县(市、区),层层树立政策责任制,确保全流域和各省份湿地面积不减少、功用不退化。要充分利用现有的长江湿地保护网络机制,有序开展上下游、左右岸湿地的协同保护,保护整个流域湿地生态体系的自然性、完整性和稳定性。关于一些亟待保护的湿地区域,要通过开展建立湿地自然保护区、湿地公园等方式,及时进行保护,不断完善湿地保护体系。加大湿地保护法律力度,严厉打击各种破坏湿地的违法犯罪行为,保护湿地资源安全。

(2) 推进长江流域湿地保护工作

推进湿地修复保护工作。湿地保护与修复应保护湿地的自然形态,保障湿地的生态用水需求,修复受损的滨水湿地、季节性水陆交替湿地、河口湿地,并针对具有不同特征的湿地采取不同的保护与修复措施。

湿地修复的主要工作包括:一是恢复湿地天然面积,改善湿地水陆生境条件,提升湿地生态服务功能,提高水陆交替带的生态环境状况,尤其是对具有重要功能作用的湖滨带和大型水库消落带;二是湿地植被恢复工程,通过加强对湖滨及其河口湿地的恢复与重建,恢复湖滨带湿地生态,以此对面源污染进行有效控制,并对水土流失进行缓冲;三是栖息地恢复工程,开展栖息地的恢复、修复和重建工程,恢复生物栖息环境,维护生物多样性。

(3) 实施长江流域湿地修复重点工程

长江流域湿地保护与修复工程主要是对流域内湿地自然保护区、国家重要湿地、国际重要湿地的保护,对存在着生态萎缩和生物多样性下降的湿地实施生态补水沟渠、封育保护、退耕还湿、生物栖息地恢复与重建等生态修复工程。长江流域湿地保护与修复工程主要分布在长江流域内国际、国家重要湿地(巢湖湿地、滇池湿地),湿地自然保护区等重要湿地(拉市海湿地保护区),岷江成都市河段、沅江邵阳市河段等河流中下游湿地,以及长江中下游湖泊湿地群等,包括云南省丽江市拉市海湿地保护工程、昆明市滇池湿地保护与生态恢复工程,四川省邛海流域生态保护与修复工程、金马河湿地保护与修复工程,贵州省横江毕节市威宁锁黄仓国家湿地公园湿地保护与修复工程,湖北省太白湖湿地保护与修复工程、武山湖湿地保护与修复,湖南省洞庭湖岳阳市湿地保护与生态恢复工程,江西省太泊湖生态综合整治工程、鄱阳湖湿地保护工程,安徽省龙河口水库库区生态保护工程,以及上海市青草沙水库生态建设工程等[4]。

（4）加强长江流域湿地保护制度建设

国家层面的湿地保护立法正在加速推进,长江流域尚无湿地保护地方法规的省、市、自治区,须加大工作力度,及早出台法律法规,已出台地方法规的省、市、自治区,依据新的局势和需求,做好法律法规修订工作。主管部门须出台相应的地方性法规或方法,联系实践,加速湿地保护制度的拟定,在湿地总量管控、用途管控、湿地修复、湿地监测评估等方面,建立详细的工作制度。经过系列改革措施,完善湿地保护工作机制,建立适合湿地生态管理的一整套制度框架。积极建立湿地保护部门联席制度或省级湿地保护协调机制,推进流域和区域湿地的全面保护。发挥政府投入的引导效果,探索性设立长江湿地保护基金,采取 PPP 等形式,建立多渠道资金保护湿地的机制。积极将湿地保护纳入经济社会发展评价体系,建立科学的可操作的湿地保护考核奖惩制度,落实地方政府湿地保护的主体责任。

参考文献：

［1］ 杨永德,张长清,刘强,等.2001 年长江流域水资源与水资源管理状况［J］.水利水电快报,2003,24（6）:26-28.

［2］ 张阳武.长江流域湿地资源现状及其保护对策探讨［J］.林业资源管理,2015,6(3):39-43.

［3］ 燕然然,蔡晓斌,王学雷,等.长江流域湿地自然保护区分布现状及存在的问题［J］.湿地科学,2013,11(1):136-144.

［4］ 徐德毅.长江流域水生态保护与修复状况及建议［J］.长江技术经济,2018(2):19-24.

［5］ 王学雷,许厚泽,蔡述明.长江中下游湿地保护与流域生态管理［J］.长江流域资源与环境,2006,15(5):564-568.

基于 ESP 思想及分布式水文模型的丹江口流域地表水资源量预测

苑瑞芳[1],廖卫红[2],蔡思宇[2],刘庆涛[3],卢思成[4],杨柳[5]

（1. 中国地质大学（北京）水资源与环境学院，北京 100083；2. 中国水利水电科学研究院
水资源研究所，北京 100038；3. 水利部信息中心，北京 100053；4. 北京工业大学
建筑工程学院，北京 100124；5. 北京金水信息技术发展有限公司，北京 100053）

摘　要：丹江口流域水资源数量的预测对南水北调调水方案的设计具有重要意义，由于中长期水文预报难以获得一定精度的降雨过程资料，本文基于长期径流预报（Extended Streamflow Prediction，ESP）思想及分布式水文模型提出了一套预测丹江口流域年地表水资源量的预测预报体系。本文基于分布式水文模型 WetSpa 构建丹江口流域的入库洪水预报模型，采用 2006—2012 年的数据对模型进行率定，2013—2016 年的数据对模型进行验证，率定期的月平均径流量的纳什效率系数为 0.97，验证期的纳什效率系数为 0.95，预报效果良好。在此基础上，假设可获得由降雨量预报模型预测的 2017 年降水量，基于 ESP 得到降雨过程，通过建立的 WetSpa 模型求得流域出口的径流过程，再通过相关计算得到丹江口控制流域 2017 年的预测地表水资源量 454.48 亿 m³，计算地表水资源量为 403.95 亿 m³，二者的相对误差为 12.51%。结果表明，基于 ESP 思想与分布式水文模型的丹江口流域地表水资源数量预测，可为丹江口水库的调水方案提供一定参考。

关键词：水资源评价；水资源预测；WetSpa 模型；相关系数

Prediction of surface water resources in Danjiangkou Basin based on ESP thought and distributed hydrological model

YUAN Ruifang[1], LIAO Weihong[2], CAI Siyu[2],
LIU Qingtao[3], LU Sicheng[4], YANG Liu[5]

（1. College of Water Resources and Environment, China University of Geosciences, Beijing 100083, China；2. China Institute of Water Resource and Hydropower Research, Beijing 100038, China；3. Information Center, MWR, Beijing 100053, China；4. College of Architecture and Civil Engineering, Beijing University of Technology, Beijing 100124, China；5. Beijing Goldenwater Information Technology Co. LTD, Beijing 100053, China）

基金项目：国家重点研发计划（2018YFC0407701）。

作者简介：苑瑞芳（1995—），女，硕士研究生，研究方向为水文及水资源。

通讯作者：廖卫红（1986—），女，教授级高级工程师，研究方向为水文模型预报。

Abstract: The prediction of the amount of water resources in the Danjiangkou Basin is of great significance for the design of the water transfer plan for the South-to-North Water Transfer Project. Because it is difficult to obtain rainfall data with a certain degree of accuracy for mid- and long-term hydrological forecasting, this paper is based on the long-term runoff forecast (extended discharge forecasting, ESP) ideas and distributed hydrological model, proposed a set of forecasting systems for predicting annual surface water resources of the Danjiangkou Basin. First, the article established WetSpa model of Danjiangkou Basin, the model were calibrated using data from 2006 to 2012, and the model were validated using data from 2013 to 2016. Based on this, it is assumed that the rainfall of 2017 can be predicted by the forecast model, the rainfall process is obtained based on the ESP and the runoff process of study area is obtained from WetSpa model. Then we can get the predicted quantity of surface water resources is 45.448 billion m³, and the calculated surface volume is 40.395 billion m³. The relative error between the two is 12.51%. The results show that the prediction of the surface scale of the Danjiangkou Basin based on the ESP idea and the distributed hydrological model can provide a certain reference for the water transfer plan of the Danjiangkou Reservoir.

Keywords: water resources assessment; prediction of water resources; WetSpa model; correlation coefficient

1 引言

丹江口流域是指汉江流域丹江口水库以上地区,涉及陕西省汉中、安康市、商洛市,河南省南阳市和湖北省十堰市等 5 地市 43 个县(市),流域长 925 km,集雨面积为 95 220 km²,人口约 1 500 万人[1]。区域属东亚副热带季风气候区,具有明显的季节性。丹江口流域多年平均年降水量约为 7 00~1 100 mm,暴雨经常发生在 7—10 月[2]。丹江口水库作为南水北调中线的水源地,其水资源量与河南省、河北省、北京市、天津市等 4 个省市的 20 多座大中城市的生活生产及发展息息相关[3],且我国水资源具有时空分布不均的特性[4],所以对丹江口流域的地表水资源数量进行预测对于保障调水工程沿线城市的经济社会和谐稳定的发展具有极其重要的意义。为了对丹江口流域的水资源数量进行预测,本文首先基于 WetSpa 模型建立丹江口流域入库洪水预报模型并进行率定及验证,在此基础上假设可以获得降雨量预测模型预测的降雨量,基于 ESP 得到降雨过程,再通过建立的 WetSpa 模型求得流域出口的径流过程,从而对地表水资源数量进行预测。

2 资料收集及分析计算

2.1 基础资料

本文收集到了丹江口水库 1993—2017 年 25 年的入库径流资料,入库径流资料根据水库出库流量及蓄变量利用水量平衡方程式反推得到,数据来源于长江水利委员会水文局;研究选用丹江口控制流域内的汉中、佛坪、石泉、安康、镇安、商州、郧西、郧阳区、西峡 9 个气象站点 1993—2017 年 25 年的降雨资料,资料从中国气象数据网获得。为了计算天然径流量,需要对实测的径流量进行还原,还原计算需要的工农业及生活用水的消耗量、城镇公共及生态环境消耗量来自陕西省的水资源公报,蓄变量资料采用收集到的上游大(1)型水库石泉水库、喜河水库、安康水库以及蜀河水库 2000—2017 年的蓄水量资料。对水资源数量预测利用 WetSpa 模型建模,建模所需的 DEM、土壤类型、土地利用数据,来源于中国科学院资源环境科学数据中心。

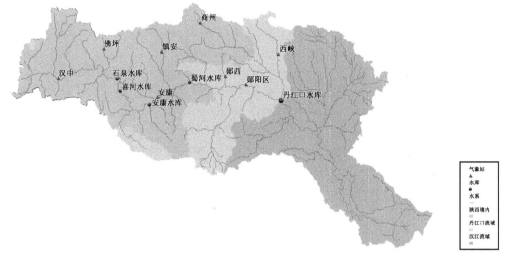

图 1　丹江口控制流域位置及站点分布

2.2　资料代表性分析

本文计算地表水资源量的数据均来自业内权威的官方网站,都具有可靠性。本次研究系列长达 25 年,对流域的降雨径流情况具有一定的代表性。故本文着重阐述资料的一致性,即对年径流序列的一致性进行分析。

降水是河川径流的主要补给来源,与径流量的变化密切相关。降水的时空分布影响着径流的时空分布,两者的相关性可以用相关系数表示。相关系数是用来反映两个变量之间密切程度的统计指标,$0.7 \leqslant |r| < 1$ 表示两个变量之间呈高度相关[5]。其公式为

$$r = \frac{\sum (x_i - \bar{x})(y_i - \bar{y})}{\sqrt{\sum (x_i - \bar{x})^2 \sum (y_i - \bar{y})^2}} \qquad (1)$$

式中:r 为相关系数;x 为年降水量,mm;y 为年径流量,亿 m^3。

根据 1993—2017 年的降雨数据以及丹江口水库的入库径流数据,对降水径流的相关系数进行计算,其中年降水量为丹江口控制流域各气象站年降水量的算数平均值,年径流量由日实测径流量计算求得。将二者的值代入公式(1)后计算得出相关系数为 0.74,这说明降雨与径流呈高度相关,二者一致性良好,结果如图 2 所示。

2.3　单站径流分析计算

对丹江口流域地表水资源数量进行预测,首先要按照水量平衡方程式对该站的径流进行还原计算。本文依据丹江口流域的特性,主要从以下几项还原项进行还原计算[6]:

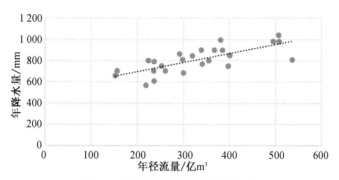

图2 丹江口降雨径流双累积曲线

$$W_{天然} = W_{实测} + W_{农耗} + W_{工业} + W_{生活} + W_{生态} \pm W_{蓄} \tag{2}$$

式中：$W_{天然}$为还原后天然径流量；$W_{实测}$为实测径流量；$W_{农耗}$为农业灌溉消耗量；$W_{工业}$为工业用水消耗量；$W_{生活}$为生活用水消耗量；$W_{生态}$为城镇公共及生态环境耗水量；$W_{蓄}$为水库蓄水变量（减少为负，增加为正）。

丹江口流域的集雨面积为95 220 km²，据收集到的资料显示，位于陕西省境内的集雨面积有62 263 km²，因此本文拟用收集到的陕西省水资源公报所给出的农业灌溉消耗量、工业用水消耗量、生活用水消耗量、城镇公共及生态环境耗水量按地表水量所占供水量比例折算成地表水的各项消耗量，再乘以面积折算系数来计算丹江口流域对应的各还原项。折算公式如下所示：

$$W_{丹江口农耗} = W_{丹陕农耗} \cdot \frac{S_{丹}}{S_{陕丹}} = W_{陕西农耗} \cdot \frac{S_{陕丹}}{S_{陕西}} \cdot \frac{S_{丹}}{S_{陕丹}} = W_{陕西农耗} \cdot \frac{S_{丹}}{S_{陕西}} \tag{3}$$

式中：$W_{丹江口农耗}$为丹江口流域农业消耗地表水量；$W_{丹陕农耗}$为丹江口流域陕西省境内的部分农业消耗地表水量；$W_{陕西农耗}$为陕西省的农业消耗地表水量；$S_{丹}$、$S_{陕丹}$、$S_{陕西}$分别为丹江口流域面积、陕西省境内的丹江口流域部分的面积以及陕西省的面积。工业消耗地表水量、生活消耗地表水量、城镇公共及生态环境消耗地表水量的计算方法与农业灌溉消耗量的计算方法完全相同。计算结果见表1。

表1 耗水量计算结果

年份	农业耗水量/亿 m³	工业耗水量/亿 m³	生活耗水量/亿 m³	城镇公共及生态环境耗水量/亿 m³
2017 年	10.79	1.88	2.12	1.39
2000—2017 年平均	9.93	1.36	1.81	0.65

水库蓄变量主要考虑丹江口流域的石泉、喜河、安康及蜀河4个大型水库，水库蓄变量的值为4座水库的蓄变量之和，计算结果见表2。

表2 水库蓄变量计算结果

水库名称	石泉	蜀河	喜河	安康	总计
2017 年蓄变量/10⁶ m³	87.1	0.48	8.49	599	695.07
2000—2017 年平均蓄变量/10⁶ m³	2.65	3.76	3.14	11.54	21.09

3 地表水资源数量预测

3.1 长期径流预报

长期径流预报[7]（Extended Streamflow Prediction，ESP）是从1970年开始至20世纪末的水文集合预报方法，主要是假定历史上的降雨过程在未来会重演。对于所有的历史降雨过程，都使用预报年的月份和日期的流域初始条件，通过流域的降雨径流模型，得到相应的流量过程。

3.2 WetSpa 建模及精度评定

3.2.1 WetSpa 模型原理

WetSpa（A Distributed Model for Water and Energy Transfer Between Soil，Plants and Atmosphere）模型是1996年由比利时的 Wang、Batelaan 等提出的一种分布式的物理水文模型，模型的时间步长为日[8]，DE SMEDT、刘永波等在此基础上提出了改进的 WetSpa 模型，改进的 WetSpa 模型以单元格为基本单位，在各单元格中，模型在垂直方向上将流域概化为饱和带、水汽传输带（非饱和层）、植物根系区、植物冠层及大气5层，分层对水量平衡及能量平衡进行模拟[9]。模型将土壤水的向下运动简化为一维垂直流，采用线性水库法或非线性水库法计算地下水的汇流，采用线性扩散波方程进行单元格的产流向流域出口的汇集，坡面流及河道汇流[10]。

3.2.2 模型参数率定及精度评定

模型采用PSO优化算法对参数进行率定，得到了如表3所示的最优参数组合[11]。

表3 WetSpa 模型参数率定结果

序号	参数	意义	取值	序号	参数	意义	取值
1	ki_sub	壤中流形状指数	1.25	10	RootDpthM	根深修正系数	0.90
2	kg_tot	地下水形状指数	0.03	11	ItcmaxM	田持修正系数	2.65
3	T0	融雪温度	0.50	12	CH_S2	河道坡度修正系数	1.65
4	p_max	最大雨强	300.00	13	CH_L2	河道长度修正系数	1.25
5	UnitSlopeM	坡度修正系数	5.15	14	CH_N2	糙率系数修正系数	1.65
6	ConductM	渗透系数修正系数	7.75	15	CH_K2	导水系数修正系数	1.65
7	PoreIndexM	土壤孔隙度修正系数	0.90	16	Imp_M	不透水面修正系数	1.00
8	LaiMaxM	叶面积指数修正系数	1.00	17	petm	蒸发修正系数	0.75
9	DepressM	填洼修正系数	2.65				

根据《水文情报预报规范》的精度评定标准，本文在计算得到月均径流过程后，选用径流

深误差、纳什效率系数以及相关系数来评价模型模拟的精度[12]。其中径流深许可误差为实测径流深的 20%,纳什效率系数作为表征模拟流量过程与实测流量过程之间拟合程度的指标,其值越接近 1,模拟效果越好。WetSpa 模型的评定结果见表 4。

表 4　丹江口水库站 WetSpa 模型的率定及验证结果

站点	率定结果			验证结果		
	径流深误差	纳什效率系数	相关系数	径流深误差	纳什效率系数	相关系数
丹江口水库	8%	0.97	0.99	15%	0.95	0.98

本研究采用 2006—2012 年的降雨数据及丹江口入库径流数据对模型进行率定,采用 2013—2016 年的降雨数据对模型进行验证。图 3(a)、图 3(b)分别为模型率定期及验证期的模拟月平均径流量及实测月平均径流量的过程。

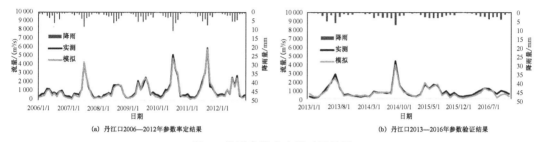

(a) 丹江口2006—2012年参数率定结果　　(b) 丹江口2013—2016年参数验证结果

图 3　模型参数率定及验证结果

3.3　地表水资源数量预测结果

对于地表水资源数量的预测,重点是对径流量的预测;而对于径流量的预测,关键是对降雨的预测。随着科技水平的不断发展,降雨预报预测已经取得了重大进展,但是对于来年整年的日降雨过程的预报还没能成为现实。本文假设可以通过降雨预测得到 2017 年的年降雨量,再依据 ESP 所有径流过程都会再次重演的思想,通过对比历史降雨量得到降雨过程,运用分布式水文模型,求得流域出口的径流过程。

通过对比年降雨量可知,2017 年 9 个气象站的实际年均降雨量为 994 mm,与 2010 年的年降雨量 983 mm 最为接近。因此选用 2010 年的降雨过程作为 WetSpa 模型的输入降雨数据进行模拟,水文模型的模拟结果见表 5。

表 5　采用 2010 年降雨过程的 2017 年丹江口站径流模拟结果

年份	径流深误差	纳什效率系数	相关系数
2017 年	15.67%	0.84	0.92

由表 5 可知,采用 2010 年降雨过程的 2017 年径流模拟效果良好,因此继续对水资源量进行计算。将模拟径流计算求得的年径流量与多年各还原项及水库蓄变量多年平均值相加得到丹江口控制流域的预测地表水资源量为 454.48 亿 m³;将测站实测的径流计算得到的年径流量与根据水资源年报等资料计算求得的 2017 年各还原项及水库蓄变量的值相加得

到的计算地表水资源量为 403.95 亿 m³,二者的相对误差为 12.51%。

4 结论

本文基于 ESP 思想及分布式水文模型提出了一套预测丹江口水库控制流域年地表水资源数量的预测预报体系,以 2017 年为例进行验证。丹江口控制流域 2017 年的预测地表水资源数量为 454.48 亿 m³,计算地表水资源量为 403.95 亿 m³,二者的相对误差为 12.51%,这说明基于 ESP 思想及分布式水文模型的流域地表水资源量预测可为丹江口流域的水资源调配提供一定的参考。但是由于本文收集到的资料有限,没有足够资料对结果进行充分验证,可收集更多资料对结论进行充分验证。

参考文献:

[1] 蒲前超,柳七一,周延龙,等.丹江口库区水资源保护管理的思考[J].人民长江,2016,47(16):10-13.

[2] 段唯鑫. 汉江流域控制性水库调度运行及影响研究[D].武汉:武汉大学,2017.

[3] 孙中博. 天津市城市双水源供水管理研究[D].天津:天津大学,2015.

[4] 严冬,桂东伟,薛杰,等.灌溉虚拟水流动特征及其对气候变化的响应[J].中国农村水利水电,2018(6):27-32.

[5] 李美珍,郭小林,杜智华.昆都仑水库降水量和径流量相关分析[J].内蒙古水利,2015(1):12-13.

[6] 程雨菲. 地表水资源量评价方法研究——以济南市为例[D].济南:山东大学,2019.

[7] 丛树铮.水科学技术中的概率统计方法[M].北京:科学出版社,2010.

[8] WANG Z M, BATELAAN O, DE SMEDT F. A distributed model for water and energy transfer between soil, plants and atmosphere (WetSpa)[J]. Physics and Chemistry of the Earth,1996,21(3):189-193.

[9] 赵建华.基于 WetSpa 分布式流域水文模型的径流预报[D].广州:中山大学,2005.

[10] 舒晓娟.基于 WetSpa 分布式水文模型的洪水研究[D].广州:中山大学,2010.

[11] 孙甲岚,张峰,廖卫红,等.分布式水文模型 EasyDHM 在北江流域的应用[J].南水北调与水利科技,2012,10(5):32-36.

[12] 中华人民共和国国家质量监督检验检疫总局,中国国家标准化管理委员会。水文情报预报规范:G/BT 22482—2008[S].北京:中国标准出版社,2008.

专题研究

长江流域侵蚀与河道输沙特性的变异研究

王延贵[1]，刘庆涛[2]，陈吟[1]

（1. 国际泥沙研究培训中心，北京 100044；2. 水利部信息中心，北京 100053）

摘　要：为了研究长江流域侵蚀以及河道输沙特性的变化，本文引入来沙系数、输沙模数等参数并利用累积曲线法、M-K 检验法等方法，深入探讨了长江流域干支流主要控制水文站来沙系数和输沙模数的变化规律，以及径流量和输沙量的变化关系。结果表明：干流河道输沙模数和来沙系数取决于上游汇入支流的来水来沙条件与河道特性，其大小介于上游支流水沙参数之间且沿程减小；而支流的各流域情况有所差异。支流嘉陵江和汉江以及干流金沙江输沙模数和来沙系数比较大，水土流失较为严重，河道输沙强度较大；而鄱阳湖流域和洞庭湖流域的输沙模数和来沙系数较小，对应的水土流失较轻，输沙强度也较小。由于流域内人类活动的综合影响，长江干支流输沙模数和来沙系数随着时间呈显著减小趋势，来沙系数遵循指数形式衰减，表明流域的侵蚀减轻，并且河道输沙量减小且水沙搭配关系逐渐变好。

关键词：长江流域；流域侵蚀；河道输沙；输沙模数；来沙系数

　　长江是中国第一大河，世界第三大河流，自西而东横贯中国中部，总长约 6 300 km，流域面积约 180 万 km²，大通站多年平均年径流量和年输沙量分别为 8 931 亿 m³ 和 3.68 亿 t。近几十年来，长江流域人类活动频繁，开展了大量的水土保持工作，河流上修建了大量的水库工程，河道采砂业发展迅速，致使长江干支流水沙量发生了变化[1]，尤其干支流输沙量减少幅度更大，大通站年输沙量从 20 世纪 50 年代的 5.04 亿 t 大幅度减至近 10 年（2006—2015 年）的 1.23 亿 t，减幅为 75.59%。自三峡工程蓄水以来，大量的泥沙被拦截在水库内，改变了长江中下游的水沙过程，长江中下游水沙搭配关系和输沙特性发生显著变化。鉴于长江水沙变化将会影响长江水资源开发利用与河道整治，长江干支流径流量和输沙量的变化受到了众多学者的高度重视，利用水文变量累积曲线法、M-K 检验法就长江干流或支流的径流量和输沙量的变化开展了较为深入的研究，指出长江流域干支流径流量变化不大，但年输沙量明显减少[2-4]；但长江干流径流量和输沙量的关系随着人类活动的影响不断变化[5]。目前，长江水沙变异的研究主要是针对水文站径流量和输沙量的变化，而实际上，长江流域水沙变异不仅在于径流量和输沙量的变化，还反映了流域侵蚀特性的变化，以及河道水沙搭配关系的变化。流域侵蚀特性与河道水沙搭配关系的研究对流域水土流失治理和河道冲淤演变的研究都是非常重要的，而关于流域侵蚀特性与水沙搭配关系的研究比较少，流域侵蚀特性和水沙搭配关系一般用输沙模数和来沙系数来反映[6]。因此，本文通过引入来沙系数和输沙模数等参数，利用累积曲线和 M-K 法分析长江流域侵蚀和河道输沙的变化特点，对流域水土流失治理和河道整治具有重要的应用价值。

基金项目：水系连通性对江河水沙变异的响应机理与预测模式研究（项目批准号：51679259）。

1 研究范围及研究方法

1.1 研究范围

长江水系主要由干流、支流和湖泊等组成,部分支流直接汇入长江,如嘉陵江和汉江;还有一些支流先注入湖泊,然后再汇入长江,如洞庭湖的"四水"(湘江、资水、沅江和澧水)和鄱阳湖的"五河"(赣江、修水、饶河、信江和抚河)。本文结合《中国河流泥沙公报》发布的水沙资料,选择嘉陵江、岷江、乌江、汉江和赣江等支流作为分析对象,对应的典型水文控制站分别为北碚站、高场站、武隆站、皇庄站和外洲站;选择干流河道的主要水文站有屏山站、朱沱站、三峡入库站、宜昌站、汉口站和大通站,其中三峡入库站水沙量为朱沱站、武隆站和北碚站水沙量之和;洞庭湖和鄱阳湖汇入长江的控制站为城陵矶站和湖口站。长江流域干支流及主要控制水文站如图1所示,径流量和输沙量的数据主要来源于《中国河流泥沙公报》发布的1950—2015 年水文资料[7]。

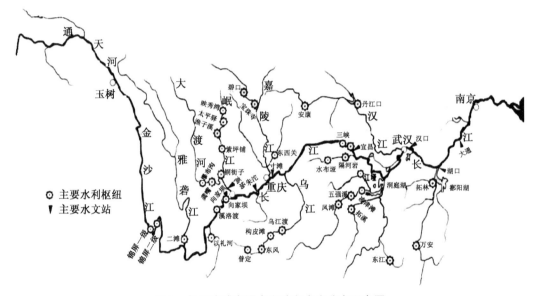

图1 长江流域主要水文站和水库分布示意图

1.2 研究方法

本文采用水文变量累积曲线法、M-K 统计检验法对长江干支流主要水文站水沙变化态势进行分析,进而探讨长江流域侵蚀与河道输沙特点。

(1) 累积曲线法

累积曲线法(Mass Analysis)是进行时间序列分析的常用方法,主要利用曲线的变化特点来分析水文变量的变化趋势。假设水文变量累积值与另一变量(时间或水文累计值)的变化关系可用下列函数表示:

$$W = f(x) \tag{1}$$

其一阶导数和二阶导数分别为:

$$W' = \frac{\mathrm{d}W}{\mathrm{d}x} \tag{2}$$

$$W'' = \frac{\mathrm{d}^2W}{\mathrm{d}x^2} \tag{3}$$

式中:W'代表水文累积量与另一变量的变化速率,当W'随变量无明显增加或减少(或接近一个常数)时,相应的二阶导数接近于零($W''\approx0$),水文变量累积曲线为一直线,表明水文变量没有明显的增大或减小趋势;当W'随变量逐渐减小(或呈减少趋势),相应的二阶导数小于零($W''<0$),水文变量累积曲线为一上凸的曲线,表明水文变量具有明显的减少趋势;当W'随变量逐渐增大(或呈增大趋势),相应的二阶导数大于零($W''>0$),水文变量累积曲线为一上凹的曲线,表明水文变量具有明显的增加趋势。

(2) Mann-Kendall 检验法

Mann-Kendall 检验法(以下简称 M-K 法)为非参数统计检验方法,主要是通过计算统计量 τ、方差 σ_τ 和标准化变量 M 来实现的。计算公式如下:

$$\tau = \frac{4P}{N(N-1)} - 1 \tag{4}$$

$$\sigma_\tau^2 = \frac{2(2N+9)}{9N(N-1)} \tag{5}$$

$$M = \frac{\tau}{\sigma_\tau} \tag{6}$$

式中:P 为水文系列所有对偶观测值(R_i,R_j,$i<j$)中 $R_i < R_j$ 出现的次数;N 为系列长度。

M-K 统计检验法是通过计算河道水沙系列的标准化变量 M,与某一置信水平(0.05 和 0.002)下的临界变量进行对比。当 $|M|\leqslant1.96$ 时,水文变量没有明显变化;当 $|M|\geqslant3.01$ 时,水文变量发生显著变化;当 $3.01>|M|>1.96$ 时,水文变量有变化趋势。

1.3 相关参数

(1) 输沙模数

河道输沙模数 STM 是指河流某断面以上单位面积所输移的泥沙量,定义为输沙量 W_s 与流域面积 A 的比值,即

$$STM = \frac{W_s}{A} \tag{7}$$

一般说来,对于自然河流,河道输沙模数能反映上游河道流域的水土流失与河道输沙情况。河道输沙模数越大,表示流域水土流失越严重,河道输沙能力越大;反之流域水土流失越轻,河道输沙能力越小。实际上,水文站输沙模数不仅反映了流域内的水土流失情况,还反映了河道内泥沙淤积和水库拦沙的实际情况,因此,河道输沙模数实际上反映了流域内水土保持、水库建设等人类活动的滞沙效果,或者是流域广义上的水土流失变化。

(2) 来沙系数

来沙系数 ISC 是反映河流来沙输沙强度的一个参数,定义为江河含沙量 S 与流量 Q 的

比值,即

$$ISC = \frac{S}{Q} \qquad (8)$$

来沙系数主要反映河道的水沙搭配关系。若河道来沙系数较大,则河道水沙搭配关系失调,河道输沙强度较大,对应的输沙潜力较小;反之,河道输沙强度小,对应的输沙潜力大。

2 长江流域侵蚀变化特点

2.1 典型支流与鄱阳湖

水文站输沙模数的变化能够反映上游河道流域侵蚀特点,利用 M-K 检验法计算输沙模数的统计变量值,图 2 为长江典型支流河道输沙模数及其统计变量的变化过程,各支流输沙模数及其统计变量的特征值见表 1。

(1)在长江典型支流中,不同河道的输沙模数有很大的差异。嘉陵江和汉江的输沙模数比较大,多年平均输沙模数分别为 618.28 t/(km² · a)和 317.49 t/(km² · a),对应的最大输沙模数可达 2 271.9 t/(km² · a)和 1 850.8 t/(km² · a),表明这两条支流的水土流失比较严重。鄱阳湖湖口站和赣江外洲站的输沙模数较小,多年平均输沙模数分别为 62.65 t/(km² · a)和 99.33 t/(km² · a),对应的最大输沙模数仅为 133.8 t/(km² · a)和 229.9 t/(km² · a),表明鄱阳湖流域和赣江流域侵蚀较轻。岷江和乌江介于二者之间,多年平均输沙模数分别为 316.01 t/(km² · a)和 271.23 t/(km² · a),对应的最大输沙模数分别为 893.6 t/(km² · a)和 727.7 t/(km² · a),表明这两条河的水土流失状况也介于上述二者之间,不是十分严重。

(2)在支流持续突变年份(对应流域水土保持实施或水库修建)之前,其统计值基本上都小于 1.96,表明支流输沙模数无变化趋势;在持续突变年份之后,输沙模数统计值持续减小,变化范围在−3.96 和−7.96 之间,其绝对值基本上皆大于 3.01,表明典型支流的输沙模数具有显著的减少趋势,流域侵蚀逐渐减弱,广义水土流失减轻。其中嘉陵江北碚站和汉江皇庄站的输沙模数的统计变量绝对值最大,表明其减小幅度较大,分别从 20 世纪 50 年代 936.9 t/(km² · a)和 906.8 t/(km² · a)减小至 20 世纪 80 年代的 862.8 t/(km² · a)和 148.2 t/(km² · a),21 世纪初仅为 167.7 t/(km² · a)和 52.5 t/(km² · a),流域侵蚀衰减最快。

(3)鄱阳湖湖口站输沙模数的统计变量为−0.05,其绝对值小于 1.96,表明鄱阳湖输沙模数没有变化趋势,湖区的侵蚀特性没有变化。

表 1 长江典型支流及鄱阳湖控制水文站输沙模数与 M-K 统计分析

典型支流/湖泊		嘉陵江	岷江	乌江	汉江	赣江	鄱阳湖
控制水文站		北碚	高场	武隆	皇庄	外洲	湖口
多年平均值/[t/(km² · a)]		618.28	316.01	271.23	317.49	99.33	62.65
M-K 趋势分析	统计变量值	−6.39	−3.96	−5.34	−7.96	−6.43	−0.05
	变化趋势	明显减小	明显减小	明显减小	明显减小	明显减小	无趋势

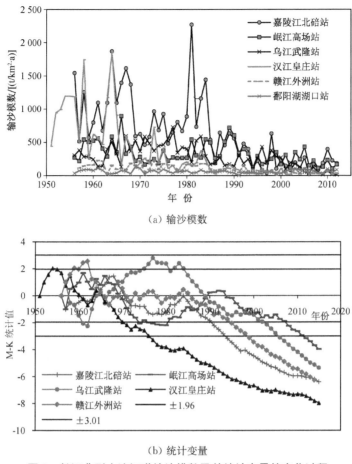

（a）输沙模数

（b）统计变量

图 2　长江典型支流河道输沙模数及其统计变量的变化过程

2.2　干流河道

长江干流河道输沙模数及其统计变量的变化过程如图 3 所示,干流各站输沙模数及其 M-K 统计变量的特征值见表 2。

（1）长江干流主要水文站的输沙模数总体沿程减小,可分为 3 个梯级层,金沙江屏山站的输沙模数最大,多年平均输沙模数和最大输沙模数分别为 485.21 t/（km² · a）和 1 092.5 t/（km² · a）,表明金沙江流域水土流失仍然较为严重;上游朱沱站、三峡入库站和宜昌站的输沙模数有所减小,多年平均输沙模数分别为 393.23 t/（km² · a）,415.80 t/（km² · a）和 400.83 t/（km² · a）,对应最大输沙模数分别为 696.8 t/（km² · a）,800.3 t/（km² · a）和 749.9 t/（km² · a）,表明对应区域的水土流失有所减轻;中下游汉口站和大通站的输沙模数较小,多年平均输沙模数分别为 222.22 t/（km² · a）和 210.71 t/（km² · a）,对应的最大输沙模数分别为 389.1 t/（km² · a）和 397.6 t/（km² · a）,表明长江流域中下游的水土流失较轻。

（2）在干流各水文站持续突变年份（对应流域水土保持实施或水库修建）之前,其统计值基本上都小于 1.96,表明干流输沙模数无变化趋势;在持续突变年份之后,输沙模数统计值持续减小,逐渐变为负值,其中上游屏山站、朱沱站输沙模数的统计变量值分别为 −2.23 和 −4.46,说明屏山站输沙模数具有减少趋势,侵蚀略有减弱,特别是 2000 年以

191

后变化明显,从 20 世纪 90 年代的 439.0 t/(km²·a)减至 21 世纪初的 272.6 t/(km²·a);而朱沱站输沙模数减小趋势显著,从 20 世纪 60 年代的 484.20 t/(km²·a)减至 20 世纪 90 年代的 446.95 t/(km²·a),21 世纪初仅为 289.33 t/(km²·a),其侵蚀减弱明显。长江中下游的宜昌站、汉口站和大通站输沙模数的统计变量值分别为 −5.75, −6.67 和 −7.73,其绝对值皆大于 3.01,表明各站输沙模数具有显著的减少趋势,特别是 2003 年以后,由于三峡水库的运行,输沙模数减小趋势更加明显,各站输沙模数从 20 世纪 60 年代的 545.75 t/(km²·a),314.58 t/(km²·a),293.72 t/(km²·a)减至 20 世纪 90 年代 421.48 t/(km²·a),218.01 t/(km²·a),197.68 t/(km²·a),2003 年以后分别为 40.18 t/(km²·a),71.18 t/(km²·a)和 81.35 t/(km²·a),流域侵蚀减弱明显,流域广义水土流失明显减轻。

表 2　长江干流河道控制水文站输沙模数与 M-K 统计分析

河段		金沙江	干流				
控制水文站		屏山	朱沱	三峡入库	宜昌	汉口	大通
多年平均值/[t/(km²·a)]		485.21	393.23	415.80	400.83	222.22	210.71
M-K 分析	统计变量值	−2.23	−4.46	−6.68	−5.75	−6.67	−7.73
	变化趋势	减小	明显减小	明显减小	明显减小	明显减小	明显减小

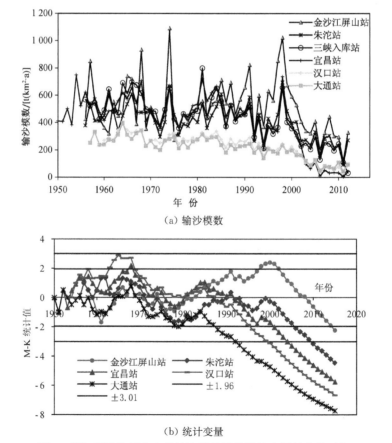

（a）输沙模数

（b）统计变量

图 3　长江干流控制水文站输沙模数及其统计变量的变化过程

（3）鉴于干流是上游支流的汇集，干流主要水文站的输沙模数取决于上游支流输沙模数，且介于上游支流输沙模数之间。

3 长江河道输沙特性变异

3.1 典型支流

3.1.1 水沙搭配关系的变化过程

来沙系数是反映河流水沙搭配关系及河道输沙特性的参数，可通过分析支流各水文站来沙系数的变化特点，探讨干流河道水沙搭配关系与河道输沙特性的变化特点。长江主要支流水文站来沙系数及其统计变量过程线如图 4 所示，相应的特征值见表 3。

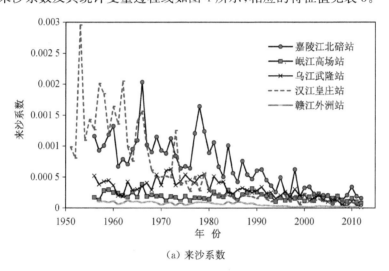

（a）来沙系数

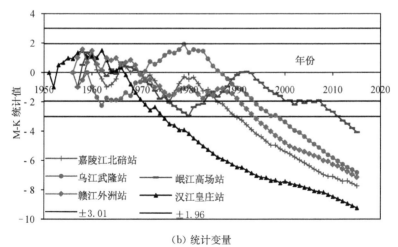

（b）统计变量

图 4 长江典型支流控制水文站来沙系数及其统计变量的变化过程

表 3 长江典型支流控制水文站来沙系数与 M-K 统计分析

典型支流和湖泊		支流					湖泊	
		嘉陵江	岷江	乌江	汉江	赣江	洞庭湖	鄱阳湖
控制水文站		北碚	高场	武隆	皇庄	外洲	城陵矶	湖口
多年平均值		0.000 651	0.000 179 2	0.000 286 6	0.000 548 4	0.000 058 7	0.000 015 2	0.000 017 1
M-K 趋势分析	统计变量值	−7.730	−4.069	−6.824	−9.228	−7.156	−5.070	−1.590
	变化趋势	明显减小	明显减小	明显减小	明显减小	明显减小	明显减小	无趋势

（1）长江主要支流控制水文站来沙系数具有很大的差异，表明各支流水沙搭配关系和输沙特性不同。其中嘉陵江和汉江来沙系数较大，分别为 6.51×10^{-4} 和 5.48×10^{-4}，河道水沙搭配关系较差，河道输沙量较大；岷江和乌江次之，来沙系数分别为 1.79×10^{-4} 和 2.87×10^{-4}，河道水沙搭配关系较好，河道输沙量较小；赣江的来沙系数最小，为 5.87×10^{-5}，水沙搭配关系最好，河道输沙量最小。

（2）在支流各水文站来沙系数持续突变年份之前，其统计值的绝对值基本上都小于 1.96，表明支流来沙系数无变化趋势，支流水沙搭配关系与河道输沙特性没有发生变化；在持续突变年份之后，支流来沙系数统计变量持续减小，逐渐变为负值，其变化范围为 $-4.069 \sim -9.228$，其绝对值皆大于 3.01，表明来沙系数随时间推移呈显著减少趋势，其水沙搭配关系逐渐变好，输沙潜力增加。支流来沙系数随时间的变化过程、特点，不仅与河道流域情况有关，而且与流域人类活动有重要关系。如嘉陵江北碚站受水土保持与水库建设的共同影响，1984 年之前减少幅度较小，而在 1984 年之后来沙系数持续大幅度减小，输沙潜力大幅度增加；汉江丹江口水库 1967 年蓄水运用后，汉江皇庄站来沙系数迅速减小，河道输沙潜力增加，有利于河道输沙和冲刷。

（3）对长江干流各水文站的来沙系数随时间的变化过程进行统计回归分析，发现来沙系数呈指数形式衰减，即

$$ISC = ISC_0 \exp[k(t - t_0)] \qquad (9)$$

式中：ISC_0 为支流初始来沙系数；t 为运行年份；t_0 为起始年份；k 为支流来沙系数的衰减系数。支流初始来沙系数和衰减系数取决于流域水土流失、河道水库建设、河道采砂等的差异。表 4 中各支流的初始来沙系数和衰减系数具有很大的差异，也反映了不同支流来沙系数衰减规律的差异。

表 4 长江典型支流来沙系数拟合公式参数

典型支流和湖泊	支流					湖泊	
	嘉陵江	岷江	乌江	汉江	赣江	洞庭湖	鄱阳湖
控制水文站	北碚	高场	武隆	皇庄	外洲	城陵矶	湖口
ISC_0	0.002	0.000 3	0.000 8	0.0019	0.000 2	0.000 02	0.000 02
k	−0.038	−0.013	−0.038	−0.056	−0.036	−0.012	−0.007
R^2	0.740	0.286	0.594	0.879	0.775	0.343	0.037

3.1.2 径流量和输沙量的变化关系

长江各支流径流量和输沙量的变化并不是同步的，而是具有不同的变化速率。图 5 为长

江典型支流控制水文站的水沙双累积曲线,由图5可知,支流控制水文站的水沙双累积曲线均呈上凸形态,表明典型支流水沙变化不同步,输沙量变化速率大于径流量变化速率,来水含沙量呈逐渐减小趋势,但各支流变化程度有很大的不同。嘉陵江、汉江和乌江的水沙双累积曲线上凸形态十分明显,表明输沙量衰减幅度远大于径流量衰减幅度,含沙量减小幅度明显;岷江和赣江的水沙双累积曲线略有上凸,表明输沙量衰减幅度略大于径流量衰减幅度,相应含沙量略有减小趋势。

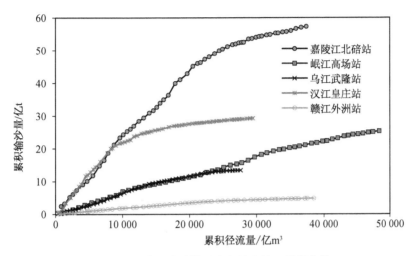

图5 长江典型支流控制水文站水沙双累积曲线

长江支流径流量年输沙量在变化过程中,并不是相互独立的,而是相互联系和相互制约,其制约关系将随着流域人类活动的变化有所差异,特别是流域水库的拦沙作用。根据流域内水库的修建时间,点绘1951—2015年不同时期支流水文站输沙量与径流量间的关系,如图6所示。

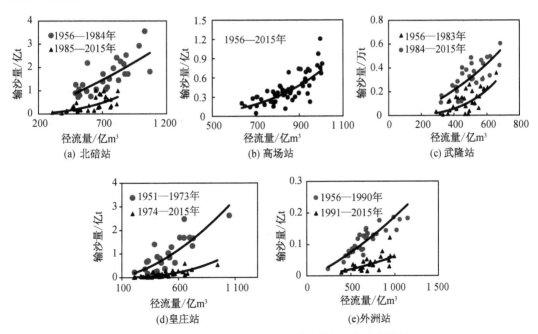

图6 长江典型支流控制水文站年输沙量与年径流量的关系

(1) 对于长江支流,骨干控制水库修建前后两个时期,水文站年输沙量与年径流量存在如下幂指数关系:

$$W_s = KW_Q^\beta \tag{10}$$

式中:W_s 为年输沙量,亿 t;W_Q 为年径流量,亿 m^3;K 为系数;β 为指数。公式中的系数和指数见表5。

(2) 水库修建前后,水文站年输沙量与年径流量之间虽然都遵循幂指数关系,但水库修建后的年输沙量明显小于水库修建前的年输沙量,这主要是由水库拦沙所致。

表5　长江典型支流控制水文站水沙关系中的相关参数

典型支流和湖泊		支流									湖泊	
		嘉陵江	岷江	乌江		汉江		赣江			洞庭湖	鄱阳湖
控制水文站		北碚	高场	武隆		皇庄		外洲			城陵矶	湖口
突变年份		1984年		1984年		1973年		1990年				
时间段		1956—1984年	1985—2015年	1956—2015年	1956—1983年	1984—2015年	1951—1973年	1974—2015年	1956—1990年	1991—2015年	1951—2015年	1951—2015年
拟合值	系数	0.0002	2×10^{-8}	5×10^{-12}	6×10^{-6}	2×10^{-10}	2×10^{-5}	7×10^{-9}	2×10^{-5}	1×10^{-6}	1×10^{-6}	0.001
	指数	1.370	2.625	3.723	1.747	3.249	1.723	2.698	1.328	1.593	1.557	0.622
	R^2	0.639	0.569	0.564	0.577	0.3913	0.6106	0.69	0.8301	0.5247	0.441	0.094

3.2　鄱阳湖和洞庭湖

3.2.1　水沙搭配关系的变化过程

图7为长江洞庭湖城陵矶站与鄱阳湖湖口站来沙系数的变化过程,结合表3中的M-K趋势分析,可以看出:

(1) 洞庭湖城陵矶站与鄱阳湖湖口站多年平均来沙系数分别为 1.52×10^{-5} 和 1.71×10^{-5},相差不大。两站来沙系数变化过程具有一定的相似性,1979年之前,两站来沙系数平均值基本上分别在 1.86×10^{-5} 和 2.03×10^{-5} 上下波动,无趋势性变化;1979—1998年,两站来沙系数持续减小,分别从1979年的 2.18×10^{-5} 和 3.5×10^{-5} 减至1998年的 5.99×10^{-6} 和 3.60×10^{-6};1998年以后,两站来沙系数都有所增加,其中湖口站增加较快,其平均值为 1.88×10^{-5},基本恢复到1979年之前的水平,而城陵矶站来沙系数增加幅度较小,平均值仅为 1.07×10^{-5}。

(2) 城陵矶站和湖口站来沙系数在持续突变年份之前,具有类似的变化规律,其统计值的绝对值基本上都小于1.96,表明两湖来沙系数无变化趋势,其水沙搭配关系与输沙特性没有变化;在持续突变年份之后,城陵矶站和湖口站来沙系数统计变量持续减小,且鄱阳湖在2000年之后的来沙系数有较大幅度的增加,致使两湖来沙系数的M-K统计值分别为-5.07和-1.59,表明两湖控制站来沙系数的总体变化趋势是不一样的,城陵矶站来沙系数具有显著的减小趋势,而湖口站来沙系数没有变化趋势,与上述分析结果是一致的。

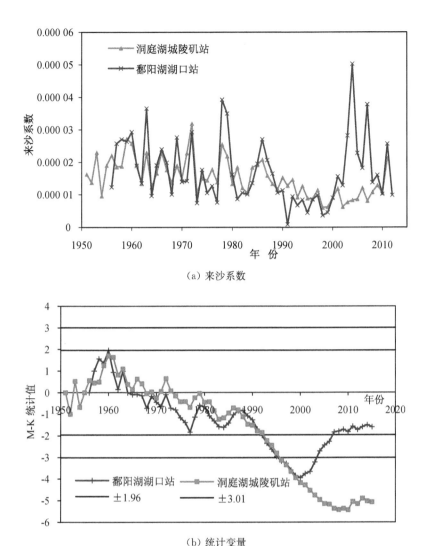

（a）来沙系数

（b）统计变量

图 7 洞庭湖和鄱阳湖控制水文站来沙系数及其统计变量的变化过程

3.3.2 径流量和输沙量的变化关系

图 8 是鄱阳湖和洞庭湖的水沙双累积曲线,从图 8 可以看到:洞庭湖城陵矶站的双累积曲线略有上凸,说明水沙变化的速率是不同的,年输沙量的减小速率大于年径流量的减小速率。鄱阳湖湖口站水沙双累积曲线在 1990 年之前基本上呈直线状态,1990—2007 年呈下凹状态,2007 年之后又恢复到 1990 年之前的水平;这表明 1990 年之前水沙量同步变化,1990—2007 年输沙量减少幅度大于径流量减少幅度,2007 年之后水沙量又同步变化,总体变化不大。

图 9 为洞庭湖和鄱阳湖年输沙量与年径流量的关系。从图 9 中可以看出,两湖控制水文站年输沙量与年径流量之间仍然遵循幂指数关系,但点群相对散乱,表明两湖控制水文站年输沙量不仅与年径流量有关,而且还受到其他因素的影响,如上游来水来沙条件、湖区泥沙淤积及长江水位顶托等。其中城陵矶站年输沙量与年径流量的关系较好;湖口站年输沙量与年径流量的关系较差,点群基本上是平的。

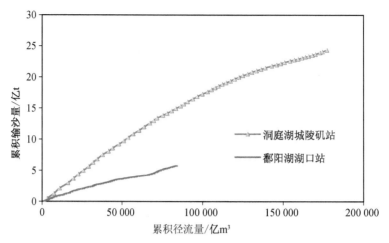

图 8 鄱阳湖和洞庭湖控制水文站水沙双累积曲线

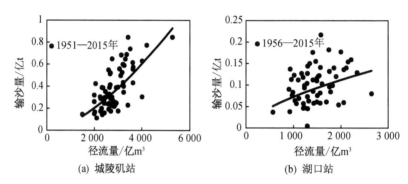

(a) 城陵矶站　　　　　　　　(b) 湖口站

图 9 洞庭湖和鄱阳湖控制水文站年输沙量与年径流量的关系

3.3 干流河道

3.3.1 水沙搭配关系的变化过程

图 10 为长江干流控制水文站来沙系数及其统计变量的变化过程,对应的特征值见表 6。

(1) 由于干流下游河道承载的支流多于上游河道承载的支流,上下游河道的来沙系数有很大的差异,上游来沙系数一般大于下游来沙系数。金沙江多年平均来沙系数最大,为 3.4×10^{-4};朱沱站、三峡入库站和宜昌站依次减小,分别为 1.2×10^{-4}、8.4×10^{-5} 和 6.6×10^{-5};汉口站和大通站最小,分别为 2.1×10^{-5} 和 1.5×10^{-5}。这表明干流上下游河道的输沙特性有一定的差异,上游河道的输沙强度大于下游河道的输沙强度。

(2) 同样,在干流各水文站来沙系数持续突变年份之前,其统计值的绝对值基本上都小于 1.96,表明干流来沙系数无变化趋势,干流水沙搭配关系与河道输沙特性没有变化;在持续突变年份之后,干流来沙系数统计变量持续减小,逐渐变为负值,长江干流主要水文站来沙系数的统计变量值在 $-3.724 \sim -7.207$ 之间,绝对值均大于 3.01,表明干流河道输沙强度显著减小,而输沙潜力有增加的趋势。干流来沙系数随时间的变化特点与流域人类活动有重要关系,特别是流域开展水土保持和修建水库,会造成河道输沙量的大幅度减少,直接影响河道来沙系数的变化规律。上游各站在 1998 年之后,由于长治工程的实施,来沙系数显著减小,中下游各站自 2003 年三峡工程蓄水运行以来,来沙系数减幅明显。

表 6　长江干流控制水文站来沙系数与 M-K 统计分析

河段		金沙江	干流				
控制水文站		屏山	朱沱	三峡入库	宜昌	汉口	大通
多年平均值		0.000 34	0.000 12	0.000 084	0.000 066	0.000 021	0.000 015
M-K 分析	统计变量值	−3.724	−3.799	−7.207	−5.56	−7.16	−6.644
	变化趋势	明显减小	明显减小	明显减小	明显减小	明显减小	明显减小

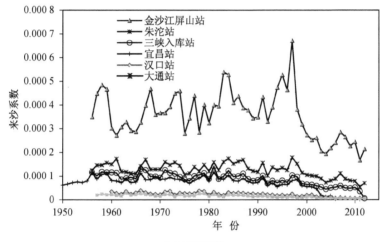

(a) 来沙系数

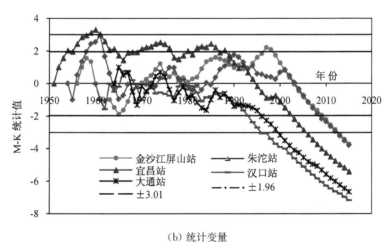

(b) 统计变量

图 10　长江干流控制水文站来沙系数及其统计变量的变化过程

(3) 长江干流各站来沙系数衰减规律与支流一样,同样遵循指数衰减。干流初始来沙系数和衰减系数见表 7,同样取决于流域水土流失、河道水库建设、河道采砂等的差异。从表 7 中可以看出,从上游到下游,河道初始来沙系数逐渐减小。

表 7　长江干流控制水文站来沙系数拟合公式参数

河段	金沙江	干流				
控制水文站	屏山	朱沱	三峡入库	宜昌	汉口	大通
来沙系数	0.000 8	0.000 2	0.000 2	0.000 2	0.000 04	0.000 03
k	−0.029	−0.017	−0.027	−0.043	−0.025	−0.021
R^2	0.214	0.363	0.479	0.493	0.575	0.645

3.3.2　径流量和输沙量的变化关系

长江干流主要水文站径流量和输沙量的变化并不是同步的。图 11 为长江干流控制水文站的水沙双累积曲线,从图 11 中可知,长江干流控制水文站的水沙双累积曲线都呈上凸形态,表明干流水沙变化不同步,输沙量的变化速率大于径流量的变化速率,但其变化特点有很大的不同。

(1) 长江上游屏山站和朱沱站的双累积曲线具有类似的变化特点,2001 年之前,水沙双累积曲线基本上呈直线状态,表明两站径流量和输沙量呈同步变化,来水含沙量变化不大;2001 年之后,两站双累积曲线开始向右偏离,表明输沙量的减少幅度大于径流量的减小幅度,对应的含沙量减小。

(2) 长江中下游宜昌站、汉口站和大通站水沙双累积曲线具有明显的上凸形态,特别是 2003 年三峡水库蓄水以来,双累积曲线偏离程度加大,表明两站输沙量的减小幅度大于径流量的减小幅度,相应的含沙量大幅度减少。

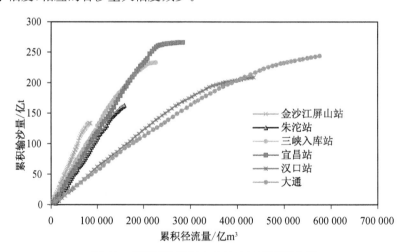

图 11　长江干流控制水文站水沙双累积曲线

与长江流域典型支流类似,长江干流水文站年输沙量与年径流量之间仍然遵循幂指数关系,如图 12 所示,公式中的系数和指数如表 8 所示。同样,水库修建前后,河道年输沙量与径流量的关系有一定的差异,表现为水库修建后河道年输沙量明显减小,如三峡水库 2003 年蓄水运行后,宜昌站、汉口站和大通站的年输沙量明显小于 2003 年之前。

表 8　长江干流控制水文站水沙关系的相关参数

控制水文站		屏山		朱沱		宜昌		汉口		大通		
突变年份		2000 年		2001 年		2002 年		2003 年		1991 年,2003 年		
时间段		1956—2000 年	2000—2013 年	1956—2001 年	2002—2013 年	1950—2002 年	2002—2013 年	1955—2003 年	2003 年以后	1950—1991 年	1992—2003 年	2003 年以后
拟合参数	系数	$1×10^{-5}$	$1×10^{-7}$	$1×10^{-5}$	$5×10^{-9}$	$2×10^{-6}$	$5×10^{-15}$	0.138 5	$3×10^{-9}$	0.002	0.000 5	$1×10^{-7}$
	指数	1.662	2.257 7	1.605 6	2.490 5	1.768 6	3.810 6	0.377 9	2.229 5	0.852 3	0.96	1.789
	R^2	0.635 6	0.867 8	0.539 0	0.615 2	0.447 8	0.227 0	0.037 8	0.514 9	0.336 0	0.328 7	0.611 0

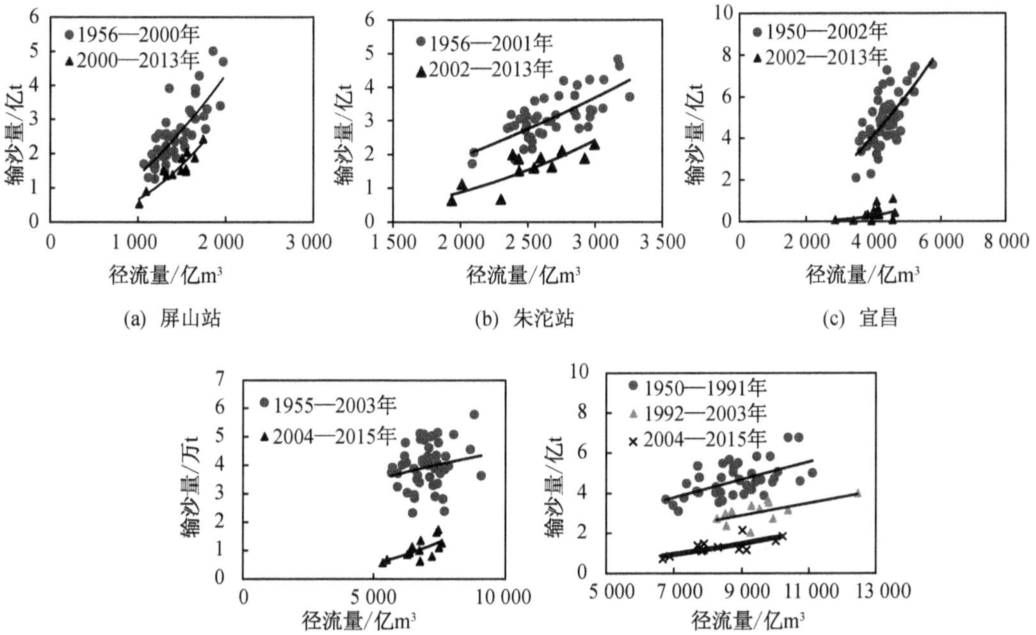

(a) 屏山站　　(b) 朱沱站　　(c) 宜昌

(d) 汉口站　　(e) 大通站

图 12　长江干流控制水文站水沙关系

4　结论

（1）长江支流输沙模数取决于支流流域的水土流失情况,其中嘉陵江和汉江的输沙模数最大,分别为 618.28 t/(km² · a) 和 317.49 t/(km² · a),相应的流域侵蚀很严重;其他支流输沙模数较小,流域侵蚀较轻。干流河道输沙模数介于上游支流输沙模数之间,主要水文站的输沙模数总体沿程减小,金沙江屏山站的输沙模数最大,为 485.21 t/(km² · a),中下游汉口站和大通站输沙模数最小,分别为 222.22 t/(km² · a) 和 210.71 t/(km² · a),水土流失从上游到下游逐渐减轻。

（2）长江流域内开展了水土保持、水库建设等人类活动,导致流域广义的水土流失减少,流域滞沙能力增加,长江干支流输沙模数随时间的推移呈显著减小趋势,其中干流金沙江、支流嘉陵江和汉江的输沙模数减小幅度比较大,流域侵蚀程度大幅减轻;干流汉口站和大通站、鄱阳湖湖口站及其支流赣江外洲站的输沙模数减幅较小,相应的流域侵蚀程度减小程度较小。

(3)长江各支流来沙系数变化具有很大的差异,嘉陵江和汉江来沙系数最大,分别为$6.51×10^{-4}$和$5.48×10^{-4}$,河道输沙强度大,洞庭湖和鄱阳湖来沙系数最小,分别为$1.52×10^{-5}$和$1.71×10^{-5}$,河道输沙强度小;干流河道上游来沙系数一般大于下游来沙系数,其中金沙江来沙系数最大,为$3.4×10^{-4}$,河道输沙强度最强,而中下游汉口站和大通站来沙系数最小,分别为$2.1×10^{-5}$和$1.5×10^{-5}$,其输沙强度也最小。

(4)长江干支流控制水文站来沙系数具有明显的减少趋势,呈指数形式衰减,对应的河道输沙强度减小、输沙潜力增加;其中汉江来沙系数衰减幅度最大,河道输沙强度大幅度减少,而输沙潜力增加;且来沙系数随时间的变化规律取决于流域状况与人类活动的变化,特别是流域水土保持和水库修建。

(5)长江干支流控制水文站水沙变化速率不同,输沙量变化速率大于径流量的变化速率;各水文站输沙量和径流量之间遵循幂指数关系,而且随着流域人类活动的影响有一定的差异。

参考文献:

[1] 王延贵,刘茜,史红玲. 长江中下游水沙态势变异及主要影响因素[J]. 泥沙研究,2014(5):38-47.

[2] 张强,陈桂亚,姜彤,等. 近40年来长江流域水沙变化趋势及可能影响因素探讨[J]. 长江流域资源与环境,2008,17(2):257-263.

[3] 许全喜,童辉. 近50年来长江水沙变化规律研究[J]. 水文,2012,32(5):38-47+76.

[4] WANG Y G, HU C H, et al. Study on changes of oncoming runoff and sediment load of the three gorges project and influence of human activities[C]. Proceedings of 12th ISRS, Kyoto:CRC Press Taylor & Francis Group, Japan, 2013.

[5] 武旭同,李娜,王腊春. 近60年来长江干流水沙特征分析[J]. 泥沙研究,2016,10(5):40-46.

[6] 吴保生,申冠卿. 来沙系数物理意义的探讨[J]. 人民黄河,2008,30(4):15-16.

[7] 中华人民共和国水利部. 中国河流泥沙公报(2000—2016)[Z]. 2001—2015.

近 10 年内蒙古自治区浅层地下水位变化

李岩[1]，刘庆涛[1]，王卓然[1]，孙龙[1]，刘惠忠[2]

(1. 水利部信息中心　北京　100053；2. 内蒙古自治区水文总局　内蒙古　呼和浩特　010010)

摘　要：地下水资源作为内蒙古自治区生活和工农业用水的主要供水水源，掌握其地下水变化动态对于水资源合理开发利用、生态环境保护具有重要的现实意义。通过收集内蒙古自治区主要平原区、典型盟市以及主要超采区浅层地下水埋深监测资料，结合《内蒙古自治区水资源公报》《地下水动态月报》，本文分析了近 10 年内蒙古自治区浅层地下水位变化。研究表明：①近 10 年，呼包平原、通辽平原浅层地下水位总体呈下降趋势，分别下降了 5.66 m，1.21 m；地下水埋深增加范围呈扩大趋势，且埋深大于 2 m 的地区主要分布在鄂尔多斯市至呼和浩特市一带以及通辽市以东地区。②近 10 年，主要盟市中赤峰市红山区地下水位下降显著，平均下降了 17.28 m。③2000—2010 年，内蒙古自治区主要超采区中，乌海市海勃湾区中型孔隙浅层地下水超采区、乌达区小型孔隙浅层地下水超采区，乌兰察布市商都县中型孔隙浅层地下水超采区、四子王旗小型孔隙浅层地下水超采区地下水埋深年均增加速率大于 1.0 m/a。

关键词：潜水埋深；变化趋势；内蒙古自治区

Variation of shallow groundwater level in recent 10 years in Inner Mongolia Autonomous Region

LI Yan[1]，LIU Qingtao[1]，WANG Zhuoran[1]，SUN Long[1]，LIU Huizhong[2]

(1. Water Information Center, Ministry of Water Resources, Beijing 100053, China; 2. Bureau of Hydrology of Inner Mongolia Autonomous Region, Huhhot 010010, China)

Abstract: Based on the collected phreatic water depth monitoring data in main plains and areas of Inner Mongolia Autonomous Region, and combined with the data from the water resources bulletin of Inner Mongolia Autonomous Region and Monthly report of groundwater dynamics, this paper analyzed the variation trend of phreatic water depth in Inner Mongolia Autonomous Region in recent 10 years. The results show that: ①in recent 10 years, the shallow groundwater level in Hubao plain and Tongliao plain decreased by 5.66 m and 1.21 m, respectively; the increasing range of groundwater depth was expanding, and the areas with the depth of more than 2 m are mainly distributed in the area from Ordos City to Hohhot City and the eastern parts of Tongliao City. ②in the past 10 years, the groundwater level in Hongshan District of Chifeng city decreased significantly, with an average decline of 17.28 m. ③ From 2000 to 2010, in the main groundwater overexploitation zones of Inner Mongolia Autonomous Region, the average annual increase rate of groundwater depth in Haibowan District and Wuda District of Wuhai City, Shangdu County and Siziwang Banner of Wulanchabu city is more than 1.0 m/a.

Key words: phreatic water depth; variation trend; Inner Mongolia Autonomous Region

---

基金项目：国家重点研发计划课题(2018YFC0407701)。

1 基本概况

地下水作为水资源的重要组成部分,是人类赖以生存和发展的基础资源,在经济社会发展和生态环境保护方面起着尤为重要的支撑作用[1]。内蒙古自治区地处我国欧亚大陆内部,属干旱半干旱地区,降雨稀少且时空分布不均,水资源短缺,生态系统十分脆弱[2]。地下水资源作为内蒙古自治区生活和工农业用水的主要供水水源,近年来受降雨减少、经济社会的快速发展,尤其是农业灌溉面积的扩张等因素影响,局部地区已出现水资源过度开发和地下水超采问题[3-4]。特别是通辽、呼和浩特、乌兰察布等市地下水开采量逐年增加,导致地下水水位呈现持续下降趋势,并逐渐形成地下水位降落漏斗[5-8]。

1.1 自然地理

内蒙古自治区横跨我国东北、华北、西北 3 个地区,所辖 9 个地级市和 3 个盟市,面积为118.3 万 km²,占全国总面积的 12.3%,草原、森林和人均耕地面积居全国第一。内蒙古自治区地处亚洲中部蒙古高原的东南部及其周沿地带,是我国 4 大高原的第 2 大高原。根据区内地貌形态特征、成因、岩性、地层结构、大地构造等因素,全区可划分为 7 个大的地貌形态单元,即大兴安岭山地、西辽河平原、内蒙古北部高原、阴山山地、河套平原、鄂尔多斯高原和阿拉善高原。

1.2 水文气象条件

内蒙古自治区年降水量一般为 50～450 mm,总体呈由东向西、由南向北逐渐减少趋势。降水量年内分配极不均匀,6—9 月降水量占全年降水量的 70% 以上。全区水面蒸发量为600～2 500 mm,最大月蒸发值出现在 5—6 月。内蒙古自治区河流分外流水系和内陆水系。外流水系主要有黄河、海河、滦河、辽河、嫩江、额尔古纳河等,流域面积约为 69.9 万 km²,占全区面积近 59%,主要汇入鄂霍次克海和渤海。内陆水系主要有乌拉盖河、昌都河、塔布河、艾不盖河、额济纳河等,以片流分散于洼地或流入大小湖泊。

1.3 地下水基本特征

内蒙古自治区主要分布有西辽河平原、土默川平原、河套平原以及鄂尔多斯南岸平原等。从区域特征看,平原区地下水主要接受大气降水的补给,循环条件因地而异,蒸发是潜水的主要排泄途径,承压水则通过径流形式排泄,部分地区承压水通过断裂带或弱透水层向上顶托补给浅层水。地下水动态类型基本属于入渗-开采排泄型。

1.4 水资源开发利用情况

内蒙古自治区多年平均(1980—2000 年水文系列,下同)水资源总量为 547 亿 m³,其中地表水资源量为 408 亿 m³,浅层地下水资源量为 232 亿 m³,呈东多西少的分布特征[3]。内蒙古自治区水资源短缺,时空分布不均且水旱灾害频发,供水矛盾突出,地下水资源的开发利用尤为重要。据《内蒙古自治区水资源公报》统计,2018 年全区供水总量为 192.1 亿 m³,其中地下水源供水量为 88.7 亿 m³,占总供水量的 46.2%,较 1980 年的 29.6 亿 m³ 增加了 2 倍[4]。

按行政分区统计,2018 年地下水源供水量最大的盟市为通辽市,供水量为 27.63 亿 m³,占全区地下水源供水量的 31.1%,其平原区地下水开采率近 100%。

2 平原区浅层地下水动态

2.1 地下水监测站网

据水利部水文司发布的《地下水动态月报》显示,2008 年以来内蒙古自治区逐月人工报送地下水信息的监测站点有 242 眼,主要分布在呼包平原和通辽平原。2012—2014 年,内蒙古自治区水利厅先后在锡林郭勒盟以及呼和浩特、包头、巴彦淖尔、赤峰、通辽市等地布设约 300 个地下水位自动监测站。2015 年,国家地下水监测工程(水利部分)开始建设,内蒙古自治区建有自动监测站 490 个;2018 年,该工程进入试运行阶段。目前,内蒙古自治区水利部门建成的地下水自动监测站约有 1 545 个,基本实现了对全区地下水集中供水水源地(实际开采量一般大于 1 万 m³/d)和主要超采区的地下水动态监测。根据《内蒙古自治区地下水监测工程总体规划 2013—2020》,规划在全区布设 1 959 个地下水自动监测站。

2.2 浅层地下水埋深变化

(1) 主要平原区

根据上述 242 个人工地下水监测井观测资料,分别选取 2008 年、2013 年、2018 年初内蒙古自治区呼包平原、通辽平原浅层地下水埋深数据,由图 1 可知:①呼包平原浅层地下水埋深呈折线形增加趋势,10 年间增加速率为 0.57 m/a,其中 2008—2012 年减少速率为 0.62 m/a,2013—2017 年增加速率为 1.75 m/a。主要原因是 2012 年呼包平原降水量明显增加(图 2),受降雨入渗补给影响,呼包平原浅层地下水位一度抬升。②通辽平原浅层地下水埋深呈持续缓慢增加趋势,10 年间增加速率为 0.12 m/a,其中 2008—2012 年与 2013—2017 年增加速率均为 0.12 m/a。尽管 2012 年通辽平原降水量也明显增加,但是地下水位并未抬升,主要原因是人类活动对下垫面的干扰导致降雨入渗不能形成上游河道的有效径流,同时地下水开采量加大,造成地下水水位仍呈下降趋势。

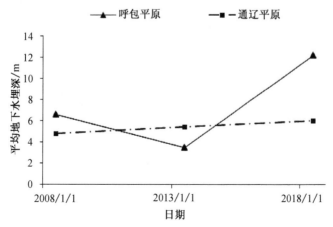

图 1 2008 年、2013 年、2018 年初内蒙古自治区呼包平原、通辽平原浅层地下水埋深

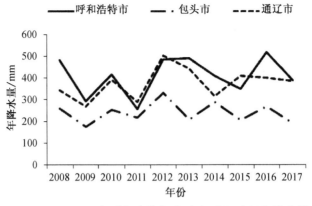

图 2　2008—2017 年呼和浩特市、包头市、通辽市逐年降水量

根据《地下水动态月报》中 2008 年、2013 年、2018 年初的呼包平原、通辽平原浅层地下水埋深等值面图,可知:从空间分布看,呼包平原和通辽平原浅层地下水埋深增加范围呈扩大趋势,且埋深大于 2 m 的地区主要分布在鄂尔多斯市至呼和浩特市一带以及通辽市以东地区。

(2)重点盟市

① 通辽市

根据通辽市浅层地下水监测站 1997—2016 年资料的对比分析,可知:近 20 年,浅层地下水水位上升区面积为 7 323 km²,占全市平原区面积的 16.8%,平均上升幅度为 0.74 m;稳定区面积为 4 922 km²,占全市平原区面积的 11.3%;下降区面积为 31 248 km²,占全市平原区面积的 71.9%,平均下降幅度为 -3.66 m,1997—2016 年下降速率为 0.18 m/a,见表 1。

表 1　1997—2016 年通辽市浅层地下水水位变化

一般下降区 (-0.50~ -2.00 m) 面积/km²	占全市平原区面积/%	平均下降幅度/m	明显下降区 (-2.00~ -4.00 m) 面积/km²	占全市平原区面积/%	平均下降幅度/m	显著下降区 (>-4.00 m) 面积/km²	占全市平原区面积/%	平均下降幅度/m
10 252	23.6	-1.21	8 754	20.1	-2.96	12 242	28.2	-6.81

② 赤峰市

赤峰市地下水水位下降区主要分布在红山区、松山区、各旗县城区、翁牛特旗等大部分地区及元宝山区露天矿周边。其中,红山区地下水水位下降幅度最大,主要集中在 2007—2016 年的 10 年间,平均下降了 17.28 m;翁牛特旗下降幅度次之,且基本匀速下降,1997—2016 年的 20 年间平均下降了 8.82 m,2007—2016 年的 10 年间平均下降了 4.61 m;巴林右旗下降幅度最小,1997—2016 年的 20 年间平均下降了 1.87 m,主要集中在 2007—2016 年的 10 年间,平均下降了 1.21 m,见表 2。

表2　1997—2016年赤峰市主要区(县、旗)浅层地下水水位变化

区(县、旗)	1997—2016年平均下降幅度/m	1997—2006年平均下降幅度/m	2007—2016年平均下降幅度/m
红山区	—	—	17.28
翁牛特旗	8.82	4.21	4.61
巴林右旗	1.87	0.66	1.21

③ 乌兰察布市

乌兰察布市地下水水位下降区主要分布在察右中旗、集宁区及商都县等地区。其中,察右中旗地下水水位下降幅度最大,主要集中在2007—2016年的10年间,平均下降了4.80 m;集宁区下降幅度次之,且基本匀速下降,1997—2016年的20年间平均下降了6.10 m,2007—2016年的10年间平均下降了3.14 m;商都县下降幅度位列第三,1997—2016年的20年间平均下降了5.82 m,主要集中在2007—2016年的10年间,平均下降了4.45 m,见表3。

表3　1997—2016年乌兰察布市主要区(县、旗)浅层地下水水位变化

区(县、旗)	1997—2016年平均下降幅度/m	1997—2006年平均下降幅度/m	2007—2016年平均下降幅度/m
察右中旗	6.78	1.98	4.80
集宁区	6.10	2.96	3.14
商都县	5.82	1.37	4.45

3　主要超采区埋深变化

2016年,在对全区12个盟市地下水开采情况进行摸底调查的基础上,根据SL 286—2003《地下水超采区评价导则》,结合区内地下水监测和开采实际情况,采用开采系数法和水位动态法,对全区地下水超采区进行了划分。全区共划分有33个超采区,均为浅层地下水超采区,其中严重超采区16个,一般超采区17个[9]。全区地下水超采区主要分布在通辽市、巴彦淖尔市、呼和浩特市以及鄂尔多斯市,总面积为7 247.11 km²,地下水超采量为6.23亿m³。

根据国家地下水监测工程(水利部分)内蒙古自治区初步设计报告分析,2000—2010年,全区主要超采区地下水埋深年均增加速率为0.65 m/a,其中乌海市海勃湾区中型孔隙浅层地下水超采区、乌达区小型孔隙浅层地下水超采区、乌兰察布市商都县中型孔隙浅层地下水超采区、四子王旗小型孔隙浅层地下水超采区地下水埋深年均增加速率大于1.0 m/a,见表4。

表4　2000—2010年内蒙古自治区主要超采区地下水埋深变化

超采区	2000年平均埋深/m	2010年平均埋深/m	平均增加幅度/m	年均增加速率/(m/a)
呼和浩特市超采区	20.50	25.70	5.20	0.52
包头市昆都仑区中型孔隙浅层地下水超采区	28.00	35.80	7.80	0.78
包头市东河区小型孔隙浅层地下水超采区	18.00	22.80	4.80	0.48
包头市土默特右旗小型孔隙浅层地下水超采区	13.00	16.40	3.40	0.34
乌海市海勃湾区中型孔隙浅层地下水超采区	8.00	24.50	16.50	1.65
乌海市乌达区小型孔隙浅层地下水超采区	13.00	30.60	17.60	1.76
赤峰市红山区小型孔隙浅层地下水超采区	22.50	29.40	6.90	0.69
赤峰市元宝山区中型孔隙浅层地下水超采区	20.00	25.10	5.10	0.51
通辽市科尔沁超采区	4.50(1990年)	9.50	5.00	0.25
霍林郭勒市超采区	27.50(1990年)	33.40	5.90	0.30
呼伦贝尔市满洲里超采区	7.00	9.20	2.20	0.22
锡林浩特市超采区	10.19(1990年)	28.96	18.77	0.94
乌兰察布市化德县小型孔隙浅层地下水超采区	8.00	16.70	8.70	0.87
乌兰察布市商都县中型孔隙浅层地下水超采区	4.50	15.00	10.50	1.05
乌兰察布市卓资县小型孔隙浅层地下水超采区	4.00	8.50	4.50	0.45
乌兰察布市四子王旗小型孔隙浅层地下水超采区	42.00	54.00	12.00	1.20
鄂尔多斯市达拉特旗树林召小型松散岩类孔隙水浅层地下水超采区	6.00(1990年)	10.00	4.00	0.20
鄂尔多斯市达拉特旗白泥井中型松散岩类孔隙水浅层地下水超采区	5.00(1990年)	18.00	13.00	0.65
鄂尔多斯市达拉特旗解放滩小型松散岩类孔隙水浅层地下水超采区	6.00(1990年)	14.00	8.00	0.40
鄂尔多斯市乌审旗查干苏莫小型松散岩类孔隙水浅层地下水超采区	6.00(1990年)	8.00	2.00	0.10
鄂尔多斯市鄂托克前旗赛敖镇水源地小型碎屑岩类裂隙孔隙水浅层地下水超采区	10.00(1990年)	16.00	6.00	0.30
鄂尔多斯市鄂托克前旗三段地小型碎屑岩类裂隙孔隙水浅层地下水超采区	10.00(1990年)	13.00	3.00	0.15
巴彦淖尔市临河区小型孔隙浅层地下水超采区	2.50	11.00	8.50	0.85
巴彦淖尔市乌拉特前旗大型孔隙浅层地下水超采区	28.00	35.00	7.00	0.70
巴彦淖尔市乌拉特中旗中型孔隙浅层地下水超采区	2.50	11.00	8.50	0.85

超采区	2000年平均埋深/m	2010年平均埋深/m	平均增加幅度/m	年均增加速率/(m/a)
巴彦淖尔市乌后旗小型孔隙浅层地下水超采区	2.50	12.00	9.50	0.95
巴彦淖尔市杭锦后旗小型孔隙浅层地下水超采	2.50	7.00	4.50	0.45
阿拉善左旗腰坝滩井灌区超采区	27.50	35.10	7.60	0.76
阿拉善左旗温镇西滩井灌区超采区	57.50	62.90	5.40	0.54
阿拉善左旗查哈尔滩井灌区超采区	52.50	58.30	5.80	0.58
阿拉善右旗陈家井灌区超采区	17.50	21.20	3.70	0.37

3　结论

（1）近10年，内蒙古自治区呼包平原、通辽平原浅层地下水位总体呈下降趋势，分别下降了5.66 m,1.21 m;地下水埋深增加范围呈扩大趋势，且埋深大于2 m的地区主要分布在鄂尔多斯市至呼和浩特市一带以及通辽市以东地区。

（2）近10年，内蒙古自治区赤峰市红山区地下水位下降显著，平均下降了17.28 m。

（3）2000—2010年的10年间，内蒙古自治区主要超采区中，乌海市海勃湾区中型孔隙浅层地下水超采区、乌达区小型孔隙浅层地下水超采区，乌兰察布市商都县中型孔隙浅层地下水超采区、四子王旗小型孔隙浅层地下水超采区地下水埋深年均增加速率大于1.0 m/a。

参考文献：

[1] 王爱平，杨建青，杨桂莲，等. 我国地下水监测现状分析与展望[J]. 水文，2010(6);53-56.

[2] 于勇. 内蒙古自治区水资源保护和利用的探讨[J]. 水资源保护，1991(2);28-30+22.

[3] 于丽丽，唐世南，陈飞，等. 内蒙古自治区水资源开发利用情况与对策分析[J]. 水利规划与设计，2019(7);16-19+43.

[4] 王文光，周圆. 内蒙古自治区地下水生态保护思考[J]. 内蒙古水利，2017,184(12);43-44.

[5] 刘艳红. 通辽市地下水超采问题探讨[J]. 中国水利，2019(7);31-33.

[6] 孙标，朱永华，张生，等. 通辽平原区近35年地下水埋深及土地利用变化响应关系研究[J]. 中国农村水利水电，2019(8);15-19+25.

[7] 畅利毛. 呼和浩特地区地下水动态变化特征及影响因素分析[J]. 地下水，2016,38(6);62-64.

[8] 彭云，赵义平，刘迪. 农灌引起的地下水超采区治理措施浅析[J]. 内蒙古水利，2019,204(8);17-18.

[9] 王鹏，郭占奎，李立. 内蒙古地下水超采区划分及管理建议[J]. 内蒙古水利，2016,172(12);39-40.

《地下水动态月报》编制大纲
改版工作的几点思考

王卓然[1]，田朵[2]，赵泓漪[3]，吴昊晨[1,4]，赵金鹏[5]

(1. 水利部信息中心，北京 100053;2. 北京市地质调查研究院，北京 102206;

3. 北京市水文总站，北京 100038;4. 松辽水利委员会水文局黑龙江中游水文水资源

中心，黑龙江 佳木斯 156499;5. 北京清流技术股份有限公司，北京 100073)

摘　要：《地下水动态月报》自 2010 年 1 月开始由水利部网站向公众发布地下水动态信息，是地下水信息服务的重要载体，也是社会各界及时获取地下水动态信息的主要途径，并为各级人民政府和有关部门提供决策依据。国家地下水监测工程已建成布设较为合理的国家级地下水自动监测站网，实现了全国地下水主要监控区全覆盖，布设范围覆盖全国 350 万 km² 的主要平原区、盆地和岩溶山区，地下水站网密度、监测要素和监测频次较人工监测阶段均有显著提升。目前，《地下水动态月报》仍基于全国主要平原区人工监测信息编制，尚未应用国家地下水监测工程建设成果，亟须进行改版。本文对现行月报存在的问题进行了分析，对新版月报编制的基本原则及编制范围进行了阐述，《地下水动态月报》编制大纲改版工作对充分发挥工程效益、展示监测成果、提升服务水平十分必要。

关键词：地下水动态月报;大纲改版;站网;国家地下水监测工程

1　引言

地下水是水资源的重要组成部分，是人类赖以生存和发展的基础资源，是我国工农业生产和城乡生活的重要供水水源，地下水水位与水质状况是水资源管理与保护的重要控制性要素[1]。地下水动态信息是实施最严格水资源管理制度、水资源科学管理、抗旱减灾和水生态文明建设等工作的重要基础支撑，更是地下水超采综合治理的重要依据，及时掌握与发布地下水动态信息十分重要[2]。

《地下水动态月报》最初命名为《地下水动态月报——中国北方平原地区》，由综述、降水量分析、地下水埋深动态分析及地下水蓄变量分析 4 部分组成，涉及区域包括东北、华北及西北的松辽平原、黄淮海平原、山西及西北地区盆地和平原。2013 年开始增加江汉平原相关动态信息，更名为《地下水动态月报》(以下简称"月报")。

当前月报在监测站点及覆盖区域方面以人工监测站为主，基础监测信息来源于全国主要平原区的共 2 700 余个监测站点，涉及 19 个省的平原面积共 71 万 km²，涉及区域包括东北、华北及西北的松辽平原、黄淮海平原、山西及西北地区盆地和平原、江汉平原，监测站网密度较低;在监测频次方面，每月仅发布当月 1 日或上月 26 日 8 时报送的 1 个监测数据，数

作者简介：王卓然(1989—)，女，博士，工程师，现从事地下水监测评价方面工作。

据报送量较少;在监测要素方面,主要监测降水量、埋深及蓄变量,月报描述对象为浅层孔隙水,监测要素较少;在计算评价方法方面,浅层地下水埋深及其分布图采用克里金插值方法,然而,浅层地下水埋深的分布特征复杂,基于克里金插值方法的空间分布存在较大不确定性。各平原区、行政区内的蓄变量,由各省分别计算每月上报;专题分析仅在年报中分析河北浅层地下水超采区、北京浅层地下水超采区、南水北调东中线受水区地下水埋深及其变化情况。

近年来,随着国家地下水监测工程的实施,地下水站网密度、监测要素和监测频次较人工监测阶段均有显著提升。针对现行月报存在的问题,有必要结合现有工程技术手段,进行新版月报的编制工作,从而充分发挥工程效益、展示监测成果、提升服务水平。

2 现行月报存在的主要问题

当前月报监测井以浅井为主,委托监测员进行监测,存在数据不准确、精度不足等问题。特别是灌溉期间,监测井多为农业用井,存在动水位的情况,水位一天、一月之内变化很大。同时,由于农业用井多为浅井,监测对象主要为浅层地下水,深层承压水监测数据极少。对于需重点监测的地区,如超采区、海水入侵区等,监测站密度明显不足。

由于监测井性质,监测数据的统计分布不甚合理。以松辽平原 2019 年 7 月 1 日监测数据为例,数据分布情况(图 1)不符合正态分布,存在数据段缺失的情况。后续埋深、埋深变幅的分析方法均为克里金插值,克里金插值的条件之一是数据分布符合正态分布,否则应进行相应的数据变换。在当前的月报中,未考虑这一数据分析先决条件。

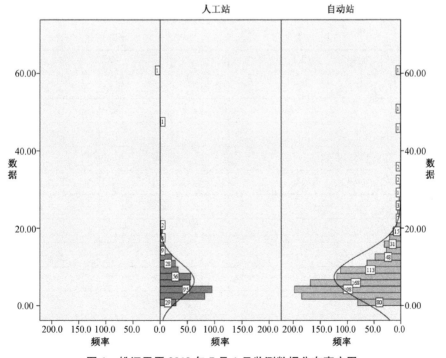

图 1 松辽平原 2019 年 7 月 1 日监测数据分布直方图

克里金插值方法的选取同样存在问题。以北京平原为例,以北京平原作为一个小的水文地质单元与以黄淮海平原作为水文地质单元进行相比,二者得出的成果差距较大,由于缺少人工调整的过程,插值过程过于依赖程序设定,插值过程中变异函数参数的选择存在问题,选取的模型变程值存在问题。变程是指区域化变量在空间上具有相关性的范围,变程的大小反映了变量空间的相关性[3-5]。在变程范围之内,数据具有相关性;而在变程范围之外,数据之间互不相关,即在变程以外的观测值不对估计结果产生影响。

3 现行月报改版编制大纲

3.1 月报改版的条件

国家地下水监测工程于 2015 年开始建设,目前已建成布设较为合理的国家级地下水自动监测站网,实现了全国地下水主要监控区全覆盖。水利部和自然资源部在全国共布设 20 464 个监测站,全国监控区平均布设密度约为 5.8 站/1 000 km²,布设范围覆盖全国 350 万 km² 的主要平原区、盆地和岩溶山区。地下水站网密度、监测要素和监测频次较人工监测阶段均有显著提升,基本满足国民经济和社会发展规划,重大战略决策,流域层面水资源统一调配,区域地下水资源管理、开发与保护,生态环境保护与国土整治等的需求。

以松辽平原 2019 年 7 月 1 日监测数据为例,人工站与自动站的数据统计特征对比见表 1。表 1 可明显反映出两套站网数据存在明显差异。在此基础上,对松辽平原 2018 年 1 月至 2019 年 5 月浅层地下水用人工站和自动站数据分别进行计算,平均埋深数据对比见图 2,数据差异虽大,但趋势具有一致性。

表 1 松辽平原 2019 年 7 月 1 日人工站与自动站平均埋深数据统计特征对比

类型		人工站/m	自动站/m
均值		6.45	7.33
均值的 95% 置信区间	下限	6.02	6.98
	上限	6.88	7.67
5%修整均值		6.06	6.72
中值		5.26	5.80
方差		20.52	34.63
标准差		4.53	5.88
极小值		0.59	0.04
极大值		47.38	60.69
范围		46.79	60.65
四分位距		5.25	5.94
偏度		2.49	2.53
峰度		15.41	12.34

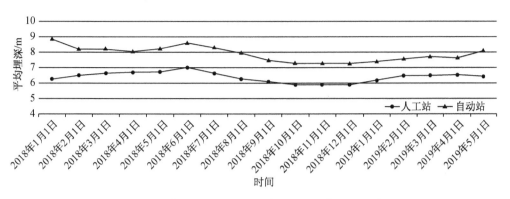

图2　2018年1月1日至2019年5月1日松辽平原浅层
地下水人工站与自动站平均埋深数据对比

3.2　新版月报编制的基本原则

（1）管理需求与服务结合的原则。结合水资源管理、地下水超采区综合治理、防汛抗旱等需求，月报的服务功能应与管理需求相结合，提供相关的信息服务。

（2）可操作性和可行性的原则。月报编制所需的数据及要求应符合目前实际监测现状，保证其地下水监测与分析数据及时报送，同时也要满足技术可行性要求。

（3）信息要素协同与各有侧重的原则。月报应突出时效性强、可靠性高、监测信息及时准确的特点。编制应保持与其他相关公报、年报数据一致，在信息服务上互相补充，应突出全面、综合、趋势分析的特点。

（4）国家级监测站网为主的原则。以国家地下水监测工程站网为主，密度不足的地区纳入部分地方监测站点。

（5）统一计算方法和参数选取的原则。按照统一要求，开展各维度的相关分析计算；各类相关技术参数参照统一标准选取。

3.3　新版月报编制内容

新版月报编制的主要内容包括：降水量、地下水水温、浅层地下水埋深、深层地下水水位和泉水动态与变化分析、地下水蓄变量。表征范围包括孔隙水、裂隙水和岩溶水。编制范围为全国31个省（自治区、直辖市），覆盖主要平原区、盆地和岩溶山区，面积为350万 km²。

4　新版月报评价及计算方法

4.1　降水量分析计算

根据平原区内各雨量站网格月降水数据，采用加权平均算法进行面雨量的计算，得到平原区内各行政区的面降水量。并分析平原区内各行政区的月降水量与常年同期（即同期多年平均值）、上一年度同期相比的变化。

4.2 地下水动态分析计算

应重点反映浅层地下水的水位/埋深、水温、泉水动态、地下水蓄变量动态变化;其次反映深层承压水的水位/埋深动态变化。

地下水动态重点评价一般平原与高平原、连续分布且面积不小于 500 km² 的山间盆地平原及河谷平原、内陆盆地平原和黄土台塬、地下水超采区和海水入侵区。对面积小于 500 km²、地下水重点开发利用的平原区,采用图表结合的方式进行描述。对于一级及二级水文地质单元区,进行整体插值分析。对于行政区,按照所对应的水文地质单元单独评价。面数据宜采用 1 km×1 km 网格数据,插值方法采用克里金插值,应注意各监测点合理的影响范围。

地下水动态分析对象包括孔隙水、裂隙水和岩溶水。地下水动态分析包括两方面:空间维度和时间维度。空间维度分析的重点内容包括水位/埋深、水温、泉水、地下水蓄变量的现状区域分布,以等值线和等值面等形式表征。根据监测实际,对于裂隙水和岩溶水,以点带面,通过典型单站柱状图或折线图表达其空间维度特征。时间维度分析的重点内容包括水位/埋深、水温、泉水动态、地下水蓄变量与上月(年)比较的变幅值,绘制月(年)变化过程线等。

浅层地下水埋深用等值面表示,深层承压水的水位以水头等值线的方式表示。对于监测井数量较少的省份,重点分析其地下水位平均水位/埋深、最小和最大埋深情况,可不作等值面/线分析。在年报中,绘制分区降水量与地下水埋深变化关系图。

根据统计时段内地下水水位/埋深相比上月、上一年度同期的变幅,划分为相对稳定区、上升区和下降区,一般以±0.5 m 为界限。

4.3 地下水水温分析

对于孔隙水,绘制区域水温等值线图;对于裂隙水和岩溶水,绘制典型单站月(年)水温柱状图,并计算水温与上月(年)比较的变幅值,绘制月(年)水温变化过程线。

4.4 泉水动态分析

根据报送及国家地下水监测工程(水利部分)监测的 42 个泉流量监测站,列表分析泉流量月均值、最大值、最小值、与上月相比值、与上一年度同期相比值。

4.5 地下水蓄变量

根据收集到的大气降水入渗补给系数、给水度、承压含水层贮水系数等参数,生成各平原区、行政区的蓄变量值。分区蓄变量计算以水文地质单元为计算分区,采用网格水位变幅计算。地下水超采区蓄变量嵌套平原区进行计算。

计算各平原区、行政区内的浅层地下水、深层地下水相比上月和上一年度同期的蓄变量,用列表、柱状图形式表达,并根据对应时段地下水埋深变幅的分区(稳定区、上升区、下降区)分析相应蓄变量特征。

4.6 专题分析

专题分析区域包括在编制范围内水资源较紧缺地区、地下水超采区,或遇有影响大范围地下水动态变化的重要事件(如南水北调、限采区、禁采区、人工回补地区、海水入侵、强暴雨过程区等)。内容应紧扣水事热点,根据管理服务需求,结合重点区域、热点事件性质,确定具体内容。基础分析内容应包括区域地下水水位/埋深和地下水蓄变量同前期或典型年相比的变化特征。对于地下水超采区,可绘制超采纵横断面水位及其变幅剖面图,对于超采区内的地下水降落漏斗区,可首先明确漏斗中心位置,计算漏斗面积变化值、漏斗中心水位/埋深变幅、漏斗周边水位等。专题分析一般随月报刊发,为增强时效性,必要时以《地下水动态简报》形式单独刊发。

5　小结

现行月报存在的问题包括:月报监测井以浅井为主,存在动水位的情况;重点监测的地区监测站密度不足;监测数据不符合正态分布,存在数据段缺失的情况;克里金插值方法的选取存在问题。

国家地下水监测工程已基本建成,《地下水动态月报》编制大纲改版十分必要,在提出的原则基本合理、编制内容较为全面、技术方法较为合理的条件下,可作为下一步工作的依据。

月报的改版既反映了人民群众对国家地下水情况详细了解的要求,也是随着时代的进步、新的科技手段不断应用的必然结果。本次月报的改版是在当前所能获取的数据基础上最大限度满足公众和政府部门的需求所提出的建议。在今后的工作中,应更加重视数据的可靠性、信息的时效性、覆盖的广阔性、方法的有效性,使《地下水动态月报》更加全面、科学。

参考文献:
[1] 王爱平,杨建青,杨桂莲,等. 我国地下水监测现状分析与展望[J]. 水文,2010,30(6):53-56.
[2] 中华人民共和国水利部. 水利部2010年政府信息公开工作年度报告[R].2011.
[3] 鲁程鹏,束龙仓,张颖,等. 稀疏数据插值问题的回归克里格方法[J]. 水电能源科学,2009,27(1):81-84.
[4] 曾怀恩,黄声享. 基于Kriging方法的空间数据插值研究[J]. 测绘工程,2007,16(5):5-8+13.
[5] 靳国栋,刘衍聪,牛文杰. 距离加权反比插值法和克里金插值法的比较[J]. 长春工业大学学报(自然科学版),2003,24(3):53-57.

新安江模型和 WetSpa 模型在石泉水库入库预报中的应用

苑瑞芳[1]，廖卫红[2]，蔡思宇[2]，刘庆涛[3]，卢思成[4]，杨柳[5]，吴靓[6]

(1. 中国地质大学（北京）水资源与环境学院，北京 100083；2. 中国水利水电科学研究院 水资源研究所，北京 100038；3. 水利部信息中心，北京 100053；4. 北京工业大学 建筑工程学院，北京 100124；5. 北京金水信息技术发展有限公司，北京 100053；6. 青海省地质环境监测总站 青海 西宁 810008)

摘 要：由于模型结构及原理不同，不同模型在实际流域应用中有不同的效果，本文分析比较了新安江模型和 WetSpa 模型两种不同的水文模型在汉江流域石泉水库的应用效果，提出了一套集合两种模型的入库径流预报方法。本文收集整理了 2009—2015 年的降雨径流数据及 1 000 m×1 000 m 分辨率的 DEM、土地利用和土壤数据，采用 2009—2012 年 4 年的数据进行两模型的率定计算，采用 2013—2015 年 3 年的数据进行模型验证计算，采用流量相对误差 $CR1$、模型可靠度 $CR2$、确定性系数 $CR3$、反映小流量拟合效果的 Nash-Sutcliffe 对数系数 $CR4$、反映大流量拟合效果的改进的 Nash-Sutcliffe 系数 $CR5$ 等 5 个指标对两个模型的模拟结果进行分析，并采用简单模型平均得到两模型的平均结果，研究结果表明，简单平均后的结果模拟效果更好。

关键词：新安江模型；WetSpa 模型；入库洪水；Nash-Sutcliffe

Application of Xin'anjiang model and WetSpa model in the inflow forecast of Shiquan Reservoir

YUAN Ruifang[1], LIAO Weihong[2], CAI Siyu[2],
LIU Qingtao[3], LU Sicheng[4], YANG Liu[5], WU Liang[6]

(1. College of Water Resources and Environment, China University of Geosciences, Beijing 100083, China; 2. China Institute of Water Resource and Hydropower Research, Beijing 100038, China; 3. Information Center, MWR, Beijing 100053, China; 4. College of Architecture and Civil Engineering, Beijing University of Technology, Beijing 100124, China; 5. Beijing Goldenwater Information Technology Co. LTD, Beijing 100053, China; 6. Qinghai Provincial Geological Environment Monitoring Station, Qinghai 810008, China)

Abstract: In order to improve the accuracy of the inflow forecast of Shiquan Reservoir in the Hanjiang River Basin, this paper applied Xin'anjiang model and WetSpa model to the inflow forecast of Shiquan

基金项目：国家重点研发计划(2018YFC0407701)。

作者简介：苑瑞芳(1995—)，女，硕士研究生，研究方向为水文及水资源。

通讯作者：廖卫红(1986—)，女，教授级高级工程师，研究方向为水文模型预报。

Reservoir. This paper collects the rainfall and runoff data from 2009 to 2015 and DEM, land use and soil data with 1 000 m×1 000 m grid size. The article used the data from 2009 to 2012 to carry out the calibration calculation，using three years from 2013 to 2015 to validate the calibration calculation. In addition to using the runoff depth and the flow efficiency coefficient to evaluate the accuracy of Xin'anjiang model and WetSpa model，the article used the model bias coefficient $CR1$, model confidence coefficient $CR2$，Nash-Sutcliffe efficiency $CR3$ same as the flow efficiency coefficient，logarithmic version of Nash-Sutcliffe efficiency for low flow evaluation coefficient $CR4$, adapted version of Nash-Sutcliffe efficiency for high flow evaluation coefficient $CR5$ five indicators to analyze the simulation results of the two models. The results show that the simulation results of the WetSpa model complement the simulation results of the Xin'anjiang model，providing high-precision flood forecasting results for the operating decision of Shiquan Reservoir from time and space.

Key words：Xin'anjiang model；WetSpa model；inflow flood；Nash-Sutcliffe

洪水预报是预防和减轻洪涝灾害的有效手段,水文模型作为现代洪水预报调度系统的核心部分具有极其重要的作用。随着计算机技术的发展及在洪水预报中的广泛应用,水文模型的研究得以迅速发展。由于模型结构及原理的不同,不同模型在不同流域的应用效果不同。集总式水文模型不考虑水文现象或要素空间分布,将流域作为一个整体进行研究,因其结构简单被广泛应用。分布式水文模型是将流域划分为若干网格,对每个网格分别输入不同的降雨,根据各网格的 DEM、土壤类型及土地利用等数据,对每个网格采用不同的产流计算参数计算产流量;通过比较相邻网格的高程确定网格的流向,将各网格产流量演算到流域出口断面,得到流域出口断面的径流过程,它可以更加准确详尽地描述和反映流域内真实的水文过程。随着人类活动及水库建库等的影响,洪水规律发生改变,入库洪水预报难度增加,水文模型的选取对流域洪水预报精度具有极其重要的作用[1]。

1　研究区概况

石泉水库是大(2)型水库,位于陕西省石泉县境内,地处汉江流域上游,我国南水北调中线一期工程的水源地丹江口水库的上游,在防洪、供水以及发电等方面都发挥着重要的作用[2],流域集雨面积为 24 300 km², 流域长 296 km, 河道比降约为 0.089%, 如图 1 所示。水库流域绝大部分为高山丘陵,流域内多为棕壤土,土质黏,持水性差[3]。1973 年水库开始兴建,且于 1979 年建成,水库多年平均流量为 342.5 m³/s, 死水位为 395 m, 设计洪水位为 410.29 m, 正常蓄水位为 410 m, 水库总库容为 47 000 万 m³。水库主坝为混凝土坝,坝长 353 m, 高 65 m[4]。为了提高石泉水库的入库预报精度,本文对从水利部全国水情综合业务系统里下载的入库流量数据以及在中国气象网下载的气象站点数据进行收集整理,应用于新安江模型及 WetSpa 模型的构建,并对二者在石泉水库的入库预报中的结果进行对比。

2　模型介绍及资料准备

2.1　新安江模型

新安江模型基于蓄满产流原理,其核心是蓄水容量曲线,本文采用集总式的新安江模型

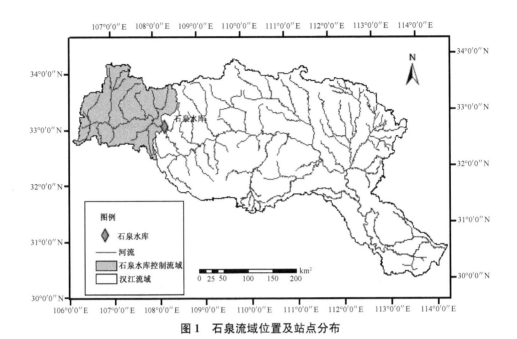

图 1　石泉流域位置及站点分布

对石泉水库的入库径流进行预报。模型主要由蒸散发、产流、分水源以及汇流计算 4 部分构成。蒸散法计算将土壤在垂向上分为 3 层,分别是上层、下层以及深层;分水源计算是将总径流划分为地表径流、地下径流以及壤中流;在对流域进行产流计算后,采用线性水库的方法将流域的产流演算到流域出口,即水库入库断面[5]。

2.2　WetSpa 模型

WetSpa(A Distributed Model for Water and Energy Transfer Between Soil, Plants and Atmosphere)模型是 1996 年由比利时的 Wang、Batelaan 等提出的一种分布式的物理水文模型,模型的时间步长为日[6],De Smedt、刘永波等在此基础上提出了改进的 WetSpa 模型,改进的 WetSpa 模型以单元格为基本单位,在各单元格中,模型在垂直方向上将流域概化为饱和带、水汽传输带(非饱和层)、植物根系区、植物冠层及大气 5 层,分层对水量平衡及能量平衡进行模拟[7]。模型将土壤水的向下运动简化为一维垂直流,采用线性水库法或非线性水库法计算地下水的汇流,采用线性扩散波方程进行单元格的产流向流域出口的汇集,坡面流及河道汇流[8]。

2.3　资料准备

本文收集到的数据有由水量平衡法反推得到的 2009—2015 年的石泉水库入库日径流量数据,佛坪、石泉、汉中 3 个气象站 2009—2015 年的日降雨数据,以及研究区的 DEM、土壤类型及土地利用数据。蒸散发数据依据反照率、风速、海拔等信息基于彭曼公式计算求得。由于收集到的实测径流数据有部分缺失情况,对缺失部分采用水文年鉴进行插补。

新安江模型要求以降雨、蒸发数据以及实测的径流过程数据作为系统输入,采用泰森多边形法对雨量进行分配,蒸发量则采用彭曼公式计算求得。

WetSpa 模型的输入数据有 DEM、土壤类型、土地利用、降雨及蒸散发数据。研究区的 DEM、土壤类型、土地利用采用 1 000 m×1 000 m 的空间分辨率。WetSpa 模型可以基于 DEM 自动提取单元格网的流向、汇流累积量以及子流域等数字特征,基于土壤类型自动提取流域的水力传导率、孔隙率、田间持水量及凋谢系数等空间分布参数,基于土地利用类型自动计算流域的曼宁系数等空间分布参数[9]。

3 模拟结果对比及分析

本文采用 2009—2012 年的石泉水库日入库径流量数据对新安江模型及 WetSpa 模型进行率定,采用 2013—2015 年的日入库径流量数据对两个模型进行验证。之后,采用流量相对误差 CR1、模型可靠度 CR2、确定性系数 CR3、反映小流量拟合效果的 Nash-Sutcliffe 对数系数 CR4、反映大流量拟合效果的改进的 Nash-Sutcliffe 系数 CR5 5 个指标对两个模型的结果进行多方位的评价[10]。

3.1 新安江模型参数率定结果

本文采用集总式的水文模型,用石泉水库 2009—2012 年实测入库日径流数据对模型进行率定。模型率定以确定性系数最大为目标,采用参数优化算法并手动选择参数最优值,从而确定最优的参数组合,参数率定结果见表 1。

表 1 新安江模型参数率定结果

序号	参数	意义	取值	序号	参数	意义	取值
1	KE	蒸发折算系数	0.58	8	KG	地下径流出流系数	0.3
2	IMP	不透水面积率	0.015	9	KI	壤中流出流系数	0.5
3	B	蓄水容量指数	0.22	10	SM	平均自由蓄水容量	10
4	C	深层蒸散发系数	0.16	11	EX	自由水容量指数	1.0
5	WUM	上层蓄水容量	20	12	CG	地下径流消退系数	0.99
6	WLM	下层蓄水容量	90	13	CI	壤中流消退系数	0.84
7	WM	平均蓄水容量	130	14	CS	地表流消退系数	0.3

3.2 WetSpa 模型参数率定结果

为了便于模型在实际中的应用,前人将 WetSpa 模型的参数做了调整,本文沿用前人调整过的模型参数,使用优化算法对模型参数进行率定[9],并将率定后的参数应用于模型的验证模拟,率定结果见表 2。

表 2　WetSpa 模型参数率定结果

序号	参数	意义	取值	序号	参数	意义	取值
1	ki_sub	壤中流形状指数	1.25	10	RootDpthM	根深修正系数	0.42
2	kg_tot	地下水形状指数	0.03	11	ItcmaxM	田持修正系数	4.98
3	T0	融雪温度	0.50	12	CH_S2	河道坡度修正系数	1.20
4	p_max	最大雨强	298.57	13	CH_L2	河道长度修正系数	6.81
5	UnitSlopeM	坡度修正系数	5.48	14	CH_N2	糙率系数修正系数	1.65
6	ConductM	渗透系数修正系数	0.89	15	CH_K2	导水系数修正系数	3.00
7	PoreIndexM	土壤孔隙度修正系数	1.23	16	Imp_M	不透水面修正系数	0.06
8	LaiMaxM	叶面积指数修正系数	0.51	17	petm	蒸发修正系数	0.75
9	DepressM	填洼修正系数	1.44				

3.3　模拟精度评定

本文采用 WetSpa 模型结果文件中的 5 个指标对新安江模型及 WetSpa 模型的模拟结果进行评价,分别是流量相对误差 $CR1$、模型可靠度 $CR2$、确定性系数 $CR3$、Nash-Sutcliffe 对数系数 $CR4$、改进的 Nash-Sutcliffe 系数 $CR5$ 作为目标函数,各目标函数的计算公式如下所示。

（1）流量相对误差 $CR1$

$$CR1 = \frac{\sum_{i=1}^{n} (Q_{si} - Q_{0i})}{\sum_{i=1}^{n} Q_{0i}} \tag{1}$$

式中:Q_{0i},Q_{si} 分别是各时段径流的实测值及模拟值;$CR1$ 为模拟流量与实测流量的相对误差。$CR1$ 值越小,模拟流量与实测流量相差越小,模拟效果越好。

（2）模型可靠度 $CR2$

$$CR2 = \frac{\sum_{i=1}^{n} (Q_{si} - \overline{Q}_0)^2}{\sum_{i=1}^{n} (Q_{0i} - \overline{Q}_0)^2} \tag{2}$$

式中:$\overline{Q}_0$ 为实测流量的平均值;$CR2$ 反映了模型连续模拟时的可靠程度。$CR2$ 越接近 1,模拟的可靠度越高。

（3）确定性系数 $CR3$

$$CR3 = 1 - \frac{\sum_{i=1}^{n} (Q_{si} - Q_{0i})^2}{\sum_{i=1}^{n} (Q_{0i} - \overline{Q}_0)^2} \tag{3}$$

式中:$CR3$ 为确定性系数,用来表征模拟流量过程与实测流量过程之间的拟合程度,其值越接近 1,模拟效果越好。

（4）Nash-Sutcliffe 对数系数 $CR4$

$$CR4 = 1 - \frac{\sum_{i=1}^{n} \left[\ln(Q_{si} + \varepsilon) - \ln(Q_{0i} + \varepsilon) \right]^2}{\sum_{i=1}^{n} \left[\ln(Q_{0i} + \varepsilon) - \ln(\overline{Q}_0 + \varepsilon) \right]^2} \tag{4}$$

式中:$CR4$ 反映小流量的拟合效果;ε 为任意选取的足够小的值,引入 ε 的目的是防止实测流量或模拟流量为 0 时,自然对数无意义。$CR4$ 值为 1 时,模拟效果最好。

（5）改进的 Nash-Sutcliffe 系数 $CR5$

$$CR5 = 1 - \frac{\sum_{i=1}^{n} (Q_{0i} + \overline{Q}_0)(Q_{si} - Q_{0i})^2}{\sum_{i=1}^{n} (Q_{0i} + \overline{Q}_0)(Q_{0i} - \overline{Q}_0)^2} \tag{5}$$

式中:$CR5$ 反映大流量的拟合效果,$CR5$ 值为 1 时模拟效果最好。

本文采用流量相对误差 $CR1$、模型可靠度 $CR2$、确定性系数 $CR3$、Nash-Sutcliffe 对数系数 $CR4$、改进的 Nash-Sutcliffe 系数 $CR5$ 对新安江模型与 WetSpa 模型的模拟结果进行了评价,结果见表 3。

表 3 新安江模型与 WetSpa 模型评价指标结果

模型名称	模拟期	$CR1$	$CR2$	$CR3$	$CR4$	$CR5$
WetSpa	率定期 2009—2012 年	0.200	0.860	0.670	0.690	0.780
	验证期 2013—2015 年	−0.002	0.730	0.710	0.610	0.810
新安江	率定期 2009—2012 年	−0.010	1.440	0.770	0.130	0.900
	验证期 2013—2015 年	0.060	1.360	0.810	0.560	0.910

对比 WetSpa 模型与新安江模型的各指标值可以发现,两模型的 $CR1$ 即相对误差都在 20% 以内,但是新安江模型的 $CR1$ 值较为稳定;对于表征模型可靠度的 $CR2$ 指标,率定期及验证期 WetSpa 模型都比新安江模型的 $CR2$ 更接近 1,所以 WetSpa 模型较为稳定;对于确定性系数 $CR3$,新安江模型的 $CR3$ 值更高,说明新安江模型对实测径流过程的拟合效果更好;对于小流量的拟合,WetSpa 模型明显优于新安江模型;而大流量的拟合新安江模型明显更胜一筹。

由图 2 可知,新安江模型模拟的一年内的最大洪峰流量与实测的最大洪峰流量相差都较小,而 WetSpa 模型模拟的最大洪峰流量则远远小于实测的最大洪峰流量,但是 WetSpa 模型模拟的最大洪峰流量的出现时间与实测最大洪峰流量的出现时间基本吻合,较新安江模型准确。

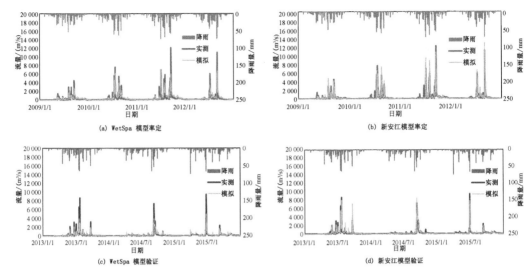

图 2　模型洪水过程模拟结果

3.4　简单模型平均

简单模型平均是一个通过对不同模型的预报值进行算数平均而得到更可靠的综合预报值的数学方法。由于 WetSpa 模型和新安江模型各有优势,本文采用算数平均方法集合二者的优势,对径流进行预报,结果见表 4。

表 4　简单平均结果

	$CR1$	$CR2$	$CR3$	$CR4$	$CR5$
率定期	0.10	1.07	0.81	−0.04	0.91
验证期	0.03	0.80	0.84	0.71	0.89

对比表 3、表 4 结果可知,对两模型进行简单加权平均后,模拟结果的 $CR2$ 值明显优于各模型的 $CR2$ 值,这表明对两模型进行集合后的组合模型的可靠度更高;此外,对比表征洪水过程拟合效果的 $CR3$ 可发现,简单模型平均优于单个模型。

4　结论

(1)对石泉流域 2009—2015 年的降雨径流数据采用新安江模型及 WetSpa 模型进行率定及验证模拟,由此可发现,在大流量部分的拟合效果新安江模型优于 WetSpa 模型,而在小流量部分的模拟效果 WetSpa 模型优于新安江模型。

(2)采用 5 个指标对新安江模型及 WetSpa 模型的模拟结果进行评价时,发现 WetSpa 模型的 $CR2$ 值几乎都比新安江模型的 $CR2$ 值更接近 1,即 WetSpa 模型连续模拟时的可靠度较高,这在验证期得到了验证,但是由于本文采用的数据有限,需要收集更多的数据进行进一步验证。

(3)简单模型平均后,模型的可靠程度及洪水过程的拟合效果均优于单个模型,但是由于收集到的资料不够充分,还需收集更多的资料用以研究石泉水库多模型组合预报的可行性。

专题研究

参考文献:

[1] 闫红飞,王船海,文鹏.分布式水文模型研究综述[J].水电能源科学,2008,26(6):1-4.

[2] 张露,张佳宾,梁国华,等.基于 API 模型与新安江模型的察尔森水库洪水预报[J].南水北调与水利科技,2015,13(6):1056-1059.

[3] 刘基兴.石泉水库淤积特性分析及泄洪排沙方案优化[J].人民珠江,2017,38(1):56-59.

[4] 江浩,刘基兴,王志伟,等.石泉水库洪水调度方案研究[J].人民黄河,2012,34(1):34-35+37.

[5] 包为民.水文预报[M].4 版.北京:中国水利水电出版社,2009.

[6] LIU B,DE SMEDT F. WetSpa extension,a GIS-based hydrologic model for flood prediction and watershed management documentation and user manual[R]. Brussels:Vrije Universities Bruisel,2004.

[7] 秦鹏程,刘敏,肖莺,等.丹江口水库入库水量与气象因子的响应及其预测[J].长江流域资源与环境,2018,27(3):638-647.

[8] WANG Z M, BATELAAN O, DE SMEDT F. A distributed model for water and energy transfer between soil, plants and atmosphere (WetSpa)[J]. Physics and Chemistry of the Earth,1996,21(3):189-193.

[9] 赵建华.基于 WetSpa 分布式流域水文模型的径流预报[D].广州:中山大学,2005.

[10] 舒晓娟.基于 WetSpa 分布式水文模型的洪水研究[D].广州:中山大学,2010.

[11] 周正,叶爱中,马凤,等.基于贝叶斯理论的水文多模型预报[J].南水北调与水利科技,2017,15(1):43-48.

223

山地型水库面源污染物入库量 调查计算方法初探

张世丹

（重庆市水文监测总站，重庆　401120）

摘　要：本文以重庆市第三次全国水资源调查评价面源污染调查评价工作为基础，总结了山地型水库面源污染调查工作方法；采用平均入库系数法，建立山地型水库面源污染物入库量计算公式，并给出各参数的取值区间或调查途径，形成了山地型水库面源污染物入库量估算体系。该方法体系的建立，为今后重庆市山地型水库面源污染的调查评价工作提供了重要参考。

关键词：山地型水库；面源污染；调查估算；方法探讨

A preliminary study on the investigation and calculation method of non-point source pollutant in mountain reservoir

ZHANG Shidan

(Chongqing Hydrological Monitoring Master Station，Chongqing　401120，China)

Abstract：Based on the investigation and evaluation of non-point source pollution of the Third National Water ResourcesSurveyand Evaluation in Chongqing，the work method of non-point source pollution investigation of mountain reservoir is summarized. Using an coefficient method of the average distance of entering reservoir，the calculation formula of non-point source pollutant intake in mountainous reservoir is established，and the value interval or investigation approach of various parameters are given，and the estimation system of non-point source pollutant intake in mountainous reservoir is formed. The establishment of the method system provides an importantreference for the investigation and evaluation of non-point source pollution of mountainous reservoirs in Chongqing in the future.

Key words：mountain reservoir；non-point source pollution；investigation and estimation；method discussion

1　引言

重庆市位于四川盆地东部，东北、东部和东南三面为盆周山区，向西过渡为盆中丘陵。全市地貌类型齐全，以山地为主，其中山地面积占辖区面积的 75.8%，丘陵占 18.2%，台地占 3.6%，平坝占 2.4%。目前，重庆市拥有城镇集中式饮用水水源地 1 144 个，其中，城市集中式饮用水水源地有 82 个(含备用水源 19 个),乡镇集中式饮用水水源地有 1 062 个;河流型集中式饮用水水源地有 348 个,湖库型有 508 个,地下水型有 288 个。因此,山地型水库水源地的水安全问题尤为突出。然而,在大部分供水水库中,随着工业污染、城镇生活污水逐步得到治理,农村生活、农业生产、水土流失等面源污染问题已成为影响水库水安全的重要因素。因此,面源污染调查评价成为水库水源地安全保障的一个重要环节。

以往的面源污染估算方法中有 AGNPS、SWAT 等大型集成模型被用来估算流域面源污染对水库或湖泊的输出量[1-2],也有用水文站长系列水质水量监测资料进行测算的[3],但这些方法或者受到地域条件的限制,或者缺乏气象水文等长系列资料而无法实施。笔者在以往面源污染估算方法及重庆市第三次水资源调查评价面源污染调查评价工作的基础上,采用源强系数法,建立一套适合山地型水库小流域在无配套气象站、水文站等情况下的面源污染调查估算体系,供大家参考和进一步探讨。

2 水库面源污染调查

2.1 前期准备

2.1.1 收集资料

收集相关水源地保护规划、水利统计年鉴等资料,了解水库流域面积、所涉乡镇、水库库容等基本情况,确定调查分析评价范围。

2.1.2 制定调查表

制定调查表,发给对应乡镇进行填报。调查表信息应涵盖面积、人口、畜禽存栏量等信息,详见表 1。

表 1 ____乡镇____年____水库流域面源污染调查表

序号	村名称	农村户籍人口/人	农村常住人口/人	耕地面积	林地面积	平均入库距离	猪出栏量及存栏量/头	猪出栏周期/月	鸡出栏量及存栏量/只	鸡出栏周期/月	鸭出栏量及存栏量/只	鸭出栏周期/月	羊出栏量及存栏量/只	羊出栏周期/月	牛出栏量及存栏量/只	牛出栏周期/月

2.2 现场调查踏勘

2.2.1 制定现场调查方案

调查方案包括调查目的、内容、方式等方面。

（1）调查目的

现场踏勘的目的，一是对调查表填报的内容进行核实，二是对一些特殊情况进行核查。

（2）调查内容

调查踏勘内容包括但不限于以下几方面：

① 现状年流域内农业人口数量；

② 现状年流域内分散式养殖猪、鸡、鸭、羊、牛存栏数和出栏数，出栏周期；

③ 现状年流域内水土流失面积及侵蚀模数；

④现状年流域内建制镇乡建成区面积、径流入河距离、降水量；

⑤部分镇乡跨流域分布情况、污染物间接入库情况、常住人口情况、耕地占比情况、林草地占比情况等；

⑥农村人均用水量、折污系数、流域降水量、径流系数等。

（3）调查方式

采取现场踏勘和当地镇乡村政府部门调研两种方式。

（4）调查时间、地点、人员、路线安排等

依据调查对象及实施调查单位具体情况制定。

2.2.2　制定详细的调查计划

调查计划具体到每天的调查内容、车辆、人员等方面。

2.2.3　实施调查并撰写调查日志

在按计划完成当日调查内容后，一定要及时撰写调查日志，做好详细记录，以免遗漏。

3　水库面源污染估算方法体系构建

面源污染物入库量通常包含农村生活、农田径流面源、分散式畜禽养殖、水土流失和城镇地表径流进入水域的污染物量 5 部分。

3.1　农村生活污染物入库量估算

农村生活面源污染主要包括农村生活污水和生活垃圾两方面。但由于重庆市乡村垃圾定期由环卫车清运至流域外垃圾场，无流失，因此实际操作中只考虑农村生活污水污染物入库量。

农村生活污水污染物入库量（t/a）＝农村常住人口数量（人）×产污系数[g/（人·d）]×排污系数×入库系数×365×10⁻⁶。

参考《重庆市第一次全国污染源普查技术报告》、《重庆市农村环境连片整治示范项目技术指南（试行）》及相关文献资料[4-7]，结合当地实际情况，COD，NH_3-N，TN，TP 的产污系数分别取 16.4～55.3，4.0～7.5，4.5～10.4，0.44～0.81[g/（人·d）]。排污系数取 0.25～0.4。农村生活污染物入库量估算采用平均入库系数法，参考相关文献[4]中的入河排污口污染物入河系数，入库系数采用以下规则确定：入库距离≤1 km，入库系数为 1.0；1 km＜入库距离≤10 km，入库系数为 0.9；10 km＜入库距离≤20 km，入库系数为 0.8；20 km＜入库距离≤40 km，入库系数为 0.7；入库距离＞40 km，入库系数为 0.6（入库距离测算依托奥维地图采用均值法进行:以所涉村行政区域为测算对象,量取区域中心点到水库库岸的距离作为入库距离)。

3.2 农田径流面源污染物入库量估算

农田径流面源污染主要指农田施肥、农药施用、农村生活污染还田、畜禽散养污染物还田等所带来的污染。

农田径流面源污染物入库量(t/a)=耕地面积(hm^2)×流失强度[kg/(hm^2·a)]×入库系数/1 000。

借鉴重庆市有关水库生态环境保护方案,参考相关文献[4,8],结合当地实际情况,农田面源主要污染物 COD,NH_3-N,TN,TP 的流失强度分别取 100~150,10~30,50~300,2.5~15[kg/(hm^2·a)];入库系数同样根据污染物平均入库距离确定,在涉及跨流域村和间接入库时,入库系数根据实际情况采用加权平均的方法确定(入库距离测算同 3.1 节)。

3.3 分散式畜禽养殖污染物入库量估算

分散式畜禽养殖污染主要指农村散养的猪、牛、羊、鸡、鸭等所产生的排泄物带来的污染。

分散式畜禽养殖污染物入库量(t/a)=标准猪数量(头)×产污系数[g/(头·d)]×流失系数×入库系数×饲养期(d)×10^{-6}。

根据国家环境保护部的文件《关于减免家禽业排污费等有关问题的通知》(环发〔2004〕43 号)中的畜禽粪便排泄系数表和畜禽粪便中的污染物平均含量和《重庆市第一次全国污染源普查技术报告》,参考相关文献[4,9],结合当地实际情况,标准猪折算系数为:1 猪=60 鸡/鸭=3 羊=0.2 牛;标准猪 COD,NH_3-N,TN,TP 产污系数分别取 17.9~50,2.0~10.0,2.8~6.03,0.30~1.67[g/(头·d)];参考相关文献[4,10],流失系数取 0.12~0.23;入库系数仍然根据污染物平均入库距离确定,在涉及跨流域村和间接入库时,入库系数根据实际情况采用加权平均的方法确定(入库距离测算同 3.1 节)。

3.4 水土流失污染物入库量估算

水土流失包括农田、林地、果园等各种用地类型的水土流失,由于农田水土流失在各类型水土流失中占比最大,本文主要讨论农田水土流失所带来的污染物入库量。

水土流失污染物入库量(t/a)=水土流失面积(hm^2)×土壤侵蚀模数[t/(km^2·a)]×泥沙输移比×土壤污染物平均含量(mg/kg)×入库系数×10^{-8}。

根据流域水土流失程度判断土壤平均侵蚀模数大小:轻度流失,土壤平均侵蚀模数≤1 500;中度流失,1 500<土壤平均侵蚀模数≤3 750;强度流失,3 750<土壤平均侵蚀模数≤6 500;极强度流失,6 500<土壤平均侵蚀模数≤115 000,单位为 t/(km^2·a);泥沙输移比是指在某一时段内通过沟道或河流某一断面的输沙总量与该断面以上流域产沙量的比值,通常小于1,与流域面积成反比[11-12];土壤污染物平均含量根据相关科研机构的土壤分析测试结果;入库系数测算方法仍然与前述一致(入库距离测算依托奥维地图采用均值法进行:以所涉村社区行政区域为测算对象,量取区域中心点到水库库岸的距离作为入库距离)。

3.5 城镇地表径流污染物入库量估算

城镇地表径流污染主要调查不同土地利用类型的径流污染,由于山地型水库流域内城镇功能比较单一,本研究采用城市地表径流污染负荷的简易模型。

城镇地表径流污染物入库量(t/a)=建成区面积(km^2)×流域降水量(mm/a)×径流系数×径流污染物平均浓度(mg/L)×入库系数×10^{-3}。

流域降水量采用当地水文部门监测数据;径流系数采用综合径流系数:城市建筑密集区,径流系数为0.60~0.85,城市建筑较密集区,径流系数为0.45~0.6,城市建筑稀疏区,径流系数为0.20~0.45[13];径流污染物平均浓度参考我市天然降水污染物浓度来确定;入库系数测算方法仍然与前述一致(入库距离测算依托奥维地图采用均值法进行:以所涉社区行政区域为测算对象,量取区域中心点到水库库岸的距离作为入库距离)。

3.6 主要污染物入库量估算

对农村生活、农田径流面源、分散式畜禽养殖、水土流失和城镇地表径流进入水域的主要污染物量以村、社区为单位分别进行估算,然后累加计算,得到各种主要污染物的入库量。

4 结论

本文基于实际工作经验,对水库面源污染调查提出了简便易行、切实可靠的调查方法。面源污染估算基于村(社区)域为基本统计单元,把山地型水库面源污染分为5部分,采用平均入库系数法对主要污染物入库量进行估算;同时给出了各种参数的取值区间或调查途径,为今后重庆市开展此类调查评价工作提供了切实有效的参考。

参考文献:

[1] YOUNG R A,ONSTAD C A,BOSCH D D,et al. AGNPS:a non-point source pollution model for evaluation agricultural watershed[J]. Journal of Water and Soil Conservation,1989,44(2):169-173.

[2] RODE M,FREDE H G. Testing AGNPS for soil erosion and water quality modelling in agricultural catchment in Hesse (Germany)[J]. Physics and Chemistry of the Earth(B),1999,24(4):297-301.

[3] 胡书祥,乔光建. 朱庄水库流域面源污染计算及控制技术研究[C]//中国环境科学学会. 2007年第三届绿色财富(中国)论坛暨节能减排与企业家的社会责任系列研讨、交流会论文集. 2007.

[4] 中国环境规划院. 全国水环境容量核定技术指南[Z]. 2003.

[5] 韦利珠. 玉林市水库水源地水环境状况及水资源质量评估分析[J]. 人民珠江,2013,34(6):36-39.

[6] 国务院第一次全国污染源普查领导小组办公室. 第一次全国污染源普查城镇生活源产排污系数手册[Z]. 2008.

[7] 段华平,刘德进,杨国红,等. 基于清单分析的农业面源污染源强计算方法[J]. 环境科学与管理,2009,34(12):58-61+74.

[8] 史书. 三峡库区典型农业小流域氮磷径流排放及淋溶流失[D]. 重庆:西南大学,2015.

[9] 中华人民共和国国家质量监督检验检疫总局,中国国家标准化管理委员会. 畜禽养殖业污染物排放标准:GB 18596—2001[S]. 北京.中国环境科学出版社,2001.

[10] 马国霞,於方,曹东,等. 中国农业面源污染物排放量计算及中长期预测[J]. 环境科学学报,2012,32(2):489-497.

[11] 周健民,沈仁芳. 土壤学大辞典[M]. 北京:科学出版社,2013.

[12] 邢顺敬,刘俊涛. 北江某河段宽级配泥沙模型设计探讨[J]. 水道港口,2003,24(2):68-70+80.

[13] 中华人民共和国住房和城乡建设部,中华人民共和国国家质量监督检验检疫总局. 室外排水设计规范:GB 50014—2006[S]. 北京:中国计划出版社,2006.

基于深度学习技术的史灌河流域年径流量预测研究

刘开磊,胡友兵,王式成

(淮河水利委员会水文局(信息中心),安徽省 蚌埠市 233000)

摘 要:流域径流量预测是影响水资源规划以及综合开发利用的基本依据,尤其近年来随着国家对跨省河流水量分配、调度工作重视程度的加强,流域径流量预测成果及其技术革新也被提到更加重要的位置。针对以往径流预测存在的预报精度不高、泛化能力差的问题,本研究利用 Python 平台开发的 keras、sklearn 等科学计算包,构建深层神经网络(DNN)、长短期记忆网络(LSTM)两类深度学习算法,以史灌河重点流域作为试验流域,以 1956—2016 年的年降雨、年径流量系列作为试验数据基础,开展年径流量预测研究。试验结果表明两类神经网络模型均能够给出合理的预测结果,标准化后预测误差分别达到0.021 2,0.003 9,两类深度学习技术均能够避免传统神经网络模型过拟合的问题,可以为流域年径流量预测提供另一种可行的解决方案。

关键词: Python;深层神经网络;长短期记忆网络;径流预测

准确可靠的径流预报技术是开展水量分配计划、充分合理开发水资源,同时有效缓解水资源供需矛盾、避免水灾害损失的重要非工程措施,可以为水资源合理开发利用与保护、水量分配(调度)方案的落实、工农业生产与生活保障提供直接的数据支撑,是保障、落实城乡居民生活与农业、工业、生态的关键一环。

传统径流预报方法主要通过推求降雨径流关系[1-2]、降雨频率实现。前者是将当年预报降雨量代入基于水文历史数据的降雨径流关系,直接计算得到当年预报径流量;后者是将预报降雨代入流域年降雨量所服从的 P-Ⅲ 频率曲线,以降雨频率代入相应的年径流量所服从的 P-Ⅲ 频率曲线,反推得到当年径流量数值的预报结果。但是,上述两类方法均基于天气系统、下垫面变化平稳情境的假设,基于稳定的降雨径流关系预测径流量,预报结果与实际情况相距较大。

随着机器学习、模式识别、高频交易等领域技术的不断迭代更新,深度神经网络(Deep Layer Neural Network,DNN)、支持向量机(SVM)、自编码技术、长短期记忆网络(Long Short Term Memory Network,LSTM)[3]、分层注意力模型等新算法或算法的革新呈井喷式涌现,其中 DNN,SVM,LSTM 等已经在遥感、气象、统计经济学等领域的时间序列分析应用中获得试验性应用研究,并取得良好的应用效果。如冯钧、潘飞[4]尝试将 LSTM 与传统的 BPNN 算法耦合,在多模型集合水文预报技术领域取得较好的应用效果。水文水资源领域与时俱进的发展,对新技术手段、算法迭代更新提出了较高的要求。本研究引入 DNN,LSTM 深度学习算法建模,并通过对建模操作的复杂程度以及两类深度学习算法在径流预测应用中的精度评价,为径流量非平稳系列分析提出一种新的解决手段,促进水文水资源领

作者简介:刘开磊(1988—),男,山东济宁人,博士,工程师,主要从事水文预报与水资源调配关键技术研究工作。

域与数学、算法科学领域的结合,为水文科学的智慧化、智能化发展提供了一种可行的解决方案。

1 研究区域与方法介绍

1.1 流域简介

本研究选择史灌河重点流域作为试验流域,流域面积为 6 935.8 km²,1956—2016 年多年平均年径流量为 39.50 亿 m³、多年平均年径流深为 569.6 mm。本研究所用到的降雨量为史灌河流域的面平均雨量,所用到的径流量为全流域的地表水资源量。所用数据共 61 年,其中前 75% 作为训练期,后 25% 作为验证期。

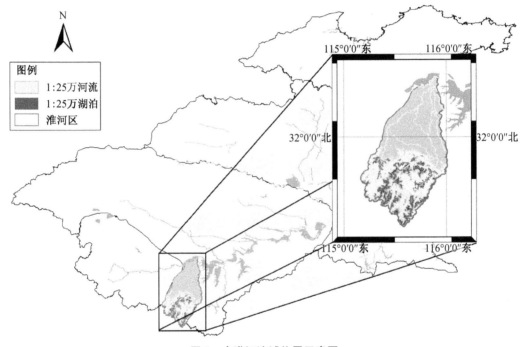

图 1 史灌河流域位置示意图

1.2 方法介绍

本研究采用了在深度学习领域应用较为成功的两类神经网络模型:深度神经网络(DNN)、长短时记忆神经网络(LSTM)。

深度神经网络是结合全连接网络层的简单神经网络的进化变体。简单神经网络一般包含信号输入层、信号输出层,以及介于两者之间的隐含层。将简单的单层神经网络拓展出来多层即可得到深度神经网络。相对于简单神经网络,深度神经网络(DNN)随着其网络层数的增加,可以有效提升神经网络模型的表达能力。

长短期记忆网络模型是循环神经网络模型的改进模型,它在继承循环神经网络记忆功能的同时,通过随机忘记网络节点使网络训练远离局部梯度极小点,避免陷入循环神经网络的梯度消失或梯度爆炸问题。LSTM 是深度学习中能有效处理和预测存在未知时长延迟的时间序列的深层网络模型,可用于分析时间序列数据中的关联关系、处理数据的时间依赖性、预测时序数据的趋势。目前 LSTM 已在众多预测领域得到了相关应用,并展现出其优势,但在水文时间序列预测研究领域仍处于起步发展阶段[4]。

1.3 预报模型

考虑到相邻两个年度之间天然径流量具备一定程度的相互影响,因而设计的地表水资源量预报模型的输入为当年降雨量、前一年的径流量,输出为当年径流量。

$$Q_t = f(Q_{t-1}, P_t) \tag{1}$$

试验采用 DNN、LSTM 两类神经网络模型模拟预报地表水资源量,网络输入层的节点数为 2,输出层节点数为 1。模型参数与相关设定见表 1。

表 1 神经网络模型参数设定表

项目	DNN	LSTM
输入层节点数(维度)	2	$1 * 2$
隐含层层数	4	4
输出层节点数	1	1
激活函数	relu	relu
损失函数	均方误差	均方误差
优化方法	adagrad	adagrad
训练终止条件	最大训练次数	最大训练次数
训练次数	10 万	10 万

2 试验环境搭建

Python 是一种面向对象的动态类型语言,其最初被设计用于编写自动化脚本。随着版本的迭代更新和新功能的不断添加、完善,Python 在保留脚本语言简捷、迅速编写的特征的同时,更充分扩充了科学分析、机器学习、模式识别、网络爬虫等相关的软件包,使其充分适用于技术更新迭代较快、对计算机软件工程等领域反而不关心的领域,比如工程技术创新、科学研究、医学影像识别等领域。

2.1 搭建基础环境

基于 Python 平台构建 DNN,LSTM 两类模型的流程相对传统的 C♯、Java 等语言的代码更为简捷。本研究中,DNN,LSTM 网络都基于 keras 包中的 Sequential 模型构建,网络构建一般包括构建输入层、隐含层、指定激活函数、遗忘速率、构建输出层等步骤。以相对复杂的 LSTM 网络构建为例,LSTM 网络构建代码示例见表 2。

表 2　构建 LSTM 网络的关键代码示例

源码示例	功能
model = Sequential()	声明一个顺序神经网络模型
model. add(LSTM(32，input_shape = (1，step_size))	新增 LSTM 输入层。输入信号维数为 1 * step_size,输出信号维数为 32
model. add(Activation('sigmoid'))	指定 s 型激活函数
model. add(Dense(1))	新增全连接层,同时也是输出层。输出信号维数为 1

表 2 中,LSTM 输入层的输出信号维数可以视待解决问题的复杂程度来确定,一般不宜取过大值,否则将额外增加网络训练难度。对于全连接层神经网络,相邻神经网络层之间,上一层网络输出节点维数与下一层网络的输入节点维数相同,因而在声明除输入层之外的神经网络层时,往往省略声明网络层输入节点维数。

2.2　网络编译、训练

用 keras 搭建好 LSTM,DNN 模型架构后,下一步就是执行编译操作,通过指定 loss,optimizer,metrics 3 个参数完成模型的编译。loss,optimizer 是 keras 神经网络装配必须提供的两个函数,loss 是实时用于模型参数优化的损失函数,其内置的损失函数有均方误差、平均绝对误差、相对百分比误差等 16 个函数;optimizer 是用于模型参数优化的优化器,其内置的优化器包括 sge(随机梯度下降法)、adagrad、adam 等 8 种函数。由于 metrics 函数所设定的目标函数值不参与神经网络训练,因此在 keras 神经网络编译时可以不进行显式设定,而当用户需要直接输出每一个训练过程中目标函数的变化情况时,则需要制定 metrics 函数为 binary_accuracy 等 5 个用于分类的内置目标函数中的一个或多个,或自定义目标函数。

3　模拟结果讨论

3.1　训练期、验证期预报结果对比

根据表 1 设定参数,采用 adagrad 分别独立训练 DNN,LSTM 网络,使两个神经网络拟合训练期 45 年历史数据的均方误差最小。在训练 2 万次左右的时候,DNN 的每一次参数寻优所得到最优模型的 loss 函数已经基本稳定,而 LSTM 的 loss 函数值也已进入平稳期,最终得到 DNN,LSTM 对标准化后训练期样本的均方误差指标分别为 0.021 2,0.003 9。图 2、图 3 分别是 DNN,LSTM 两个模型在训练期、验证期预报结果对比(1957—2016 年)。

从图 2(a)、图 3(a)中两模型在训练期、验证期的预报过程线与实测的比较结果可知,两模型在训练期、验证期预报误差的差异并未出现显著变化,两模型均未出现明显的过拟合,神经网络训练结果可信,具有一定的泛化能力。具体来说,DNN 模型在训练期、验证期的预报结果均方误差指标分别为 44.89,111.28,而 LSTM 的均方误差指标分别为 43.22,91.91,在本研究中 DNN 对于数据的拟合能力较优;LSTM 的网络泛化能力更强,对于生产实际的参考价值较高。

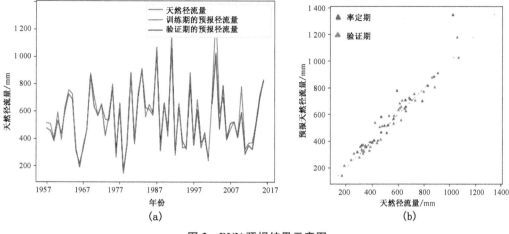

图 2　DNN 预报结果示意图

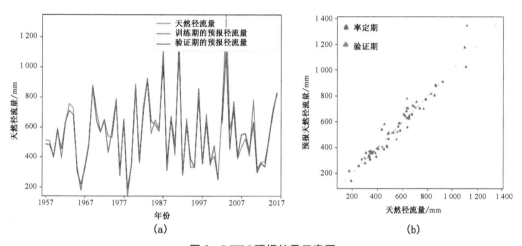

图 3　LSTM 预报结果示意图

参照图 2(b)、图 3(b)中两模型在率定期、验证期的散点分布情况,两模型率定期、验证期的散点都相对均匀地分布在 45°线的两侧,表明:① DNN 模型、LSTM 模型预报结果与实际天然径流量值差别不大,且不存在系统误差;② 对于两种神经网络模型来说,各自在验证期散点大致均匀地分布在率定期散点的范围内,所选的率定期、验证期数据代表性较强,试验方案设计合理。

3.2　整体预报结果评价

图 4 是两种神经网络模型预报 1957—2016 年共 60 年的天然径流量的预报误差过程线。从图 4 中预报误差的逐年变化可以看出,两模型在验证期的预报误差比训练期都有所增长,DNN 在训练期表现更好,而 LSTM 更为稳定。DNN 的预报最大误差值出现在 2003年,为−324.68 mm;LSTM 的最大预报误差出现在 2009 年,为−236.54 mm。

综合上述对 DNN,LSTM 的训练期、验证期预报结果比较分析,可以认为:① 在充分训练的情境下,两模型均能够提供较为准确的天然径流量预报结果,适用于非平稳时间序列分析;② DNN 对数据拟合能力较强,网络泛化能力较弱;③ LSTM 基于时间序列的长短期特

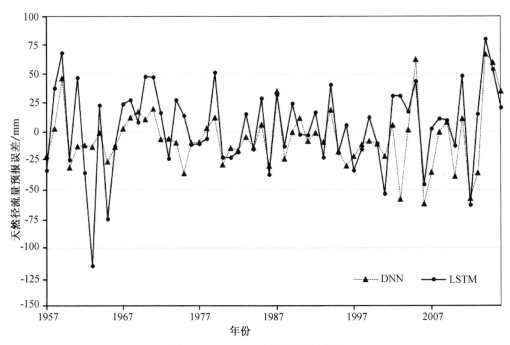

图4 DNN,LSTM预报误差过程线

征记忆训练神经网络结构,对于非平稳序列的拟合能力较弱,但是在验证期所表现出的网络泛化、外延能力较强,实际应用推广价值更高。

4 结论

本研究以史灌河流域天然径流量预测作为典型的非平稳时间序列分析案例,开展模拟试验研究。通过对建模过程、模拟试验结果的分析,揭示了深度学习技术DNN,LSTM两类典型神经网络模型在非平稳时间序列应用中的良好性能,对于天然径流量分析预测、非平稳时间序列分析具有参考价值,传统水文分析计算与相对先进的深度学习、数据挖掘等领域结合是一条高效路径。

当然就目前而言,神经网络技术仍然是一只黑箱子,大多数研究只能做到关注对数据的拟合程度,对于影响数据拟合的因素及其相应的物理机制则并不明确,不能反映输入、输出以及变量之间的因果关系。近年来,学者们对于图神经网络[5]、贝叶斯推理网络、卷积神经网络等技术的研究,一定程度上使得神经网络技术在因果推理性能方面有了一定的改进。基于深度学习技术开展的水文非平稳时间序列研究,以及开展相关的降雨径流规律等研究,一直也是水文科学的热门研究问题,通过推动开展水文水资源与神经网络、深度学习等热点流域结合的试验性尝试,也将对于丰富水文水资源学科内涵、推动学科发展起到积极作用。

参考文献：

［1］刘开磊,王敬磊,祝得领.月尺度天然径流量还原计算模型研究［J］.治淮,2018(4):56-59.

［2］刘开磊,李致家,姚成,等.水文学与水力学方法在淮河中游的应用研究［J］.水力发电学报,2013,32(6):5-10.

［3］殷兆凯,廖卫红,王若佳,等.基于长短时记忆神经网络(LSTM)的降雨径流模拟及预报［J］.南水北调与水利科技,2019(6):1-9＋27.

［4］冯钧,潘飞.一种 LSTM-BP 多模型组合水文预报方法［J］.计算机与现代化,2018(7):82-85＋92.

［5］赵朋磊.基于图神经网络的二进制函数相似度检测算法研究及实现［D］.杭州:浙江大学,2019.

基于信息熵的云南省用水结构变化特征研究

谷桂华[1]，李学辉[2]，余守龙[2]，段路松[3]

(1. 云南省水文水资源局玉溪分局，云南　玉溪　653100；2. 云南省水文水资源局，
云南　昆明　650106；3. 云南省水文水资源局临沧分局，云南　临沧　677000)

摘　要：本文应用信息熵理论中信息熵和均衡度指标，对云南省2003—2017年用水结构变化特征进行研究，并分析变化驱动力。分析结果表明：① 云南省年均用水总量为149.5亿 m^3，用水总量呈缓慢波动上升趋势，除了农业用水总体呈下降趋势外，工业、生活和生态用水均呈波动上升趋势。② 全省不同类别用水结构平均信息熵为0.83Nat，均衡度为0.60，用水组成极不均衡，但正在向均匀化演变；州市用水结构平均信息熵为2.65Nat，均衡度为0.96，结构比较均衡；水资源三级区用水结构平均信息熵为2.10Nat，均衡度为0.74，结构相对不均衡；州市和水资源三级区用水结构都有微弱的均匀化趋势。

关键词：信息熵；均衡度；用水结构；云南省

Analysis of water structure evolution in Yunnan Province based on information entropy

GU Guihua[1], LI Xuehui[2], YU Shoulong[2], DUAN Lusong[3]

(1. Yuxi Branch of Yunnan Hydrology and Water Resources Bureau, Yuxi 653100, China; 2. Yunnan Hydrology and Water Resources Bureau, Kunming 650106, China; 3. Lincang Branch of Yunnan Hydrology and Water Resources Bureau, Lincang 677000, China)

Abstract: Based on the information entropy theory, this paper uses the information entropy and equilibrium index to analyze the water structure of Yunnan Province from 2003 to 2017, and puts forward the optimization suggestions. The analysis results show that :① The annual total water consumption of Yunnan Province is 14.95 billion m^3, and the total water consumption shows a slow and fluctuating rising trend. Except for the overall decreasing trend of agricultural water consumption, industrial water consumption, domestic water consumption and ecological water consumption all show a fluctuating and rising trend. ② The average information entropy of different types of water structure in the province is 0.83Nat, and the equilibrium degree is 0.60. The composition of water is extremely unbalanced, but it is evolving to homogenization; The average information entropy of water structure in the city is 2.65Nat, and the equilibrium degree is 0.96. The average information entropy of the water structure in the tertiary area of water resources is 2.10Nat, and the equilibrium degree is 0.74. The water structure of the city and the three-level water resources area showed a weak tendency of homogenization.

Key words: the information entropy; balanced degree; water structure; Yunnan Province

作者简介：谷桂华(1972—)，女，高级工程师，从事水资源分析研究工作。

1 引言

用水结构即用水组成,是一定时期内某特定区域各项社会经济用水量的组成,是水资源管理进程中的一项重要参考指标。随着社会经济的不断发展,区域内人口数量的不断增加,各种用水需求不断增长和变化。根据 2018 年世界水资源开发报告,受人口增长、经济发展以及消费模式的变化等因素影响,未来 20 年全球水资源需求量将继续显著增长。预计到 2025 年,生活、工业、家畜方面的水资源需求量将上升 50%,各行业用水矛盾进一步加剧,水资源管理问题变得更加严峻复杂[1]。

研究用水结构的合理性和均衡性对区域社会经济协调发展具有重要意义;对用水结构演变规律的探寻,可为水资源利用和水资源配置提供基础支撑。本文运用信息熵理论,依据信息熵和均衡度指标对云南省用水结构进行分析,对用水结构变化特点驱动因素提出优化意见,以期对云南省水资源可持续利用和经济可持续发展提供基础参考。

2 研究方法

熵的概念[2]有热力学熵、统计力学熵和信息熵,其中信息熵(Information Entropy)是信息论之父克劳德·艾尔伍德·香农(C. E. Shannon) 1948 年在贝尔实验室创立信息论的过程中定义的一个量化信源不确定性的量,该量首次用数学语言阐明了概率与信息冗余度的关系。信息熵可以用来度量一个系统的有序化程度,较低的信息熵值代表系统较均衡有序,较高的信息熵值代表系统较混乱。

自 20 世纪 40 年代以来,信息熵理论在水文水资源科学领域、水系统不确定性研究中得到广泛应用[3-4],主要应用信息熵理论进行水资源评价、水质评价、水文预报、水文站网评价、水文序列分析等。在水资源评价方面,姜志群等[5-10]基于熵原理对水资源可持续性、脆弱性、水资源调控以及水资源利用等进行了研究。

本文根据信息熵值的变化来分析用水结构的动态演变规律。基于信息熵理论描述区域用水结构的理论如下[11]:

若在某时间尺度内,总用水量为 Q,共有 n 项用水($x_1,x_2,x_3,\cdots,x_n$),各项用水量可表示为($q_1,q_2,q_3,\cdots,q_n$),各项用水量在总用水量中所占的比例为($p_1,p_2,p_3,\cdots,p_n$),其中 $p_i = q_i/Q$,且 $\sum p_i = 1$,$p_i \neq 0$,则用水系统的信息熵 H 可由下式描述:

$$H = -\sum_{i=1}^{n} p_i \ln p_i \tag{1}$$

信息熵(单位为 Nat)的大小可以反映出水资源利用的多样性,一般随着信息熵的增大,系统的有序程度变低,结构性变差;理论上,当各项用水量相等(即 $p_1 = p_2 = \cdots = p_n = 1/n$)时,信息熵达到最大值,各项用水量达到理想均衡状态:

$$H_{\max} = \ln n \tag{2}$$

根据实际用水情况,在不同发展阶段,用水种类也会发生相应的变化,单纯用信息熵来

反映用水结构缺乏一定的可比性,故在信息熵的基础上提出水资源利用均衡度的概念,均衡度 J 的表达式为

$$J = H/H_{\max} = -\sum_{i=1}^{n} p_i \ln p_i / \ln n \qquad (3)$$

随着 J 值的增大,用水系统的均匀(衡)性逐渐增强,J 介于 0 和 1 之间。当 J 为 0 时,用水处于最不均匀状态;当 J 为 1 时,用水达到理想平衡状态。因此,均衡度能够更直观地描述水资源利用状况,较信息熵更具可比性。

与均衡度有相反意义的优势度 I,其表达式为

$$I = 1 - J \qquad (4)$$

3 应用区域和对象

云南省位于中国西南边境,地理位置在东经 97.527 5°～106.196 4°和北纬 21.142 2°～29.252 2°之间,跨越 10 个经度和 9 个纬度区域,北回归线横跨南部。西北与西藏自治区接壤,北与四川省接壤,东与贵州省、广西壮族自治区交界,西与缅甸西南交界,南与老挝、越南交界。受暖湿气流影响,降水和水资源都比较丰富。2003—2017 年,全省平均年用水量为 149.5 亿 m³,截至 2017 年底,全省常住人口有 4 800 万人,GDP 达 16 531 亿元。水资源开发利用率为 7.4%,人均综合用水量为 326 m³,万元 GDP 用水量为 95 m³(当年价),万元工业增加值用水量为 55 m³,农田灌溉用水量为 360 m³/亩,城镇居民家庭人均用水量为 130 升/(人·天),农村居民家庭人均用水量为 77 升/(人·天)。2017 年全省水资源总量为 2 203 亿 m³,人均水资源量为 4 588 m³。

本次分析应用对象为云南省 16 个州市和 17 个水资源三级区 2003—2017 年的用水结构。

4 分析成果

4.1 用水数据

云南省供用水主要来自地表水源、地下水源和其他水源(非常规水利用和雨水收集利用等),其中以地表水源供水为主,2003—2017 年平均地表水源供水占总供水量的 90%以上。

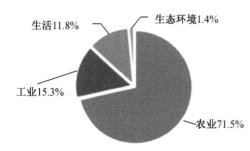

图 1 2003—2017 年云南省年均用水结构

云南省用水分为农业用水、工业用水、生活用水和生态环境用水。依据云南省 2003—2017 年水资源公报[12],对全省用水结构数据进行分析。

云南省年均用水总量为 149.5 亿 m³,各项年均用水量分别为:农业 106.9 亿 m³、工业 22.9 亿 m³、生活 17.7 亿 m³、生态环境 2.0 亿 m³。农业、工业、生活和生态环境用水结构比例依次

为:71.5%、15.3%、11.8%和1.4%(图1)。

  绘制总用水量和农业、工业、生活、生态环境用水量过程线,可以看出:全省用水总量总体呈波动上升趋势,其中农业用水量呈波动下降趋势,而工业、生活和生态环境用水呈波动上升趋势(图2)。

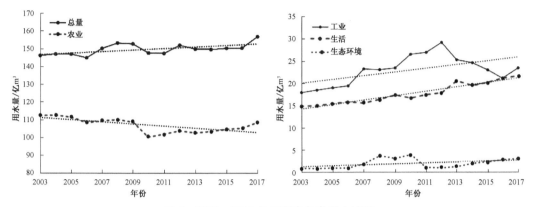

图2 2003—2017年云南省各类用水过程

  从各类用水过程可以看出全省用水大致分为两个阶段:

  第一阶段是2003—2010年前后,总用水量虽然是波动式上升,但在2010年有所跌落。其中农业用水量在2010年却是从较高值降到15年间的最低值;工业用水量一直呈波动式上升;生活用水量在波动式上升的过程中,在2010年有所跌落;生态用水量在波浪式上升的过程中,在2011年有较大跌落。

  第二阶段是2011—2017年,总用水量从较低值波动上升至15年间的最高值。其中农业用水量从最低值开始呈缓慢上升的趋势;工业用水量波动上升至2012年达到15年间最高值,随后逐渐下降至2016年较低值后又开始缓慢上升;生活用水量逐年缓慢上升,至2017年达到15年间最高值;生态用水量持续缓慢上升。

  2010年农业用水量为最小,这是由于2009—2011年的西南地区干旱导致水利工程蓄水严重不足,因而2010年农业用水严重不足;生活和生态环境用水也受到一定程度的影响,工业用水基本无影响。

4.2 各类用水结构的演变

  根据式(1)～式(4),分别按农业、工业、生活和生态环境用水计算2003—2017年云南省用水类别结构的信息熵、均衡度和优势度(表1)。

表1 2003—2017年云南省用水类别结构信息熵、均衡度和优势度

年份	信息熵/Nat	均衡度	优势度
2003	0.72	0.52	0.48
2004	0.73	0.52	0.48
2005	0.74	0.53	0.47
2006	0.76	0.55	0.45

续 表

年份	信息熵/Nat	均衡度	优势度
2007	0.81	0.58	0.42
2008	0.85	0.61	0.39
2009	0.86	0.62	0.38
2010	0.91	0.66	0.34
2011	0.86	0.62	0.38
2012	0.86	0.62	0.38
2013	0.87	0.63	0.37
2014	0.88	0.63	0.37
2015	0.87	0.63	0.37
2016	0.87	0.63	0.37
2017	0.89	0.64	0.36
平均	0.83	0.60	0.40
理想(平衡)状态	1.39	1.00	0.00

从计算结果可看出:2003—2017年,云南省用水类别结构平均信息熵为0.83Nat,平均均衡度为0.60,平均优势度为0.40。

绘制云南省不同类别用水结构信息熵、均衡度和优势度过程(图3)。从图3(a)可看出,全省用水类别结构信息熵首先呈上升趋势,在2010年上升为15年间的最大值,然后从2011年的跌落点又逐渐缓慢上升,总体表现为先上升、跌落后继续上升的波动式变化,这说明在2010年,干旱使用水占比最大的农业用水量大幅减少,而其他类别用水又影响甚微的情况下,导致当年用水类别结构达到15年间最均衡的状态;与理想熵1.39Nat对照,不同类别用水信息熵过程与之距离较大,但总体趋势为逐渐增大,这说明全省不同类别用水结构极不平衡和不均匀,但正在向均匀化演变。

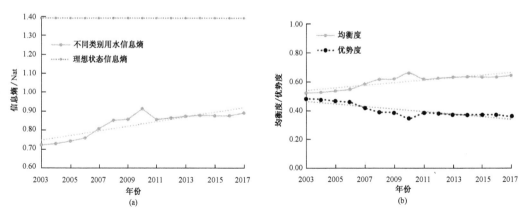

图3 2003—2017年云南省不同类别用水结构信息熵、均衡度和优势度过程

从图 3(b)可看出,全省用水类别均衡度变化趋势与信息熵变化趋势一致,也是呈先上升、跌落后又继续上升的波动式变化,2010 年均衡度达到最大值也说明是干旱的影响导致农业用水减少;均衡度过程和优势度过程都在向相互反方向变化,即均衡度过程总体在缓慢上升,向着其理想值 1 的方向变化,优势度总体也在缓慢下降,向着其理想值 0 的方向变化,这也充分说明全省不同类别用水结构正在向均匀化演变。

在全省用水类别结构中,由于农业用水占较大比重,所以信息熵和均衡度受农业用水量的影响较大。一般农业用水量越大,信息熵和均衡度就越小,形成用水结构较不均衡的局面。

4.3 用水区域的分异特征

4.3.1 州市用水分异性

云南省用水总量由 16 个州市用水组成。根据 16 个州市 2009—2017 年用水数据,运用 C. E. Shannon 熵理论公式,计算信息熵、均衡度和优势度,见表 2。

表 2 2009—2017 年云南市州市用水结构信息熵、均衡度和优势度

年份	信息熵/Nat	均衡度	优势度
2009	2.63	0.95	0.05
2010	2.64	0.95	0.05
2011	2.66	0.96	0.04
2012	2.66	0.96	0.04
2013	2.65	0.96	0.04
2014	2.65	0.96	0.04
2015	2.65	0.95	0.05
2016	2.65	0.95	0.05
2017	2.65	0.96	0.04
平均	2.65	0.96	0.04
理想(平衡)状态	2.77	1.00	0.00

从 9 年全省州市用水结构信息熵、均衡度和优势度计算结果可以看出:各州市用水信息熵基本稳定在 2.65Nat 左右,其中 2011 年、2012 年干旱导致滇中部分州市用水减少,而使信息熵值较大,全省信息熵值总体呈现缓慢极微上升态势;均衡度基本稳定在 0.96 左右,总体也呈现平稳状态;优势度平均为 0.04。

州市用水结构信息熵和均衡度都十分接近理想(平衡)状态(图 4),表明州市用水结构比较均衡。

4.3.2 水资源三级区用水分异性

云南省用水总量由 17 个水资源三级区用水组成。根据 C. E. Shannon 熵理论公式,分别计算 2009—2017 年全省水资源三级区用水结构的信息熵、均衡度和优势度(表 3)。

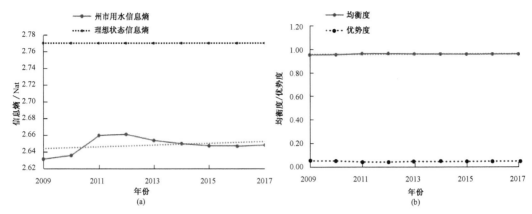

图 4　2009—2017 年云南省州市用水结构信息熵、均衡度和优势度过程

表 3　2009—2017 年云南省水资源三级区用水结构信息熵、均衡度和优势度

年份	信息熵/Nat	均衡度	优势度
2009	2.07	0.73	0.27
2010	2.08	0.74	0.26
2011	2.11	0.74	0.26
2012	2.11	0.75	0.25
2013	2.12	0.75	0.25
2014	2.10	0.74	0.26
2015	2.10	0.74	0.26
2016	2.11	0.74	0.26
2017	2.11	0.74	0.26
平均	2.10	0.74	0.26
理想(平衡)状态	2.83	1.00	0.00

从 2009—2017 年全省水资源三级区用水结构信息熵、均衡度和优势度计算结果可以看出:各分区用水信息熵基本稳定在 2.10Nat 左右,均衡度基本稳定在 0.74 左右,优势度平均为 0.26。区域用水结构信息熵和均衡度总体呈极微上升状态,水资源三级区用水组成比较均衡。

水资源三级区用水结构信息熵和均衡度都十分接近理想(平衡)状态(图 5),说明目前全省水资源三级区用水量比较均衡。

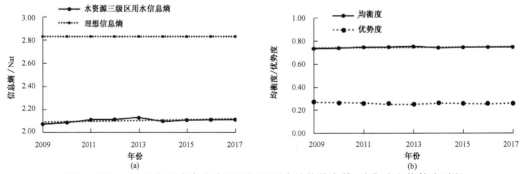

图 5　2009—2017 年云南省水资源三级区用水结构信息熵、均衡度和优势度过程

4.4 用水结构变化驱动力分析

（1）用水均衡度差异性分析

云南省用水结构按用水类别、州市和水资源三级区分，其均衡度差别较大：各类别用水均衡度平均为 0.6，各州市用水均衡度平均为 0.96，各水资源三级区用水均衡度平均为 0.74，这说明全省工业、农业、生活和生态环境用水结构极不均衡（多年平均农业用水量是生态用水量的 54 倍），各州市用水结构则比较均衡（除了迪庆藏族自治州、怒江傈僳族自治州多年平均用水量在 2 亿 m³ 以下，其他州市用水量都在 6 亿～20 亿 m³ 之间），各水资源三级区用水结构也比较不均衡（多年平均用水量宜宾至宜昌仅 0.28 亿 m³，金沙江石鼓以下干流则为 42.8 亿 m³）。各用水均衡度的差异性与云南省用水实际情况相符，说明各项均衡度计算合理。

（2）农业用水变化驱动力因素

畜禽用水、鱼塘补水和农业灌溉用水共同组成云南省农业用水，其中农田灌溉用水约占全部农业用水的 90%。随着社会经济的发展，原有耕地面积不断被占用，耕地面积的减少使灌溉面积随之减少，灌溉用水量也随之减少，最终导致农业用水的减少。云南省从 2009 年以来，积极开展节水型社会建设，大力采取农业节水灌溉措施并科学调整农业种植结构，全省农业灌溉用水量从 2009 年的 492 m³/亩下降到了 2017 年的 360 m³/亩，这也是导致农业用水量总体减少的因素。

（3）工业用水变化驱动力因素

云南省工业用水主要为一般工业用水。虽然 2009 年以来部分州市开展了节水型社会的建设，在工业用水方面采取了系列节水措施，使全省万元工业增加值用水量有所下降，从 2009 年的 100 m³/万元降至 2017 年的 55 m³/万元；但是，由于全省工业经济的不断发展，全省工业用水量总体呈增加趋势。

（4）生活用水变化驱动力因素

人口数量的增长、人们生活水平的提高以及城市公共服务业的发展，使云南省生活用水量不断增加。

（5）生态环境用水变化驱动力因素

生态环境用水包括河湖补水和城镇环境用水，由于近年来河湖补水的明显增加，同时随着全省经济的快速发展以及生态环境建设的不断加强而导致城镇环境用水的增加，全省生态环境用水也呈增加态势。

5 结论和展望

（1）结论

① 云南省年均用水总量为 149.5 亿 m³，用水总量呈缓慢波动上升趋势，除了农业用水总体呈下降趋势外，工业、生活和生态环境用水均呈波动上升趋势。

② 云南省不同类别用水结构平均信息熵为 0.83Nat，均衡度为 0.60，用水组成极不均衡，但正在向均匀化演变；州市用水结构平均信息熵为 2.65Nat，均衡度为 0.96，结构比较均衡；水资源三级区用水结构平均信息熵为 2.10Nat，均衡度为 0.74，结构相对不均；州市和水资源三级区用水结构都有微弱的均匀化趋势。

③ 导致云南省用水结构变化的因素有:农业灌溉面积的变化和节水型社会的建设等对农业用水量有较大影响;工业经济发展对工业用水量的变化有比较明显的影响;人口的增长和城市公共服务业的发展是引起生活用水量变化的主要因素;城市规模的扩大、城市生态环境建设以及河湖补水需求的增大是生态环境用水量的主要影响因素。

（2）展望

随着农业种植结构的调整、低耗水工业产业的发展和生态建设的需求,农业用水比重将会不断降低,工业用水量也将逐渐减少,生态环境用水将逐渐增大,云南省用水结构将向更加合理均衡的方向发展。

建议加强水资源管理,继续推进节水型社会建设和水生态文明建设,节约用水和提高水资源利用的效率和效益,促进云南省水资源可持续利用和经济可持续发展。

参考文献:

[1] 魏榕,王素芬,訾信.区域用水结构演变研究进展[J].中国农村水利水电,2019(10):81-83.

[2] 张继国,辛格.信息熵——理论与应用[M].北京:中国水利水电出版社,2012.

[3] 王栋,吴吉春,王远坤,等.信息熵理论在水系统中的研究与应用[M].北京:中国水利水电出版社,2012.

[4] 徐鹏程,王栋.信息熵在水文水资源科学中的研究进展[J].华北水利水电大学学报(自然科学版),2017,38(4):71-78.

[5] 姜志群,朱元生.基于最大熵原理的水资源可持续性评价[J].人民长江,2004(1):41-42.

[6] 刘晓敏,刘志辉,孙天合.基于熵权法的河北省水资源脆弱性评价[J].水电能源科学,2019(4):33-35+39.

[7] 王杰,龙爱华,杨广,等.近25a来新疆农作物水足迹与经济增长的空间关系分析[J].干旱区地理,2019(3):526-533.

[8] 邹进.基于二元水循环及系统熵理论的城市用水配置[J].水利水电科技进展,2019,39(2):16-20.

[9] 高甫章,何新林,杨广.克拉玛依市水资源多维临界调控研究[J].水利水电技术,2019,50(1):73-80.

[10] 尚晓三.安徽省近10年用水结构变化特征分析[J].人民长江,2017,48(18):45-49.

[11] 刘燕,胡安焱,邓亚芝.基于信息熵的用水系统结构演化研究[J].西北农林科技大学学报(自然科学版),2006(6):141-144.

[12] 云南省水利厅.云南省2003—2017年水资源公报[Z].2004-2018.

甘肃省长江流域径流年内分配特性研究

吴彦昭,陈凯,王启优

(甘肃省水文水资源局,甘肃 兰州 731000)

摘 要:本文基于近60年系列径流资料,对甘肃省长江流域径流年内分配特性进行分析。采用1956—2016年、1980—2016年两系列,对径流年内月分配情况、不均匀系数、集中度、集中期进行分析研究。通过分析研究发现,以降水为主补给的甘肃省长江流域径流年内分配不均匀,嘉陵江不均匀系数最大,其次是西汉水,最后是白龙江干流。从而可以得出白龙江流域调蓄能力强,年内分配相对均匀。

关键词:径流;年内分配;集中度;集中期;均匀系数

Study on annual runoff distribution of the Yangtze River Basin in Gansu Province

WU Yanzhao,CHEN Kai,WANG Qiyou

(Gansu Hydrology and Water Resources Bureau,Lanzhou 731000,China)

Abstract:Based on the 1956—2016 series of runoff data collected by third time Gansu Water Resources Survey and Evaluation, the annual distribution characteristics of runoff in the Yangtze River Basin of Gansu Province were analyzed. The monthly runoff distribution, non—uniformity coefficient, concentration degree and concentration period in 1956—2016 and 1980—2016 were analyzed. Through the analysis and research, the runoff distribution is uneven in the year, with the Jialingjiang River having the largest uneven coefficient, followed by the Xihanshui River and the Bailongjiang River. Thus, it can be concluded that Bailongjiang River has strong storage capacity and relatively uniform distribution in the year.

Key words:runoff; annual distribution; concentration; concentration period; uniformity coefficient

　　径流的年内分配是水资源评价中的一个重要组成部分,国内外一直在积极探索其研究方法。在工程应用、水库调度等水资源开发利用中需对其进行分析研究,掌握它的变化规律。在分析过程中,从定性的描述、推断发生的原因,到定量分析研究和相互关系模型化,以参数化、独特的变化特性将河流区分开来。

作者简介:吴彦昭(1987—),男,本科,工程师,主要从事水情报汛和水资源调查评价工作。

1 资料与方法

1.1 区域概况

甘肃省长江流域位于甘肃省西南甘南藏族自治州、陇南市,包含嘉陵江和汉江两个水系,流域面积为 38 285 km²,其中汉江仅 169 km²。水资源相对甘肃其他区域较丰富,该区域主要由嘉陵江干流、西汉水、白龙江 3 部分组成,嘉陵江干流、西汉水入陕西后汇合流入四川省,白龙江入四川省后汇入嘉陵江。研究区域有 20 处水文站,站网密度为 3.8 km²/站,径流实测资料有 1 475 站年。

1.2 研究方法

在研究分析过程中进行代表站选取,选择能够反映整个流域年内分配特性的水文站作为代表站,忽略部分区域或支流独特性。依照主要河流嘉陵江干流、西汉水、白龙江分别选取下游长系列控制站谈家庄、镡家坝、碧口水文站作为代表站。由于收集的 1956—2016 年系列资料,其主要突变年份在 1980 年前后,因而采用 1956—2016 年、1980—2016 年两系列,使用不同的径流年内变化指标,分析甘肃省长江流域径流年内分配规律,对年内分配特征进行定量分析,为流域水资源合理配置提供科学依据。

1.2.1 径流年内分配不均匀系数

径流年内分配不均匀系数采用变差系数 Cv 来表示,Cv 值越大说明年内分配越不均匀,反之,年内分配越均匀。其公式如下:

$$Cv = \frac{\delta}{\overline{R}} \tag{1}$$

式中:$\overline{R}$ 为月径流平均值,万 m³;δ 为均方差。

1.2.2 径流年内分配完全调节系数

径流年内分配不均匀性的另外一种计算方法是径流年内分配完全调节系数 Cr[3-9],其计算公式如下:

$$Cr = \frac{\sum_{i=1}^{12} \Phi_i (R_i - \overline{R})}{\sum_{i=1}^{12} R_i} \tag{2}$$

$$\Phi_i = \begin{cases} 0 & (R_i < \overline{R}) \\ 1 & (R_i \geq \overline{R}) \end{cases} \tag{3}$$

式中:R_i 为年内各月径流量,亿 m³;$\overline{R}$ 为年内月平均径流量,亿 m³。

由公式(2)可知:Cr 值越大,月径流量序列间的差异越大,径流年内分配不均匀程度越高,表示年内分配越集中;Cr 值越小,其结果同 Cr 值越大的情况相反。

1.2.3　径流年内集中度、集中期

集中度和集中期[1-7]是利用实测的月径流资料来反映年径流的集中程度和最大径流量出现的时段。径流集中度是指各月径流量按月以向量方式累加,其各分量之和的合成量占年径流量的百分数,用 C 表示。径流集中期是指径流向量合成后的方位,12 个月分量和的比值正切角度,用 D 表示。

第 i 个月份径流向量 r_i,它在水平、垂直两个方向的分量分别为 r_i 的正弦值和余弦值,即 $r_{xi} = r_i \sin\theta_i$,$r_{yi} = r_i \cos\theta_i$。

$$C = \frac{\sqrt{R_x{}^2 + R_y{}^2}}{W} \tag{4}$$

$$D = \arctan(\frac{R_y}{R_x}) \tag{5}$$

$$R_x = \sum_{i=1}^{12} r_i \sin\theta_i \tag{6}$$

$$R_y = \sum_{i=1}^{12} r_i \cos\theta_i \tag{7}$$

式中:W 为年径流量,亿 m³;R_x、R_y 分别为 12 个月的水平、垂直分量之和;r_i 为第 i 个月的径流向量;θ_i 为第 i 个月的径流矢量角度,i 为月序($i = 1, 2, 3, \cdots, 12$)。

C 很好地表达了径流年内的非均匀分布特性,当集中度等于 100% 时 C 为极限最大值,表明全年径流量集中在某一个月内;当集中度等于 0% 时,表明全年径流量平均分配在每个月中,即每个月的径流量相等。

2　代表站径流年内分配分析

甘肃省长江流域属于季节性河流,年内分配随季节气候变化而变化[1],年内分配不均匀,具有流域年内分配特性。

2.1　径流代表站年内月分配

通过对代表站资料的统计,算出各月以及最大四个月平均径流量占全年径流量的百分比,结果见表 1。从表 1 可以看出甘肃省长江流域径流量连续最大四个月基本在 7—10 月,占全年的 50%～65%,最小月份在 2 月,占全年的 2%～3%,嘉陵江干流 1956—2016 年多年平均月径流量最大月份在 9 月,占全年 20%,西汉水最大月份在 9 月,占全年 16%,白龙江最大月份在 7 月,占 14%。

247

表1　年内月分配及最大四个月占比统计表　　　　　　　　　　单位:%

月份	1956—2016 年系列			1980—2016 年系列		
	谈家庄	镡家坝	碧口	谈家庄	镡家坝	碧口
1 月	3	3	4	3	3	4
2 月	2	2	3	2	2	3
3 月	3	4	4	3	4	4
4 月	6	7	6	6	7	6
5 月	7	9	10	7	9	10
6 月	6	8	11	7	9	12
7 月	16	14	14	15	14	14
8 月	18	13	13	18	13	12
9 月	20	16	13	20	15	12
10 月	11	14	11	11	14	11
11 月	5	7	7	5	6	7
12 月	3	3	4	3	4	5
最大四个月	65	57	51	64	56	50

在统计的基础上,绘制代表站 1956—2016 年系列年内月分配图,如图 1 所示,从图 1 中可得出长江流域 1—7 月径流缓慢增加,11 月、12 月呈断崖式降低,6 月份会出现夏旱现象。长江流域以降雨补给为主,由于下垫面植覆或者水利工程规模不同,河流呈现不同的变化。嘉陵江干流调节能力最弱,白龙江最强,西汉水居中。白龙江径流量变化过程缓慢,年内月分配较均匀。

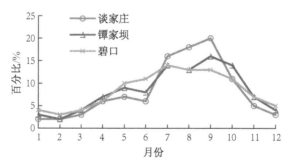

图1　代表站年内月分配百分比图

2.2　径流年内月分配不均匀性分析

通过分析计算将径流年内月分配不均匀性 C_v 按照两个系列统计结果列入表 2。从表 2 中可以看出白龙江不均匀性 C_v 最低,嘉陵江干流最高,西汉水居中;1980—2016 年系列 C_v 较 1956—2016 年系列 C_v 有所降低[7],稳定性增强,证明流域内蓄水或调水能力增强,从而反映水利工程增多,或者植覆变好。

表 2　径流年内月分配不均匀系数统计表

年份	Cv		
	嘉陵江干流	西汉水	白龙江
1956—2016 年	0.77	0.58	0.48
1980—2016 年	0.77	0.57	0.46

2.3　径流年内集中度、集中期

不均匀性系数和集中度[1-7]具有一致性,但径流集中度比不均匀系数灵敏度高,能够准确反映径流的集中方向和所占比重。同样采用两系列进行分析计算,结果见表3。从表3中可看出 1956—2016 年系列的嘉陵江干流集中度最高,从而分配较不均匀,径流集中期为 8 月 20 日;其次是西汉水,其径流集中期为 8 月 18 日;白龙江集中度最低,径流集中期为 8 月 2 日。1980—2016 年系列集中度较 1956—2016 年系列集中度有所降低。变化过程和年内分配最大月份基本一致。

表 3　径流年内月分配集中度、集中期统计表

站名	1956—2016 年			1980—2016 年		
	集中度/%	集中期/(°)	日期	集中度/%	集中期/(°)	日期
嘉陵江干流	47	212	8.20	47	211	8.19
西汉水	36	210	8.18	36	207	8.15
白龙江	32	204	8.02	31	201	7.30

3　结论

通过上述分析计算,得出甘肃长江流域的 3 个主要河流年内分配特性呈不均匀分配。白龙江年内分配较其他两条河流较均匀,嘉陵江干流最不均匀,西汉水居中,其中白龙江[8]变化各项不均匀系数较低,证明该流域主要以季节性降雨补给为主,调蓄能力强。水资源开发利用应在 7—10 月,同时需加强蓄水工程建设、植被的保护,特别是嘉陵江流域。在规划白龙江调水、用水工程时应充分考虑枯水月份生态流量的保证,对全年调水作出合理的规划。嘉陵江干流需加强保护,涵养水源,使其年内分配均匀度提高。

参考文献:
[1] 徐海量,叶茂,宋郁东. 塔里木河源流区气候变化和年径流量关系初探[J]. 地理科学,2007,27(2):219-224.
[2] 冯国章,李瑛,李佩成. 河川径流年内分配不均匀性的量化研究[J]. 西北农业大学学报,2000(2):50-53.
[3] 张钰,唐颖丰,韩克明,等. 洮河流域径流年内分配变化规律分析[J]. 干旱区资源与环境,2011,25(9):71-74.

［4］ 刘贤赵,李嘉竹,宿庆,等.基于集中度与集中期的径流年内分配研究［J］.地理科学,2007,27(6):791-795.

［5］ 胡彩霞,谢平,许斌,等.基于基尼系数的水文年内分配均匀度变异分析方法——以东江流域龙川站径流序列为例［J］.水力发电学报,2012,31(6):7-13.

［6］ 郑红星,刘昌明.黄河源区径流年内分配变化规律分析［J］.地理科学进展,2003,22(6):585-590+649.

［7］ 张跃华,徐刚,张忠训,等.嘉陵江年径流量时间序列趋势分析［J］.重庆师范大学学报(自然科学版),2011,28(5)33-36.

［8］ 田黎明,齐识,马金珠,等.白龙江流域上游径流年内分配变化规律分析［J］.水文,2012(4):82-87.

淮河区降雨时空分布特征研究

刘开磊[1],陈竹青[1],王艺晗[2],潘亚[3],胡友兵[1]

(1. 淮委水文局(信息中心),安徽 蚌埠 233001;2. 河海大学,江苏
南京 210098;3. 安徽财经大学,安徽 蚌埠 233030)

摘　要:降雨时空分布特征研究是区域防汛抗旱、水资源调度管理的工作基础。本研究依据1956—2016年淮河区142个雨量代表站实测月降雨量观测资料,分别以水资源一级、二级分区为评价单元,采用降雨集中度(PCD)、降雨集中期(PCP)指标对研究区域降雨时空分布特征进行研究。研究表明:① PCD,PCP与传统最大四月、最大月降雨指标评价结果具备良好的一致性,其中淮河区PCD与最大月降雨占全年比例之间的相关系数达0.912,呈现显著的正相关;② 淮河区PCD指标未呈现显著趋势性变化,PCP呈现推迟的趋势;③ 多年平均降雨集中期、集中度指标由南向北分别呈现明显推迟、增大的趋势性变化;④ 淮河区降雨集中程度在正常水平或以下,其中,山东境内的沂沭泗河区、沿海诸河区降雨集中程度较高,防汛调度与水资源供需调配压力较大。

关键词:逐月降雨;多年平均集中期;多年平均集中度;淮河区

　　降雨量的年内分布、年际变化特征是表征区域水资源天然禀赋条件的重要因素,直接影响区域农业生产、防汛抗旱等人类活动,影响着自然生态系统的健康程度。降雨年内分布的集中程度,直接关系到区域水资源供需平衡,影响水资源的开发利用管理;当年内降雨集中程度过高时,区域水资源将会过分集中,极易引发区域洪水灾害或干旱事件。以淮河流域为例。2014年,淮河流域南四湖发生较为严重的干旱事件,南四湖汛期降水量较常年同期偏少三成,入汛之后南四湖水位持续下降,导致部分区域湖底裸露、干裂,对湖区生态环境以及人类生活、生产用水造成严重威胁[1]。2017年8—10月,淮河流域降雨日数多、降雨总量大,秋季连阴雨为1961年以来同期最强;受持续降雨影响,淮河流域在2017年遭遇较为少见的秋汛,对淮河流域以及河南、安徽等省份的秋季度汛工作带来了沉重压力[2]。

　　针对降雨量年内、年际变化特征的定量化研究,一直是水文水资源领域的重要基础研究内容,也是服务区域水资源评价、防洪等专项及综合规划的重要技术支撑。通常采用月降雨比例、最大四月降雨及其占全年降雨比重、最大月降雨及其占全年降雨比重等指标描述年内、年际降雨不均匀分布状况,但指标不能够同时考虑本年度其他月份降雨量。另有汤奇成等[3]、杨远东[4]提出集中度、集中期指标,将月降雨视作矢量,以矢量合成的方式描述降雨年内分布重心、降雨集中程度。该指标能够综合考虑年内逐月降雨之间的相互影响,定量评价年内降雨不均匀分配状况,目前已广泛应用于描述我国各流域、各地区的降雨时空不均匀分布特征。曾瑜等[5]采用集中度与集中期指标研究鄱阳湖流域降雨时空分布规律,降雨集中度总体由西南向东北方向逐渐增加。刘永林等[6]通过分析我国1960—2013年降雨不均匀性的时空变化特征,依据集中度指标值,将我国划分为正常、轻度分散等7个区域类型。

　　尽管集中度、集中期指标已经在我国获得广泛应用,但是以往研究多集中于某一年的年

内降雨集中度,或对多年降雨集中度、降雨集中期统计规律的分析,未见从多年平均角度研究区域降雨不均匀分布特征。本研究以淮河区作为试验区域,淮河区位于我国南北气候过渡带,受南北气候、高低纬度和海陆相三种气候过渡带叠加影响,降雨年内分布不均、年际丰枯变化剧烈,汛期水资源管理与非汛期水资源短缺问题长期存在[7-8]。考虑到淮河区在地理位置、气象、水文条件等方面的独特性和复杂性,本研究尝试从矢量合成的角度完善多年平均集中度、集中期指标的计算方法,并通过对淮河区水资源一级、二级分区降雨不均匀程度的时空分布特征的研究,定量评价淮河区降雨不均匀程度在时间、空间尺度上的趋势变化特征。

1 评价指标介绍

汤奇成、杨远东等分别提出降雨集中度(Precipitation Concentration Degree,PCD)与降雨集中期(Precipitation Concentration Period,PCP)的概念,将每月的降雨量看作降雨矢量的模,以逐月降雨矢量和的形式反映年内降雨逐月分配的不均匀程度。具体来说,将一年12个月看作圆周(360°),各月均分圆周;为逐月降雨量赋予相应的角度将逐月降雨量视作矢量,比如1月对应 $0 \times 360°/12 = 0°$,2月对应 $1 \times 360°/12 = 30°$,3月对应 $2 \times 360°/12 = 60°$,依次类推将逐月降雨转换为降雨矢量。1—12月各月降雨分别占据 $[345°, 15°)$,$[15°, 45°)$,…,$[315°, 345°)$ 的区间作为该月内降雨的覆盖范围。年降雨量可以用年内逐月降雨量矢量和表示(图1),年降雨矢量所指示的方位代表全年降雨量重心所在的月份。在图1的极坐标系中,黑色实线为转换后的逐月降雨矢量,降雨矢量两侧相邻两条灰色实线表示当月降雨覆盖范围。

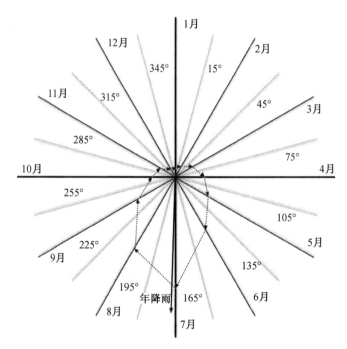

图1　逐月降雨矢量合成图

降雨集中度是表示年内降雨集中程度的指标，是年降雨矢量的模与全年降雨量的比值；降雨集中期是指年降雨矢量所指示的方位，代表全年降雨量重心所在月份，一般用反正切角度表示。以 $p_i(i=1,2,\cdots,12)$ 表示年内逐月降雨量，p_{xi}，p_{yi} 分别表示第 i 个月降雨矢量 $\overrightarrow{p_i}$ 在水平方向与垂直方向的分量，θ_i 表示第 i 个月降雨矢量的角度，则年降雨矢量 $\overrightarrow{p}$ 的模 p 可以表示为

$$\begin{cases} \overrightarrow{p} = \sum\limits_{i=1}^{12} \overrightarrow{p_i} \\ p = \sqrt{p_x{}^2 + p_y{}^2} \qquad (p_x = \sum\limits_{i=1}^{12} p_{xi}, p_y = \sum\limits_{i=1}^{12} p_{yi}) \end{cases} \tag{1}$$

（1）降雨集中度（PCD）与降雨集中期（PCP）

$$PCD = p / \sum\limits_{i=1}^{12} p_i \tag{2}$$

$$PCP = \arctan(p_x / p_y) \tag{3}$$

从集中度、集中期的计算方法可知，$0 \leqslant PCD \leqslant 1$。当降雨仅仅集中于第 i 个月时，PCD 取得最大值，为 1，从 PCP 指标上反映的降雨集中期落在第 i 个月上；当降雨年内均匀分布时，PCD=0。PCD、PCP 均是与降雨量级无关的降雨不均匀程度量化指标，能够较好地反映降雨年内不均匀特征，已在学术研究与生产实际[8-11]中获得较为广泛的推广应用。

（2）多年平均集中度与多年平均集中期

上述传统意义上集中度与集中期的概念，仅能够说明某一年的降雨分布不均匀程度，不能从多年平均的角度说明降雨的时空分布特征，参数代表性不够强，反映区域降雨时空分布特征的能力不足，还无法为水资源调查评价、水资源供需管理与水资源科学调度提供足够有价值的数据信息。

本研究提出的多年平均降雨集中度与多年平均降雨集中期，能够从多年平均的角度回答降雨集中分布在哪一月、集中程度有多高的概念，为区域水资源分析提供有代表性与参考价值的直观数据。参考集中度的计算方法，计算多年平均降雨集中度首先要获得多年平均降雨的矢量化形式。设有 m 年逐月降雨，多年平均年降雨矢量可以表示为

$$\begin{cases} \overrightarrow{p} = \sum\limits_{j=1}^{m} \overrightarrow{p^j}/m = \sum\limits_{j=1}^{m}\sum\limits_{i=1}^{12} \overrightarrow{p_i^j}/m \\ p_x = \sum\limits_{j=1}^{m} p_x^j/m = \sum\limits_{j=1}^{m}\sum\limits_{i=1}^{12} p_{xi}^j/m = \sum\limits_{j=1}^{12}(\sum\limits_{j=1}^{m} p_{xi}^j/m) \\ p_y = \sum\limits_{j=1}^{m} p_y^j/m = \sum\limits_{j=1}^{m}\sum\limits_{i=1}^{12} p_{yi}^j/m = \sum\limits_{j=1}^{12}(\sum\limits_{j=1}^{m} p_{yi}^j/m) \\ p = \sqrt{p_x{}^2 + p_y{}^2} \end{cases} \tag{4}$$

多年平均降雨矢量可以用多年的年降雨矢量的矢量和除以 m 来表示，或用多年逐月降雨矢量和除以 m；同理，p_x，p_y 可以用多年的年降雨矢量在水平方向、垂直方向分量的均值表示，或者用多年逐月降雨矢量在水平方向、垂直方向分量的均值表示。进而，多年平均 PCD

指标(简记作$\overline{PCD}$)可以表示为多年平均降雨矢量的模与多年平均年降雨量的比值,计算方法与前述年内降雨集中期算法一致。

$$\overline{PCD} = p/(\sum_{j=1}^{m}\sum_{i=1}^{12} p_i^j/m) \tag{5}$$

式中:j 为年序号,$1\leqslant j\leqslant m$;p_i^j 为第 j 年第 i 个月降雨量;p_{xi}^j,p_{yi}^j 分别为第 j 年第 i 个月降雨量在水平方向与垂直方向的分量。

由$\overline{PCD}$的计算方法可知,$0\leqslant\overline{PCD}\leqslant1$。当多年的降雨都集中在第 i 个月时,$\overline{PCD}$取得最大值,为1;当 $p=0$,即多年平均降雨矢量和为 0 时,$\overline{PCD}=0$。$\overline{PCD}$,$\overline{PCP}$与年内 PCD,PCP 的计算方法具有良好的承接性,且取值范围一致。需要注意的是,部分学者会混淆 PCD 的多年平均值与$\overline{PCD}$的概念,前者是根据多个年份 PCD 指标值表征 PCD 的期望值,而后者的理论基础与计算公式更为明确,用与 PCD,PCP 指标一致的概念,描述多年平均意义上降雨的不均匀程度。

多年平均集中度、多年平均集中期指标的计算,要求分析对象具有多年逐月的降雨数据。在水资源评价工作中,雨量代表站往往能够提供较长系列的逐月降雨,而其他选用站不具备逐月数据或系列长度不够,仅依靠逐年降雨量不能进行矢量化,无法提供多年平均集中度与多年平均集中期指标值。

(3)降雨不均匀程度分级

刘永林等结合正态分布函数、累积概率和百分位法,以 1960—2013 年中国降雨不均匀性的时空变化特征分析结果为基础,提出降雨不均匀性等级评价指标体系。根据集中度指标值,将降雨不均匀程度划分为高度集中、中度集中等 7 个等级,详见表1。刘永林等从理论分析的角度证明该划分体系的科学合理性,并基于长系列观测数据的对比分析指出该指标体系适用于全国范围内的降雨不均匀性等级评价。其后,贾晓云[9]、李英杰[10]、栗忠魁[11]等分别在我国湖南衡阳盆地区、秦岭南北两侧以及华北地区继续开展试验研究,进一步验证集中度指标以及刘永林所提出的分级体系适用性。本研究沿用其指标体系的划分标准,在基于 PCP,PCD 以及$\overline{PCD}$,$\overline{PCP}$指标对淮河区降雨时空分布不均匀程度进行定量评价分析的同时,提出其定性评价成果。降雨集中程度越低,逐月降雨之间差异越小,则年内降雨分配越均匀,防汛抗旱、水资源调配的压力就越小。

表1 降雨不均匀程度分级评价指标[6]

等级	类型	PCD
1	高度集中	(0.800,1]
2	中度集中	(0.721,0.800]
3	轻度集中	(0.647,0.721]
4	正常	(0.476,0.647]
5	轻度分散	(0.384,0.476]
6	中度分散	(0.270,0.384]
7	高度分散	[0,0.270]

2 流域概况及方法介绍

2.1 资料介绍

淮河区处于亚热带湿润气候向暖温带半湿润气候的过渡区,受多个天气系统的叠加影响,区域气候多变,天气变化剧烈,降雨时空分布不均。淮河区水资源分区之间的多年平均年降雨量变幅为 600~1 600 mm,南部王家坝以上南岸区最大,达 1 600 mm;北部小清河区最小,仅为 600 mm。考虑到淮河区二级区雨量站数量较少,不足以反映出淮河区降雨不均匀性的区域变化,因此除对淮河区的整体分析外,还将水资源二级区作为研究单元,以探讨淮河区 PCD,PCP 指标的空间变化特征。试验流域共有 142 个雨量代表站,在各水资源分区内,依据泰森多边形法确定分区内各雨量站的权重,进而计算各分区的面平均雨量,见表 2。试验流域各雨量代表站具备 1956—2016 年共 61 年的逐月降雨数据,能够满足对淮河区水资源一级、二级区的 PCD,PCP 以及 $\overline{PCD}$,$\overline{PCP}$ 指标统计分析的需求。

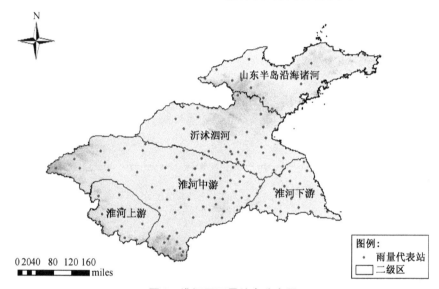

图 2 淮河区雨量站点分布图

表 2 淮河区水资源二级分区雨量站分布概况表

水资源分区		面积 km²	雨量代表站数目/个	站点密度 /(km²/站)	多年平均年降雨量 /mm
一级区	淮河区	330 829	142	2 329.78	838.2
二级区	淮河上游	30 543	12	2 545.25	994.8
	淮河中游	128 888	64	2 013.87	870.9
	淮河下游	31 715	26	1 219.81	1 022.3
	沂沭泗河	78 263	29	2 698.74	785.4
	山东半岛沿海诸河	61 420	11	5 583.64	663.7

由表 2 各水资源分区的站点密度数据可以看出,淮河区雨量站点以淮河下游最为密集,雨量站点密度达到 1 219.81 km^2/站,高于淮河区雨量站点密度的平均水平;山东半岛沿海诸河的雨量站点密度较为稀疏,平均 5 583.64 km^2 范围内有一个雨量代表站。结合图 2 可以发现,淮河区统计得到的雨量代表站呈现显著的南多北少现象,淮河中游区、下游区雨量站点较密集,山东半岛中部、东部地区以及沂蒙山区,南四湖湖西区雨量站点较少。

2.2 研究路线介绍

本研究以淮河区降雨量为研究对象,研究内容与路线主要有以下 3 个方面:① 统计淮河区 PCD,PCP 指标与分区最大月降雨量、最大四月降雨量等传统指标,并进行指标交叉对比,以验证 PCD,PCP 在淮河区的适用情况;② 通过对淮河区各水资源二级分区 1956—2016 年多年降雨数据的统计分析,判断淮河区各水资源二级分区 PCD,PCP 趋势性变化,判断区域降雨不均匀程度等级;③ 通过统计各分区单元$\overline{PCD}$,$\overline{PCP}$指标,揭示淮河区降雨在时间、空间维度上不均匀程度的时空演变特征。

3 淮河区降雨分配特征及指标交叉对比

3.1 年内降雨分配

图 3 在极坐标系中展示了淮河区 1956—2016 年的年降雨矢量(粗黑色实线)以及合成后的多年平均年降雨矢量(细黑色实线)。淮河区逐年降雨矢量均落在平面坐系的第三、第四象限,因此图 3 去除了第一、第二象限部分。

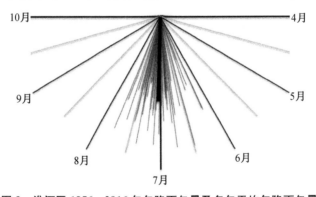

图 3 淮河区 1956—2016 年年降雨矢量及多年平均年降雨矢量

由图 3 可知,淮河区的年降雨矢量基本上落在 6 月中旬—8 月中旬,各年度降雨矢量的方向、模存在较为显著变化。淮河区$\overline{PCP}$为 7.56,$\overline{PCD}$为 0.492。淮河区 PCP 指标值分布在[6.66,8.27],即淮河区降雨的年内分布多集中在 6 月中下旬至 8 月上中旬期间;PCD 指标值分布在[0.34,0.63],即淮河区年内降雨分布的集中程度大致可以描述为中度分散、轻度分散或正常范围。

3.2 指标交叉对比

图 4 将降雨集中度最强的 1995 年与最弱的 1959 年的降雨过程在同一张图中展示出

来,设置纵坐标为月降雨量与年降雨量的比例。图 4 中垂直虚线指示的是降雨集中期所在月份。以 1959 年淮河区的年内降雨分配情况为例,淮河区降雨集中度在 1959 年达到历年最低值 0.34,降雨逐月分布最均匀,其最大四月降雨出现在 5—8 月,仅占年降雨量的 55.97%。1959 年降雨集中度水平较低,这与全年月最大降雨量占年降雨量的比值较低的现象是一致的。1995 年的降雨集中度为历年最高值 0.63,PCP=7.60,其最大四月降雨同样出现在 5—8 月,占全年降雨量的比例达到 74.34%。1995 年的降雨集中度显著高于 1959 年,相应的最大四月降雨量占全年降雨量的比例远高于 1959 年。由此可见,在这两年里,PCD,PCP 指标与传统的最大四月降雨量指标所反映的降雨集中分布情况是一致的。

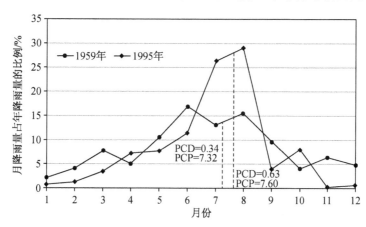

图 4　淮河区 1959 年、1995 年逐月降雨过程示意图

根据表 3,可能出现淮河区最大四月降雨落在 4—7 月、5—8 月等 4 种情况,对历年最大四月降雨落在不同月份的频次作了统计。同时约定,在采用最大四月降雨、PCD 与 PCP 指标进行不均匀性评估时,若集中期所在月份落在当年最大四月之内,则认为两种类型的指标在当年统计结果一致。因而,将最大四月为 5—8 月的所有年份数目作为分母,以统计结果一致的年份数目作为分子,求得相应的比例值列于表 3"指标一致性"列。指标一致性的取值范围为 [0,1],比例值越高,说明两类指标统计结果一致的比例越大,PCP 指标与传统指标的一致性越好。

表 3　淮河区 1956—2016 年降雨量年内分配特征统计表

最大四月	频次	指标一致性	最大四月占全年比例		集中期 PCP	
			最大值	最小值	最大值	最小值
4—7 月	1	100%	0.65	0.65	6.87	6.87
5—8 月	22	100%	0.54	0.77	6.66	7.94
6—9 月	34	100%	0.59	0.78	6.99	8.27
7—10 月	6	100%	0.56	0.66	7.36	7.88

首先由表 3 中可以发现,对于淮河区最大四月降雨的所有 4 种分布情况,降雨集中期所在月份均落在相应最大四月内,PCP 指标与传统最大四月降雨指标统计结果一致。最大四月降雨主要集中在 5—9 月,这与多年平均降雨集中期在 7 月中旬的结论也是一致的。

为进一步研究 PCD 指标与传统的最大四月降雨指标、最大月降雨指标的一致性,我们尝试以各年份的 PCD 指标值为横坐标,以相应年份最大四月降雨量、最大月降雨量占全年降雨量的比例为纵坐标,在平面坐标系中绘出上述点据。如 PCD 指标与两传统指标统计结果一致,则 PCD 应当与最大四月降雨量、最大月降雨量占全年降雨量的比例呈显著的正相关关系。

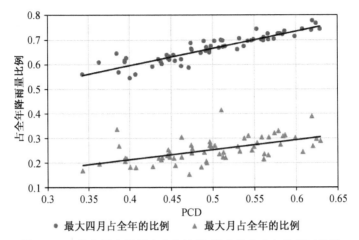

图 5　PCD 值与最大四月占全年比例、最大月占全年比例对比图

从图 5 中明显可以看出,PCD 指标值与最大四月占全年降雨比例、最大月站全年降雨量的比例均呈正相关关系。利用 SPSS 软件求解相关系数,PCP 与最大四月降雨量占全年降雨量的比例的相关系数达 0.912,与最大月降雨量占全年降雨量的比例的相关系数为 0.553,均呈显著正相关,与最大四月降雨量占全年降雨量的比例的相关性更强一些。从图 5 中的成果还可以推断,当某一年 PCD 指标值较大时,其最大四月降雨量、最大月降雨量占全年降雨量比例相应地很可能也处于较高水平,PCD 指标与传统指标之间的一致性较好。

从上述对 PCP,PCD 与传统最大四月降雨、最大月降雨指标的对比结果可知,PCP,PCD 指标与传统降雨年内分配情况统计指标具有良好的一致性。PCP 指标能够以更直观、针对性的数值呈现年内降雨分配的集中趋势,可以与传统指标互为有益补充;PCD 指标也可以在一定程度上替代传统的最大四月降雨指标,避免需要同时展示最大四月降雨所在月份、最大四月降雨量、最大四月降雨量占全年降雨量比例等复杂参数指标,对于指示区域降雨不均匀程度具有更良好的简便、准确性能。

3.3　年际降雨分配

前一节将 PCD,PCP 指标与传统的最大四月、最大月统计指标进行了比较分析,验证了两个指标体系之间统计结论的一致性以及 PCD,PCP 指标的适用性。基于上述结论以及淮河区年内降雨分配特征的研究成果,本研究继续探讨淮河区 PCD,PCP 指标的年际变化特征,尝试讨论淮河区降雨不均匀特征是否存在趋势性变化。图 6 中黑色点表示淮河区逐年 PCD,PCP 指标值;黑实线表示两指标的趋势线,图 6 中右下方公式为趋势线的解析式,用于辅助分析淮河区降雨不均匀程度的逐年变化。

从 PCP 指标的变化趋势分析可以看出,PCP 指标有随着时间推移而逐步增大的趋势。19 世纪 50 年代,淮河区年内降雨重心基本在 7 月中旬,而随着时间的推移,其年内降雨重心有逐渐推迟的趋势,这说明淮河区的汛期逐渐向后推移。分析 PCD 指标的变化趋势可以发

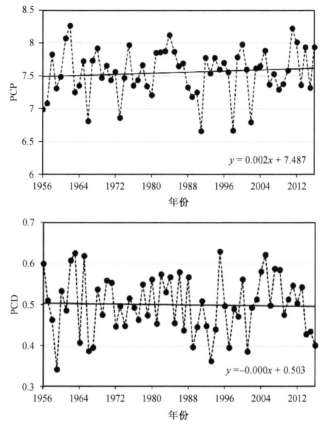

图 6　淮河区 1956—2016 年逐年 PCD,PCP 指标变化过程

现,PCD 的年际变化趋势线基本维持在 0.503 左右的水平,其年际趋势变化特征不显著,即淮河区 1956—2016 年的年内降雨集中程度并无显著变化。

4　二级区降雨集中程度分析

进一步的,统计淮河区水资源二级分区的 PCD,PCP 指标,研究不同水资源分区之间降雨集中程度的异同。图 7 统计了淮河区 5 个水资源二级区逐年 PCD,PCP 指标值,并以箱型图的形式展示。需要注意的是,图中方框表示多年平均集中度、多年集中期指标,而非多年PCD,PCP 指标的均值。

从图 7(a)中可以发现 PCP 指标变化幅度沿着淮河上游到下游、沂沭河区、沿海诸河区的顺序,由内陆到沿海、由南向北的趋势逐渐减弱,即相应区域年际降雨集中期指标沿着上述区域变得越来越稳定。从$\overline{PCP}$的角度也可以发现,$\overline{PCP}$是沿着上述区域变化递增的,即淮河区各水资源二级区的年内降雨重心呈现出由内陆向沿海、由南向北的趋势变化,年内降雨重心呈显著的推迟趋势。

从图 7(b)中可以发现,各二级区的 PCD 大致呈现由南向北逐渐增大的趋势,即降雨量的丰沛程度与降雨集中程度呈负相关,尤其对于降雨较少的山东半岛沿海诸河区,其降雨量最少,为 663.74 mm,$\overline{PCD}$达到最高,为 0.60,$\overline{PCP}$最迟,为 7.81。

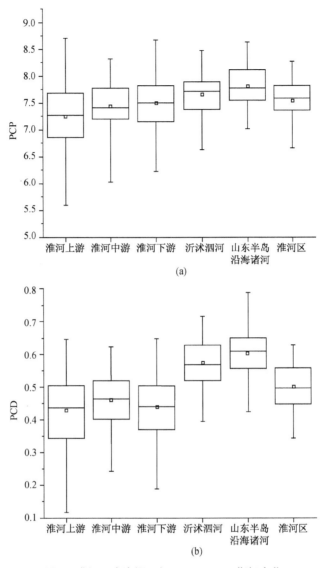

(a)

(b)

图7 淮河区水资源二级区 PCD，PCP 指标变化

表4 淮河区水资源二级区$\overline{\mathrm{PCP}}$，$\overline{\mathrm{PCD}}$指标统计成果

水资源二级区	多年平均降雨量/mm	$\overline{\mathrm{PCP}}$	$\overline{\mathrm{PCD}}$	最大四月			最大月		
				降雨量/mm	占全年比重	月份	降雨量/mm	占全年比重	月份
淮河上游	994.8	7.27	0.42	590.6	0.59	5—8	196.0	0.20	7
淮河中游	870.9	7.44	0.45	550.1	0.61	6—9	202.9	0.22	7
淮河下游	1 022.3	7.52	0.43	633.1	0.62	6—9	224.1	0.22	7
沂沭泗河	785.4	7.66	0.57	558.0	0.70	6—9	217.8	0.27	7
山东半岛沿海诸河	663.7	7.81	0.60	493.2	0.73	6—9	181.6	0.27	7
淮河区	838.2	7.56	0.49	542.9	0.64	6—9	200.6	0.23	7

淮河区降雨主要集中在汛期,1956—2016 年多年平均 6—9 月降雨量占全年降雨量的 64%,说明汛期降水是淮河区水资源的最主要来源;其余各二级区最大四月降雨量占全年降雨量的比例在[0.59,0.73]之间。降雨量较少的沂沭泗河区、山东半岛沿海诸河区多年平均年降雨量仅为 785.4 mm、663.7 mm,其中汛期降雨量占全年降雨量的比重则分别达到了 0.70 与 0.73,降雨集中程度较高。表 4 中水资源二级区的 $\overline{PCP}$ 指标与最大四月降雨、最大月降雨所在月份的统计成果一致,而各二级区的 $\overline{PCD}$ 指标与最大四月占全年比重、最大月占全年比重之间大致呈正相关关系,与上述淮河区的成果分析所获得的结论一致。

5 淮河区降雨时空分布特征

为能够更加直观地展示淮河区降雨时空分布特征,本研究根据各雨量代表站的 $\overline{PCP}$、$\overline{PCD}$ 指标统计结果,将统计结果依据克里金插值方法进行插值来获得淮河区每一个栅格点的 $\overline{PCP}$,$\overline{PCD}$ 指标值,并绘制在淮河区底图上。其中,$\overline{PCP}$ 以自然间断法划分为 5 个级别,$\overline{PCD}$ 则依据降雨集中度分级体系划分为 3 个级别,如图 8、图 9 所示。

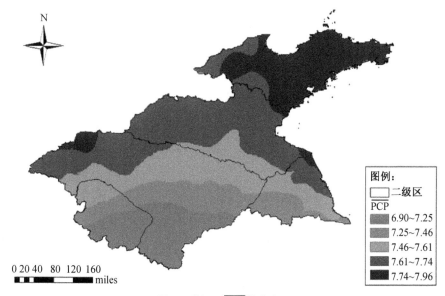

图 8 淮河区 $\overline{PCP}$ 值分布图

从图 8 中显然可以看出,淮河区 $\overline{PCP}$ 呈现显著的由南向北递增的变化趋势。其中,淮河流域降雨集中期在 7 月下旬前出现,山东半岛沿海诸河的降雨集中期大致在 7 月下旬;大别山山区的降雨集中期在 6 月下旬到 7 月上旬之间,沿淮河干流区域的降雨集中期在 7 月中旬之前出现,沂沭泗河流域的降雨集中期大致在 7 月下旬。

从图 9 中可以看出,淮河区的 $\overline{PCD}$ 呈现显著的由南向北递增趋势,说明淮河区越是干旱的地区,其降雨集中程度越强。淮河区山东省境内的 $\overline{PCD}$ 指标总体较高,在 0.476~0.647 之间,处于降雨集中程度分级体系中的"正常"水平;沿淮河干流区域 $\overline{PCD}$ 落在 0.384~0.476 的"轻度分散"区间内;淮河中游、下游偏南部地区降雨分布最为分散,处于"中度分散"区。从整体上看,淮河区降雨集中分布程度处于"正常"或以下水平,降雨年内分配南部较好,北部较差;水资源时程分布在淮河区南部较为均匀,水资源的供应相对稳定,北部则主要集中

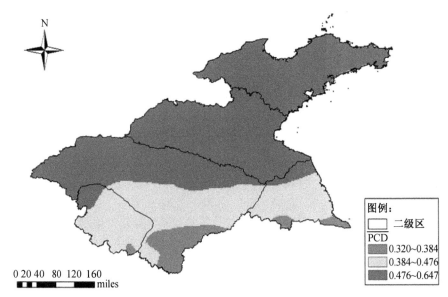

图 9　淮河区$\overline{PCD}$值分布图

在汛期,洪涝灾害、水资源调配工作面临的压力较大。

　　淮河区降雨集中度、降雨集中期的趋势变化,主要是受区域天气系统的影响。夏季(5—8月)盛行的西南季风携带大量的暖湿气流,为淮河区提供水汽,这是一年中降水最多的季节,因而造成淮河区降雨集中期由南向北逐渐推移,这是造成降雨集中期、降雨集中度趋势变化的主要原因。

6　结论

　　本研究从矢量合成的角度重新定义了多年平均降雨集中度、多年平均降雨集中期指标的计算方法,并与传统最大四月降雨指标、最大月降雨指标进行对比,验证结果表明 PCD,PCP 指标与传统指标评价结论基本一致,适用于对降雨的年内分配集中程度、年际趋势变化以及多年平均集中程度的精确量化评价。

　　研究认为:① 淮河区年内降雨重心落在 6 月中旬—8 月中旬期间,淮河区降雨集中程度整体在正常或以下范围,降雨均匀程度较高,来水条件较好;② 淮河区 PCP 指标有随着时间推移而逐步增大的趋势,PCD 指标基本维持在 0.503 左右的水平,年际趋势变化特征不显著;③ 淮河区多年平均降雨集中期由内陆到沿海、由南向北逐渐推迟,多年平均降雨集中程度大致呈现出由南向北逐渐增大的趋势,降雨量较少的山东半岛沿海诸河区的降雨集中期最迟,集中程度最高。

参考文献:

[1] 赵艳红,詹道强,屈璞.2014 年南四湖生态应急调水分析[C]// 中国水利学会.中国水利学会 2015 学术年会论文集(下册).南京:河海大学出版社,2015.

[2] 肖幼.淮河防总 2018 年工作报告[J].治淮,2018(6):7-9.

[3] 汤奇成,程天文,李秀云.中国河川月径流的集中度和集中期的初步研究[J].地理学报,1982(4):

383-393.

［4］杨远东.河川径流年内分配的计算方法[J].地理学报,1984(2):218-227.

［5］曾瑜,厉莎,胡煜彬.1961—2014年鄱阳湖流域降雨侵蚀力时空变化特征[J].生态与农村环境学报,2019,35(1):106-114.

［6］刘永林,延军平,岑敏仪.中国降水非均匀性综合评价[J].地理学报,2015,70(3):392-406.

［7］王式成,王慧玲,王向东.围绕流域"三条红线"管理做好水资源论证工作[J].治淮,2014(12):55-57.

［8］孙鹏,孙玉燕,张强,等.淮河流域径流过程变化时空特征及成因[J].湖泊科学,2018,30(2):497-508.

［9］贾晓云,江琴,黄一民.衡阳盆地降水时空特征分析[J].衡阳师范学院学报,2017,38(6):96-99.

［10］李英杰,延军平,刘永林.秦岭南北气候干湿变化与降水非均匀性的关系[J].干旱区研究,2016,33(3):619-627.

［11］栗忠魁,胡卓玮,魏铼,等.1951—2013年华北地区极端降水事件的变化[J].遥感技术与应用,2016,31(4):773-783.

浅析山西省水资源不重复量的空间分布特征及影响因素

康彩琴

（山西省水文水资源勘测局，山西　太原　030001）

摘　要：利用 2001—2016 年系列平原区降水量和降水入渗补给量、山丘区地表径流量与河川基流量的相关关系曲线，插补延长 1956—2000 年系列的降水入渗补给量和河川基流量，进而计算 1956—2016 年山西省地下水与地表水资源不重复量多年平均值。通过对不重复量空间分布特征的分析，结果表明行政区划面积、平原区面积占比、地下水开发利用程度等因素的影响程度越大，水资源不重复量越多。另外受山西省特殊水文地质条件以及岩溶大泉天然资源量跨市分配的影响，不重复量会出现负值或偏少的情况，如阳泉市和临汾市。该分析结论为区域内水资源总量的合理性提供参考依据。

关键词：水资源总量；不重复量；岩溶大泉；地下水开发利用

Spatial distribution characteristics and influencing factors of non-repetitive quantity of water resources in Shanxi Province

KANG Caiqin

(Shanxi Survey Bureau of Hydrology and Water Resources，Taiyuan 030001，China)

Abstract：Based on the correlation curve between precipitation and precipitation infiltration in plain area, surface runoff and river base-flow in hilly area from 2001 to 2016，the precipitation infiltration replenishment and river base-flow are interpolated from 1956 to 2000，then calculate the non-repetitive quantity of water resources in Shanxi Province. Through the analysis of its spatial distribution characteristics，it is shown that the larger the area of division，the proportion of plain area and the degree of groundwater exploitation and utilization，the more non-repetition quantity of water resources. In addition，under the influence of the special hydrogeological conditions of karst spring in our province，the water resources will be distributed among different cities，on this condition the non-repetitive quantity will be negative value or less than normal，such as Yangquan and Linfen City. The conclusion of this paper is helpful to analyze the rationality of the total amount water resources in the region.

Keywords：total amount of water resources；non-repetitive quantity of water resources；karst spring；exploitation of groundwater resources

作者简介：康彩琴（1986—），女，工学硕士，工程师，主要从事水资源评价与研究工作。

1 引言

水资源是人类赖以生存的物质基础,地区的经济发展也会受到水资源丰盈与否的制约[1],习近平总书记多次强调城市的发展要"依水而定、量水而行",加强水资源节约管理,实行能源和水资源消耗总量和强度的双控行动,可见水资源量的合理、可靠评价对区域的经济和社会发展起着基础性的决定作用。

水资源总量是指当地降水形成的地表和地下产水量,即地表径流量与降水入渗补给量之和,可由地表径流量加上地下水与地表水资源的不重复量求得,而地表径流量可由水文站实测资料及供用水资料还原求得,是切实统计所得的,而不重复量为地下水资源量的一部分,看不见、摸不着,因此不重复量评价结果的合理性、可靠性分析对水资源总量的评价有着不可忽略的重要性。

为了清楚地了解山西省水资源量的多寡以及合理性,本文对山西省 1956—2016 年多年平均地下水与地表水资源不重复量的分布特征及影响因素进行分析,进而对研究区域内水资源总量的合理性和科学性提出指导,亦可为水资源评价成果的有效性提供参考依据。

2 山西省概况

山西省总面积为 15.62 万 km²,下辖 11 个地市,10 个水资源三级分区,地跨黄河、海河两大水系,河流属于自产外流型水系,地处中纬度地带的内陆,属温带大陆性季风气候,多年平均年降水量为 507.0 mm,多集中在 7—9 月,空间分布为由东南向西北递减[2]。按地形起伏特点,可分为东部山地区、西部高原区和中部盆地区 3 大部分。各种地貌类型占全省面积比重分别为:山地区占 72.0%,高原区占 11.5%,盆地区占 16.5%。

东部山地区以晋冀、晋豫交界的太行山为主干,由太行山、恒山、五台山、系舟山、太岳山、中条山等组成。西部高原区是以吕梁山脉为骨干的山地性高原,由芦芽山、云中山、吕梁山等山系和晋西黄土高原组成。中部盆地区自东北、西南向纵贯全省,由一系列雁行式平行排列的地堑型盆地组成,各盆地广泛分布着黄土和冲洪积物,地形平坦、土地肥沃、工农业发达、城市众多、人口集中,是本省经济繁荣地区。

山西省地层中广泛分布的裸露和隐伏碳酸盐岩类地层,形成一系列自成体系的岩溶水补给和储水构造,使地表水和地下水呈现复杂的转化关系并形成众多的岩溶大泉,泉水径流量约占全省多年平均地表水资源总量的四分之一以上[3]。受岩溶水补给的河流,基流量大且稳定,是山西省水资源的一大特点。

3 不重复量的计算方法

北方地区水资源总量是指当地降水形成的地表和地下产水量,即地表径流量与降水入渗补给量之和,可由地表径流量加上地下水与地表水资源不重复量求得[4]。不重复量是指降水入渗补给量中扣除由该部分产生的河川基流量和河道排泄量的部分,对于山西省而言,该部分由平原区降水入渗补给量扣除由其形成的河道排泄量的部分、山丘区侧向流出量、山丘区开采净消耗量 3 部分组成。

平原区降水入渗补给量 1956—2000 年系列值的计算,首先根据 2001—2016 年逐年降水量 P、降水入渗补给量 Pr,建立 P-Pr 关系曲线,再根据 1956—2000 年逐年降水量 P,从 P-Pr 曲线查算相应年份的降水入渗补给量 Pr。降水入渗补给量形成的河道排泄量的计算方法与之相同,即建立 2001—2016 年 Pr-$Q_{Pr河排}$ 关系曲线,根据推求的逐年降水入渗补给量 Pr 在 Pr-$Q_{Pr河排}$ 曲线上查算相应年份的河道排泄量 $Q_{Pr河排}$。分别根据逐年值,求取平原区降水入渗补给量和河道排泄量 1956—2016 年多年平均值,两者之差即为平原区的不重复量。

山丘区侧向流出量和开采净消耗量总量 1956—2000 年系列值的计算,可按照山丘区逐年降水入渗补给量扣除河川基流量所得。①河川基流量的计算:首先建立 2001—2016 年逐年天然河川径流量 R、河川基流量 R_g 之间的 R-R_g 关系曲线,再根据 1956—2000 年逐年天然河川径流量 R,从 R-R_g 曲线查算相应年份的河川基流量 R_g。②降水入渗补给量的计算:山西省山丘区河川基流量占地下水资源量(即降水入渗补给量)约 60%,通过分析发现山丘区 R_g 和 Pr 两者之间相关性较好,因此,利用建立的 2001—2016 年 R_g-Pr 关系曲线,根据推求的逐年河川基流量 R_g 在 R_g-Pr 曲线上查算求得 1956—2000 年逐年降水入渗补给量 Pr。③分别根据逐年值,求取山丘区降水入渗补给量和河川基流量 1956—2016 年多年平均值,两者之差即为山丘区的不重复量。

4 不重复量的空间分布特征

山西省 1956—2016 年多年平均地下水资源量和地表水资源量的不重复量为 40.9 亿 m³,其中黄河区 26.8 亿 m³,占 66%,海河区 14.1 亿 m³,占 34%。

水资源分区:黄河区汾河最大,为 13.7 亿 m³,占 33.5%,其次是河口镇至龙门左岸,为 5.7 亿 m³,占 13.9%;海河区大清河山区最小,为 0.17 亿 m³,仅占 0.4%,其次是三门峡至小浪底区间,为 0.2 亿 m³,仅占 0.5%。

行政分区:忻州市最大,为 7.4 亿 m³,占 18.1%,其次是运城市,为 6.6 亿 m³,占 16.1%。最小的是晋城市,为 2.5 亿 m³,仅占 6.1%,而阳泉市较特殊,不重复量为负值,为 −0.35 亿 m³。

5 影响不重复量特征的因素

影响不重复量分布特征的因素主要有行政区划大小、降水量、特殊水文地质条件(如岩溶大泉)、地下水开发利用程度等。

地下水资源量和地表水资源量的不重复量包括平原区降水入渗补给量扣除其形成的河道排泄量、山丘区侧向流出量、山丘区开采净消耗量,因此不重复量反映出的特征与地下水资源量计算方法有直接关系。山西省平原区地下水资源量采用补给法计算,不重复量的影响因素与影响降水入渗补给量的因素一致,有区域面积、降水量等;山丘区地下水资源量采用排泄法计算,不重复量的大小与影响开采净消耗量和侧向流出量的因素相同,即与开发利用程度、侧向流出量的条件等相关。

5.1　与区划面积相关

黄河区面积[5]占比为62%,海河区面积占比为38%,与不重复量占比(黄河区66%,海河区34%)基本一致;行政分区不重复量的分布情况亦与面积占比基本保持一致。水资源分区和行政分区中面积最大的区域分别为汾河、忻州市,不重复量分布情况亦是如此。

水资源分区、行政分区的不重复量和面积的相关情况见表1。

表1　行政分区和水资源分区面积与不重复量相关性表

地级行政区	面积占比	不重复量占比	三级水资源分区	面积占比	不重复量占比
大同市	9.0%	8.5%	永定河册田水库以上	28.4%	35.2%
朔州市	6.8%	7.8%	永定河册田水库至三家店区间	4.5%	7.5%
忻州市	16.1%	18.1%	大清河山区	5.7%	1.2%
阳泉市	2.9%	−0.8%	子牙河山区	31.9%	26.8%
长治市	8.9%	9.2%	漳卫河山区	29.5%	29.3%
晋城市	6.0%	6.1%	海河区合计	100.0%	100.0%
太原市	4.4%	8.9%	汾河	41.1%	51.1%
晋中市	10.5%	9.4%	河口镇至龙门左岸	34.3%	21.2%
吕梁市	13.4%	9.0%	龙门至三门峡干流区间	8.6%	17.1%
临汾市	12.9%	7.7%	三门峡至小浪底区间	3.5%	0.8%
运城市	9.1%	16.1%	沁丹河	12.6%	9.8%
总计	100.0%	100.0%	黄河区合计	100.0%	100.0%

5.2　与平原区分布情况相关

一般在降水量相同的条件下,平原区的降水补给系数较山丘区的降水补给系数大,而不重复量各项均是由降水量产生的,因此区域范围内分布有盆地平原区时,降水入渗补给量就较大,也会影响不重复量的分布情况。

以运城市为例,其面积、降水量和长治市基本相同,但不重复量远大于后者(表2),究其原因是运城市内平原区面积占比为59%,远大于后者的10%。

以永定河册田水库以上和漳卫河山区为例,二者面积相当,而漳卫河山区降水量明显较大,不重复量却是永定河册田水库以上偏大(表3),究其原因是永定河册田水库以上平原区面积分布(36%)远大于漳卫河山区平原区面积分布(8%)。

表2 行政分区平原区分布情况与不重复量相关性表

行政分区	合计计算面积/km²	平原区面积/km²	平原区面积占比/%	地下水与地表水的不重复量/万 m³	不重复量的占比/%	降水量/mm
大同市	14 022	3 675	26	34 793	8.5	418.5
朔州市	10 267	3 605	35	31 912	7.8	406.0
忻州市	25 118	2 726	11	74 261	18.1	481.1
阳泉市	4 517	0	0	−3 469	−0.8	532.8
长治市	13 812	1 336	10	37 494	9.2	575.8
晋城市	9 349	0	0	25 209	6.1	626.9
太原市	6 485.4	1 096.4	17	36 330	8.9	471.4
晋中市	16 136.9	2 008.9	12	38 283	9.4	513.9
吕梁市	20 947.6	1 338.6	6	36 848	9.0	501.7
临汾市	20 146.3	2 973.3	15	31 551	7.7	542.6
运城市	13 587.3	7 975.3	59	65 870	16.1	570.8
总计	154 388.5	26 734.5	17	409 082	100	510.8

表3 水资源分区平原区分布情况与不重复量相关性表

三级水资源分区	合计计算面积/km²	平原区面积/km²	平原区面积占比/%	地下水与地表水的不重复量/万 m³	不重复量的占比/%	降水量/mm
永定河册田水库以上	16 303	5 925	36	49 519	12.1	405.6
永定河册田水库至三家店区间	2 633	1 030	39	10 571	2.6	400.9
大清河山区	3 406	325	10	1 746	0.4	471.1
子牙河山区	18 831	2 726	14	37 648	9.2	500.7
漳卫河山区	17 420	1 336	8	41 235	10.1	572.9
海河区合计	58 593	11 342	19	140 719	34.4	488.9
汾河	39 096.7	9 643.7	25	137 004	33.5	509.1
河口镇至龙门左岸	33 276	0	0	56 949	13.9	489.8
龙门至三门峡干流区间	7 761.8	5 748.8	74	45 944	11.3	554.6
三门峡至小浪底区间	3 397	0	0	2 140	0.5	655.4
沁丹河	12 264	0	0	26 326	6.4	609.3
黄河区合计	95 795.5	15 392.5	16	268 363	65.6	524.2
总计	154 388.5	26 734.5	17	409 082	100.0	510.8

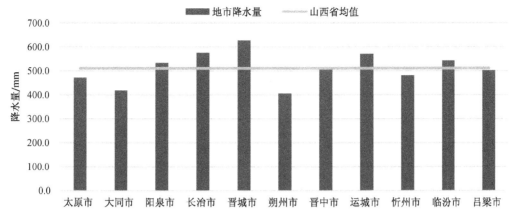

图1　山西省各地市多年平均年降水量情况

5.3　与区域特殊水文地质条件相关

最为典型的表现区域属阳泉市,该市的不重复量为负值。首先,娘子关泉泉水出露于阳泉市平定县,但泉域内有40％左右的碳酸盐岩裸露区即水资源量的补给区位于晋中市等地,在计算地下水资源量时山西省按照补给区的分布进行了资源分配,阳泉市剩下约60％岩溶泉水流量,而河川基流量并未分配,全部归属于阳泉市,造成地下水资源量与基流量在阳泉市并不是对等关系;其次,阳泉市整个行政区划范围基本包含泉域,娘子关泉又属于大型岩溶泉,平均流量约7 m³/s,泉域岩溶水资源量的分配对阳泉市的影响最大;再次,阳泉市开采净消耗量占比较小,无侧向流出量。

以临汾市和吕梁市为例,二者面积基本相同,且平原区面积占比和降水量临汾市均较吕梁市大,但不重复量却是吕梁市大。这也是因为泉水资源量进行了跨地市分配(郭庄泉水资源量从临汾市分配到吕梁市),而基流量未进行分配,全部统计在临汾市。

5.4　与地下水开发利用程度相关

太原市的不重复量模数最大,为5.6 m³/(km²·a)。分析其原因,太原市地下水开发利用程度较高,尤其是岩溶水的开发利用量[6]更是占了全省岩溶水量的30.8％,山丘区岩溶水和裂隙水合计开采量占全省的19.8％(表4)。

表4　山西省山丘区开采净耗量和侧排分布情况表　　　　　单位:％

地级行政区	开采净耗量占比	其中岩溶水开采量占比	侧向排泄量占比
太原市	19.8	30.8	5.1
大同市	5.3	3.1	9.2
阳泉市	5.7	4.2	0.0
长治市	12.8	17.1	5.8
晋城市	18.3	16.3	4.3
朔州市	3.8	4.1	11.3

续　表

地级行政区	开采净耗量占比	其中岩溶水开采量占比	侧向排泄量占比
忻州市	6.8	2.4	32.5
吕梁市	10.5	10.9	7.7
晋中市	7.7	4.4	7.0
临汾市	8.3	6.7	10.4
运城市	1.0	0.0	6.7
合计	100	100	100

6　结论

地下水和地表水资源不重复量可以反映水资源总量中除地表径流量以外水资源量的特征[7],与地下水资源量表现的特征虽有差异,但也有相似性。

本文的分析结果表明,影响不重复量的因素中区划面积占首位,其次是区内平原区面积的占比情况,最后是区内地下水的开发利用程度,这3种因素按照先后顺序所占优势越大,不重复量就越多。

值得注意的是,山西省分布着众多自成体系的岩溶大泉,受其补给的河川基流量大且稳定。而各大岩溶泉范围均存在跨地市、跨流域分布的情况,泉水资源量补给区有可能和排泄区不在一个地市或水资源分区,根据资源量的定义,排泄区的泉水流量会分配至补给区。而包含泉水流量的河川基流量和地表径流保持一致,仍在排泄区统计。对于资源量组分简单(开采量和侧向排泄量占比小)的地市或水资源分区,就会出现排泄区岩溶泉水资源量小于河川基流量,或者岩溶泉水资源量被分配到其他地市的情况,如阳泉市、临汾市等,即不重复量出现负值或者偏小的态势,这也是山西省地下水有别于其他省的一种特殊情况。这一点对水资源总量合理性分析起到较为重要的参考意义。

参考文献:

[1] 覃兆祥.我国水资源禀赋及利用情况的统计分析[J].柳州师专学报,2017,22(4):65-68.

[2] 王电龙.山西省水资源量多尺度演变特征分析[J].山西水利,2015(12):7-8+13.

[3] 范堆相.山西省水资源评价[M].北京:中国水利水电出版社,2005.

[4] 水利部水利水电规划设计总院.全国水资源调查评价技术细则[Z].北京:中国水利水电出版社,2017.

[5] 孙才志,陈光,杨静,等.山西省黄河流域地下水资源分布特征、开采潜力与用水对策分析[J].吉林大学学报(地球科学版),2004(3):410-414.

[6] 谢蕊贤.论山西省水资源状况及开发利用[J].山西科技,2011(6):3-5.

[7] 张人权.地下水资源特性及其合理开发利用[J].水文地质工程地质,2003(6):1-5.

上海市水资源可利用量研究

毛兴华，李琪

（上海市水文总站，上海　200232）

摘　要：在分析上海市地表水资源和地下水资源等本地水资源、太湖流域和长江下游干流来水等过境水资源的基础上，充分考虑流域水量分配方案和生态环境需水量，计算了该市水资源可利用量。本市本地水资源可利用量较少，水质也较差，难以满足生产生活需要。但过境水资源极为丰沛，长江下游干流过境水资源多年平均可利用量达到 3 648 亿 m³，且水质较好。在做好水资源保护的前提下，应大力开发利用过境水资源，以弥补本市水资源的不足。

关键词：上海市；水资源；可利用量

1　概述

　　水资源可利用量又叫可利用水资源量，是指在可预见的时期内，在统筹考虑生活、生产和生态环境用水的基础上，通过经济合理、技术可行的措施在当地水资源中可以一次性利用的最大水量。水资源可利用量比天然水资源量要少。其地表水资源部分仅包括蓄水工程控制的水量和引水工程引用的水量；地下水资源中仅是技术上可行，而又不造成地下水位持续下降的可开采水量，二者之和就是可利用的水资源量。随着不同生产部门不同的供水要求和保证率的提高，可利用水资源量将会减少。

　　上海市除了本地地表水资源外，还有丰富的过境水资源即太湖流域来水和长江干流来水。特别是长江干流来水，水量巨大，水质较好，而且该市多年来也确实在开发利用。因此为了较客观地反映上海市水资源状况，除了本地水资源外，还要充分考虑过境水资源。

　　由于水资源的流动性、功能的多样性，并非所有的水资源都可以被人类开发利用。比如环境用水，以及受技术条件限制而不受控的水资源，都无法被开发利用。分析上海市可利用水资源的情况，对于客观评估本市水资源的开发利用潜力、合理优化配置水资源，为促进本市经济社会的发展提供更好的水资源支撑，具有重要意义。

2　上海市概况

2.1　自然地理

　　上海市地处长江三角洲前缘，东濒东海，南临杭州湾，西接江苏省苏州市和浙江省嘉兴

作者简介：毛兴华（1973—），高级工程师，硕士。主要从事河口海岸水文分析、水资源管理、水文信息化等工作。

市,北界长江,是长江的出海门户。全市面积 6 340.5 km²,南北长约 120 km,东西长约 100 km。

上海市地貌可分为三角洲平原、三角洲前缘、前三角洲、潮坪、滨海平原、湖沼平原、剥蚀残丘等 7 大地貌单元。其中,浦东钦公塘以东地区的东部滨海平原呈月牙形,由于海潮进退,泥沙淤积,地面高程一般在 4.5~5 m 之间,是上海平原最为高起的地带,在地形上是一条重要分界线;钦公塘以西、冈身以东、北起长江南岸、南至杭州湾北岸,包括上海市区,为上海地区的中部平原;冈身以西包括嘉定区西南部、青浦、松江大部分及金山区北部,是全市地势最低地区,地面高程为 2.2~2.5 m,泖湖、石湖荡一带不到 2.0 m,属于碟形洼地的底部,地下水位高,仅在地面以下 0.2~0.3 m,甚至接近地面。

上海市第四系沉积中有七期埋盖的古河流,构成 7 个含水层,分别为潜水含水层、微承压含水层、第一~第五承压含水层。

2.2 气候

上海市地处中纬度沿海,属北亚热带南缘,是南北冷暖气团交汇地带,气候湿润,四季分明,冬冷夏热,雨热同季,降水充沛。多年平均气温在 15.2~15.7℃ 之间,7—8 月是全年最热的月份,平均气温在 27.5~27.9℃ 之间,最冷在 1 月,平均气温为 2.9~3.5℃。历史上最高气温为 40.2℃,最低气温为−12.1℃。

上海市降水量一年中有 3 个多雨期,分别是春雨期、梅雨期和秋雨期。全市多年平均年降水量超过 1 100 mm,年内 6—9 月为集中降水期,降水量占全年雨量的 50% 以上。

2.3 河网水系

上海市具有广阔的沿江沿海水域,由长江河口段、杭州湾北侧和东海临岸一带组成。上海的陆域水系除崇明三岛外,均属太湖流域。黄浦江承泄太湖来水,干支流遍布城乡,是江南的水网地区;长江口江岛有崇明、横沙和长兴 3 岛,各有独立的河道。

根据上海市第一次全国水利普查成果,全市共有河道 26 603 条、湖泊 692 个,河湖面积为 619.20 km²,河网密度为 4.00 km/km²,河面率为 9.77%。

2.4 水资源及分区

上海市 1956—2016 年多年平均水资源总量为 29.44×10⁸ m³,水资源分布的空间差异较小,地表水资源占水资源总量的 88.73%,地下水资源与地表水资源不重复量只占 11.27%。上海市尽管降水丰沛,但人口众多,本地水资源数量仍明显不足。尽管经过近 10 年的治理,水质明显好转,优于Ⅲ类水的河长占比仅为 36.9%。长江干流过境水和太湖流域来水是上海市重要的可利用水资源,水量巨大,水质较好,为补充本市水资源的不足提供了优越的条件。

上海市水资源一级区属于长江区,二级区分属湖口以下干流区和太湖水系区,三级区分属于通南及崇明岛诸河区(崇明区,1 164.5 km²)、武阳区(青浦区少部分,159 km²)、杭嘉湖区(金山区、松江区、青浦区各少部分,403 km²)和黄浦江区(上海大陆片区大部分,4 614 km²)。在三级区的基础上,将崇明区分为崇明岛(1 041.2 km²)、长兴岛(74.1 km²)、横沙(49.2 km²)3 个四级区,将黄浦江区分为浦西区(2 165 km²)和浦东区(2 449 km²)2 个四级区。

3 上海市水资源可利用量计算

3.1 计算原理

按照水资源可利用量的计算方法[1],计算一个地区的水资源可利用量,首先要分析该地区多年降水、蒸发、入渗等水资源循环特征,进而计算该地区的本地地表水资源量和地下水资源量。在此基础上,根据地区的水环境功能定位和目标,计算生态环境需水量。水资源总量扣除生态环境需水量后剩余的部分,就是水资源可利用量。

上海市属于平原感潮河网区,河流互相交汇,水流往复不定,不存在流域的概念,各水资源分区均没有控制性断面能够代表其水资源情况。对此,应充分考虑河道蓄水和下渗的实际要求,确定环境用水量。

为了较客观地反映过境水资源可利用量,对于太湖流域来水,以松浦大桥水文站流量监测成果和太湖流域水量分配方案,确定生态环境需水量,进而计算不同保证率条件下的地表水资源可利用量。对于长江口过境水资源,根据相关研究成果来确定水资源可利用量。

3.2 地表水可利用量

3.2.1 本地地表水资源可利用量

上海市 1956—2016 年、1956—2000 年和 1980—2016 年 3 个时段地表水资源量分别为 26.91×10^8 m³、25.82×10^8 m³ 和 31.03×10^8 m³。以 1980—2016 年统计时段为代表,其丰水年($P=20\%$)、平水年($P=50\%$)、偏枯年($P=75\%$)、枯水年($P=90\%$)及特枯年($P=95\%$)的地表水资源量分别为 42.48×10^8 m³、28.61×10^8 m³、20.01×10^8 m³、13.99×10^8 m³ 和 11.09×10^8 m³。

如前所述,本市属于平原感潮河网区,使河道维持一定的水位,以保证通航、水环境、水生态的正常功能,是本市地表水资源最主要的生态环境功能。而要使河道水体维持一定的水位,就要求本市河网保持相对稳定的槽蓄水量。

根据上海市第一次全国水利普查成果,全市行政区域内共有河道 26 603 条、湖泊 692 个,总槽蓄容量为 13.73×10^8 m³(常水位计算结果,下同),其中,河道槽蓄容量为 11.12×10^8 m³,湖泊槽蓄容量为 2.61×10^8 m³。近几年来,随着本市河道整治工作的不断推进,槽蓄容量与水利普查基准年 2010 年相比有所增加。据粗略估计,现状条件下本市河湖槽蓄容量约为 14×10^8 m³。

此外,本市河网还存在水量入渗进入地下水的情况,根据相关调查成果,多年平均渠灌入渗消耗的水资源量约为 3.01×10^8 m³。因此,从本地地表水资源量中扣除常水位条件下的河湖槽蓄容量和渠灌田间入渗量,剩余水资源量基本可以作为水资源可利用量。按照这个方法计算,本市地表水资源可利用量和可利用率见表 1。

表1 上海市各水资源三级分区地表水资源可利用量 单位：×10⁸ m³

	统计时段	20%	50%	75%	90%	95%	多年平均
地表水资源量	1956—2016年	37.42	24.53	16.68	11.29	8.75	26.91
	1956—2000年	35.95	23.51	15.94	10.75	8.31	25.82
	1980—2016年	42.48	28.61	20.01	13.99	11.09	31.03
河湖槽蓄容量		14.00	14.00	14.00	14.00	14.00	14.00
渠灌田间入渗量		3.01	3.01	3.01	3.01	3.01	3.01
水资源可利用量	1956—2016年	20.41	7.52	−0.33	−5.72	−8.26	9.90
	1956—2000年	18.94	6.50	−1.07	−6.26	−8.70	8.81
	1980—2016年	25.47	11.60	3.00	−3.02	−5.92	14.02
水资源可利用率/%	1956—2016年	54.5	30.7	−2.0	−50.7	−94.4	36.8
	1956—2000年	52.7	27.6	−6.7	−58.2	−104.7	34.1
	1980—2016年	60.0	40.5	15.0	−21.6	−53.4	45.2

从表1可以看出，假设上海地区是一个独立的流域，没有太湖流域来水和长江来水等过境水资源，同时保证大小河道维持一定的水流速，不至于成为死水而导致水质恶化，那么在保证率为75%也就是偏枯年的条件下，上海本地水资源仅仅能够满足河道的基本环境用水，不存在多余的水资源可以利用。在平水年条件下1956—2016年、1956—2000年、1980—2016年3个时段的水资源可利用率分别为30.7%、27.6%和40.5%。1956—2016年、1956—2000年、1980—2016年3个时段多年平均水资源可利用率分别为36.8%、34.1%和45.2%。

3.2.2 过境水资源

尽管上海市本地地表水资源较为丰沛，但人口众多、经济体量大、密度高，本地水资源远不能满足人民生活和经济社会发展的需要。另一方面，上海市丰富的过境水资源，包括黄浦江上游太湖流域来水，以及长江下游干流通过长江口进入上海市境内的巨量水资源，为本市提供了优越的水资源条件。

（1）太湖流域过境水资源

根据《国家发展改革委 水利部关于太湖流域水量分配方案的批复》（发改农经〔2018〕679号）[2]，黄浦江松浦大桥断面最小净下泄流量控制在90 m³/s（金泽水库水源地实施后为100 m³/s），年生态环境需水量为28.38×10⁸ m³。这个最小净下泄流量，实际上可以理解为黄浦江最低生态环境需水量。按照该方案，黄浦江不同保证率20%、50%、75%、90%和95%条件下最低生态环境需水量所占比例分别为18.3%、23.4%、29.1%、35.9%和40.9%。

结合黄浦江代表断面松浦大桥的成果分析，太湖流域过境地表水资源可利用量见表2。太湖流域过境水资源不同保证率20%、50%、75%、90%和95%条件下的可利用量分别为127.00×10⁸ m³、92.68×10⁸ m³、69.15×10⁸ m³、50.77×10⁸ m³和40.96×10⁸ m³。地表水资源可利用率分别为81.7%、76.6%、70.9%、64.1%和59.1%。1956—2016年、1956—2000年和1980—2016年3个时段平均地表水资源可利用率分别为75.3%、72.1%和77.3%。

表 2　太湖流域过境地表水资源可利用量　　　　　单位：×10⁸ m³

河流	频率	地表水资源量	生态环境需水量	生态需水占比/%	水资源可利用量	水资源可利用率/%
黄浦江	P=20%	155.38	28.38	18.3	127.00	81.7
	P=50%	121.06	28.38	23.4	92.68	76.6
	P=75%	97.53	28.38	29.1	69.15	70.9
	P=90%	79.15	28.38	35.9	50.77	64.1
	P=95%	69.34	28.38	40.9	40.96	59.1
	1956—2016 年	114.89	28.38	24.7	86.51	75.3
	1956—2000 年	101.67	28.38	27.9	73.29	72.1
	1980—2016 年	124.92	28.38	22.7	96.54	77.3

（2）长江下游干流过境水资源

长江流域湖口以下干流，针对上海市来讲主要是长江口水域，该水域是上海市最重要的饮用水水源地，目前陈行水库、青草沙水库和东风西沙水库已建成并投运，为上海市人民生活和经济社会发展发挥了巨大作用。这 3 座水库均为蓄淡避咸水库，对外海咸潮入侵比较敏感。从这个角度来讲，影响长江口水域生态环境需水的最关键因素是咸潮入侵。

咸潮入侵通常用氯化物浓度来反映。氯化物浓度超过 250 mg/L 即为咸水，不宜再作为饮用水水源。据有关研究成果[3]，长江口氯化物浓度与河口下游潮位存在正比关系，与长江来水流量呈反比关系。要使长江口保持水盐平衡，需要长江口上游来水流量达到 17 500 m³/s，即环境用水量为 5 500×10⁸ m³/a。

因此本文以 5 500×10⁸ m³ 作为长江口水域生态环境需水量，由此计算的长江口地表水资源可利用量见表 3。可以看出，长江口水域扣除生态环境需水量后，1956—2016 年统计时段不同保证率 20%、50%、75%、90% 和 95% 条件下地表水资源可利用量分别为 4 966.20×10⁸ m³、3 596.16×10⁸ m³、2 588.79×10⁸ m³、1 748.92×10⁸ m³ 和 1 275.77×10⁸ m³。地表水资源可利用率分别为 47.4%、39.5%、32.0%、24.1% 和 18.8%。1956—2016 年、1956—2000 年和 1980—2016 年 3 个时段平均地表水资源可利用率分别为 39.9%、40.7% 和 41.3%。

表 3　长江下游干流过境地表水资源可利用量　　　　　单位：×10⁸ m³

河流	频率	地表水资源量	生态环境需水量	生态需水占比/%	水资源可利用量	水资源可利用率/%
长江干流	P=20%	10 466.20	5 500	52.6	4 966.20	47.4
	P=50%	9 096.16	5 500	60.5	3 596.16	39.5
	P=75%	8 088.79	5 500	68.0	2 588.79	32.0
	P=90%	7 248.92	5 500	75.9	1 748.92	24.1
	P=95%	6 775.77	5 500	81.2	1 275.77	18.8
	1956—2016 年	9 148.48	5 500	60.1	3 648.48	39.9
	1956—2000 年	9 268.34	5 500	59.3	3 768.34	40.7
	1980—2016 年	9 363.73	5 500	58.7	3 863.73	41.3

3.3 平原区地下水可开采量

3.3.1 评价方法

地下水可开采量是指在保护生态环境和地下水资源可持续利用的前提下,通过经济合理、技术可行的措施,在近期下垫面条件下可从含水层中获取的最大水量。针对上海市平原地区,主要是对矿化度 $M \leqslant 2g/L$ 的浅层地下水(潜水层和微承压含水层)可开采量进行评价。

地下水可开采量一般以水均衡法、实际开采量调查和可开采系数法为参考方法评价地下水可开采量。由于上海市浅层地下水开发利用程度较低,除以基坑工程为主的工程建设活动的降排浅层地下水之外,基本没有开采。结合上海实际情况,此次主要采用可开采系数法进行全市浅层地下水可开采量评价。按下式计算分析单元多年平均地下水可开采量:

$$Q_{可开采} = \rho \times Q_{总补} \tag{1}$$

式中:ρ 为分析单元的地下水可开采系数;$Q_{可开采}$、$Q_{总补}$ 分别为分析单元的多年平均地下水可开采量、多年平均地下水总补给量。地下水可开采系数 ρ 是反映生态环境约束和含水层开采条件等因素的参数,取值应不大于1.0。考虑到上海浅层地下水开发利用价值低且上海市是沿海地区,地下水可开采系数综合取值为0.2。

3.3.2 地下水可开采量

上海市2001—2016年多年平均浅层地下水可开采量(矿化度 $M \leqslant 2g/L$)的计算结果见表4。从表4中可以看出,本市地下水总补给量为 $10.77 \times 10^8 \ m^3$,地下水可开采量为 $2.15 \times 10^8 \ m^3$,可开采量模数为 $4.78 \times 10^4 \ m^3/km^2$。除中心城区可开采量模数较低外,其余各郊区差别不大。

表4 上海市各县级行政区多年平均浅层地下水可开采量($M \leqslant 2g/L$)

县级行政区	平原区计算面积/km^2	总补给量/($\times 10^4 m^3$)	地下水资源量/($\times 10^4 m^3$)	可开采量/($\times 10^4 m^3$)	可开采量模数/($\times 10^4 m^3/km^2$)
上海市区	121.63	2 109.3	2 109.3	421.86	3.47
闵行区	302.57	7 447.16	7 447.16	1 489.43	4.92
宝山区	214.9	5 316.28	5 316.28	1 063.26	4.95
嘉定区	373.7	9 210.33	9 210.33	1 842.07	4.93
浦东新区	664.47	16 313.4	16 313.4	3 262.68	4.91
金山区	487.34	11 758.06	11 758.06	2 351.61	4.83
松江区	495.4	11 783.3	11 783.3	2 356.66	4.76
青浦区	485.82	11 040.8	11 040.8	2 208.16	4.55
奉贤区	526.08	12 535.74	12 535.74	2 507.15	4.77
崇明区	833.3	20 177.36	20 177.36	4 035.47	4.84
合计	4 505.21	107 691.7	107 691.7	21 538.35	4.78

4 结语

水资源可利用量反映了一个地区可以利用的水资源的多少。可利用量虽然只是一个量的概念,但实际上考虑了水资源质的因素,即在分析水资源可利用量的时候,必须扣除生态环境用水量。保证了生态环境用水量,也就保证了河流的最低环境容量和承载力,保证了河流的生态环境功能。

上海地处北亚热带东亚季风气候区,南北冷暖气团交汇,同时受海洋湿润空气调节,气候湿润,降水充沛,本地水资源较丰富。但作为全国城市化水平很高的国际化大都市,人口和经济密度很高,对水资源利用的要求也较高,人均本地水资源可利用量很少,难以满足经济社会发展。庆幸的是,上海有丰富的太湖流域来水和长江下游干流来水等过境水资源,为本市提供了极为重要的水资源保障。

因此,在分析评价上海市的水资源可利用水平时,应充分考虑过境水资源可利用量。这样评价的结果,才能较客观真实地反映本市水资源开发利用条件。

参考文献:

[1] 水利部水利水电规划设计总院.全国水资源调查评价技术细则[Z].北京:中国水利水电出版社,2017.
[2] 国家发展改革委,水利部.国家发展改革委 水利部关于太湖流域水量分配方案的批复[Z].2018.
[3] 顾圣华.长江口环境用水量计算方法探讨[J].水文,2004(6):35-37.

重庆市水资源量变化特征及趋势分析

吴涛,谢仕红,姚波,罗臻

(重庆市水文监测总站,重庆 401120)

摘 要:根据重庆市 1956—2016 年水资源量评价成果,对重庆市降水、径流时空分布,以及变化趋势进行分析。结果表明:全市水资源丰富,时空分布不均,年内分布比较集中,年际变化较大;降水量与水资源量变化趋势一致,呈现减少的趋势,但趋势不明显。

关键词:重庆市;降水;径流;变化;趋势

Analysis on the change characteristics and the trend of water resources in Chongqing

WU Tao,XIE Shihong,YAO Bo,LUO Zhen

(Chongqing Hydrological Monitoring Master Station,Chongqing 401120,China)

Abstract:According to the evaluation results of water resources in Chongqing from 1956 to 2016, the spatial and temporal distribution and change trend of rainfall and runoff in Chongqing were analyzed. The results show that the city has abundant water resources, uneven spatial and temporal distribution, concentrated distribution within a year and large inter-annual variation; rainfall and runoff have the same trend of change, showing a decreasing trend, but the trend is not obvious.

Key Words:Chongqing; rainfall; runoff; change; trend

水资源是人类生活、生产的基础性自然资源,是实现可持续发展的重要物质基础。随着人类活动的加剧,水循环原有的自然途径被人类活动影响,掌握一个地区的水资源特性和历史变化情势,对本地区水资源开发利用、经济社会发展规划制定具有十分重要的意义。本文通过对重庆市水资源量年际、年内的演变特征,丰枯周期变化及时间序列上变化趋势的分析,进一步了解重庆市的水资源数量及特征的变化规律,为全市水资源的可持续利用、优化配置提供科学依据。

1 概况

重庆市位于我国西南部,长江上游地区,东经 105°17′~110°11′,北纬 28°10′~32°13′之间,东西宽 470 km,南北长 450 km。东邻湖北省、湖南省,南靠贵州省,西接四川省,北连陕

作者简介:吴涛(1969—),男,高级工程师,主要从事水文监测及水资源评价工作。

西省。全市土地面积 8.24 万 km²,下辖 38 个行政区县,2016 年全市人口 3 392 万人。

重庆市属中亚热带湿润季风气候区,具有冬暖春早、夏热秋凉等气候特征,雨量充沛,但年内及年际变化较大,水系发达,河流纵横,境内流域面积大于 100 km² 的河流有 274 条,长江自西向东横贯全境,乌江、嘉陵江为南北两大支流,形成不对称的、向心的网状水系。

2 降水量分布及变化特征

2.1 降水量

将重庆市划分为岷沱江、嘉陵江、乌江、宜宾至宜昌、洞庭湖水系、汉江 6 个水资源二级区,1956—2016 年多年平均降水量为 966.6 亿 m³,折合降水深为 1 173.1 mm。岷沱江区多年平均降水量为 20.49 亿 m³,折合降水深为 1 025.5 mm;嘉陵江区多年平均降水量为 106.1 亿 m³,折合降水深为 1 094.9 mm;乌江区多年平均降水量为 190.1 亿 m³,折合降水深为 1 203.6 mm;宜宾至宜昌区多年平均降水量为 558.7 亿 m³,折合降水深为 1 166.0 mm;洞庭湖水系区多年平均降水量为 63.77 亿 m³,折合降水深为 1 376.1 mm;汉江区多年平均降水量为 27.44 亿 m³,折合降水深为 1 157.3 mm,详见表 1。

表 1 重庆市水资源分区统计表

水资源分区	计算面积/km²	降水量/亿 m³	水资源量/亿 m³
岷沱江	1 998	20.49	8.183
嘉陵江	9 690	106.1	50.06
乌江	15 794	190.1	117.5
宜宾至宜昌	47 914	558.7	317.5
洞庭湖水系	4 634	63.77	42.18
汉江	2 371	27.44	18.83
全市	82 401	966.6	554.3

2.2 降水量空间分布

由表 1 看出,重庆市降水量空间分布不均匀,年降水量呈现由东向西递减的趋势,多年平均降水量最大的是洞庭湖水系区,为 1 376.1 mm,其次是乌江区,为 1 203.6 mm,最小的是岷沱江区,为 1 025.5 mm,与最大的多年平均降水量相比,减少 25.5%。

2.3 降水量年内分配

选取大足、清溪场、城口、彭水、北碚和秀山雨量站作为代表站,分别计算各站 1956—2016 年多年平均月、年降水量,绘制各站多年平均月降水量分布图,见图 1。通过计算,大足、清溪场、城口、彭水、北碚和秀山站多年平均降水量分别为 1 020.1 mm、1 108.2 mm、1 236.6 mm、1 220.7 mm、1 136.5 mm、1 339.5 mm,降水多集中在 4—10 月,与汛期出现的时间基本相同,连续四个月最大降水量除岷沱江区、汉江区出现在 6—9 月,其余二级区均出现在 5—8 月,占年降水量的 53.8%~62.3%。因此,在时间分布上,重庆市降水量年内分配不均。

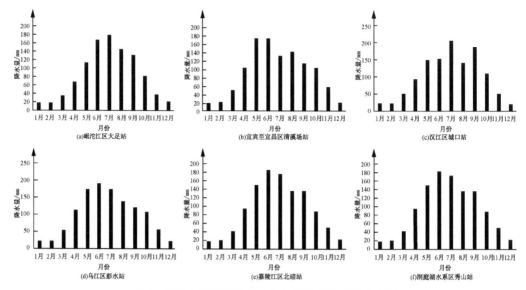

图1　重庆市各区域代表站多年平均月降水量分布图

2.4　降水量年际变化

统计分析重庆市1956—2016年共61年的降水量数据,降水量年际变化较大,最大年降水量与最小年降水量极值比为1.58。增幅最大的是1997年的987.5 mm增至1998年的1 454.4 mm,年变化率为47.3%,其次是1966年的948.4 mm增至1967年的1 349.6 mm,年变化率为42.3%;减幅最大的是2000年的1 662.5 mm降至2001年的918.6 mm,年变化率为−44.7%,其次是1965年的1 282.4 mm降至1966年的948.4 mm,年变化率为−26.0%,详见图2。

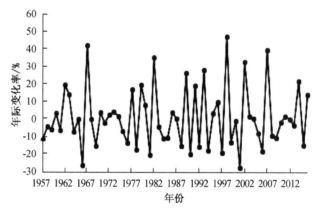

图2　重庆市降水量年际变化

3　水资源量变化特征

3.1　水资源量

重庆市1956—2016年水资源总量为554.3亿 m³,其中地表水资源量为554.3亿 m³,地下水资源量为 100.5 亿 m³，重复计算量为 100.5 亿 m³，全市产水系数为 0.57，产水模数为 0.67。由表 1 可以看出，重庆市水资源量总体呈现由东到西逐渐减少的趋势，西部地区普遍偏低。

3.2 径流量年内分配

选取五岔、龙角、余家、秀山、保家楼 5 个水文站作为代表站，分别计算各站多年平均月径流量。径流年内分配详见图 3。

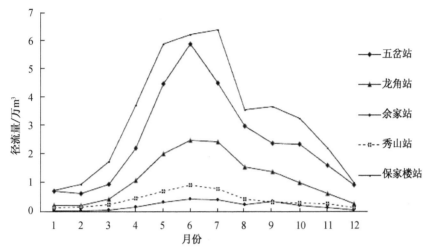

图 3 径流代表站多年平均天然径流量月分配图

重庆市径流年内分配不均，多集中在 5—9 月，连续最大四个月径流量占全年径流量的 55.9%～62.0%，这对水资源利用不利，而且易发生洪涝灾害。

3.3 径流量年际变化

3.3.1 年际变化特征

衡量径流量年际变化特征通常采用变差系数 Cv 和年际极值比 K 来表示。Cv 值越大，年际变化越剧烈，反之则越平缓；年际极值比 K 越大，表明年际间越不均匀[1]。

由表 2 可以看出，重庆市径流量的变差系数为 0.18，正距平有 32 年，负距平有 29 年，最大值出现在 1982 年，径流量为 779.4 亿 m³；最小值出现在 2001 年，径流量为 354.8 亿 m³，极值比为 2.20。

表 2 重庆市径流量年际变化特征值

多年平均年径流量 /亿 m³	变差系数 Cv	实测最大值		实测最小值		年际极值比 K
		径流量/亿 m³	年份	径流量/亿 m³	年份	
554.3	0.18	779.4	1982	354.8	2001	2.20

由图 4 可以看出，重庆市径流量年际变化较大，增幅最大的是 1966 年至 1967 年，由 372.3 亿 m³ 增至 704.6 亿 m³，年变化率为 89.3%，其次是 1997 年至 1998 年，由 415.7 亿 m³ 增至 771.5 亿 m³，年变化率为 85.6%；减幅最大的是 2000 年至 2001 年，由 641.7 亿 m³

减至 354.8 亿 m³,年变化率为−44.7%;其次是 1965 年至 1966 年,由 636.8 亿 m³ 减至 372.3 亿 m³,年变化率为−41.5%。

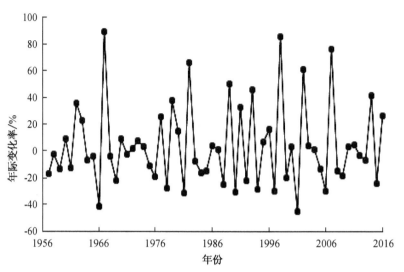

图 4　重庆市径流量年际变化情况

3.3.2　丰枯变化特征

根据径流丰枯等级的划分标准[2],P(P 为距平百分率)>20% 为丰水;10%< P≤20% 为偏丰;−10%≤P≤10% 为平水;−20%≤ P <−10% 为偏枯;P<−20% 为枯水。逐年丰平枯等级统计见表 3,由此可以看出:近 61 年径流量变化过程中,出现偏丰、偏枯的概率相当,平水的概率较大。

表 3　重庆市径流量丰平枯划分临界值及特征

丰枯等级	丰枯类型	临界值/亿 m³	年数	发生概率/%
1	丰水年	$Z>665.2$	7	11.5
2	偏丰年	$609.0<Z≤665.2$	11	18.0
3	平水年	$498.9≤Z≤609.0$	23	37.7
4	偏枯年	$443.5≤Z<498.9$	11	18.0
5	枯水年	$Z<443.5$	9	14.8

3.3.3　年际变化的阶段性

为分析重庆市径流量是否表现为明显的阶段性,采用累计距平法[3]。根据重庆市年径流量绘制累计距平年际变化曲线(图 5),可以看出:在 1961 年、1984 年、1997 年、2000 年出现了信号最强的 4 个极值点。以极值点为界,可把 61 年径流量序列分为几个时段(持续时间 4 年以上):1 个丰水时段,1962—1983 年;3 个枯水时段,1956—1961 年、1984—1997 年、2000—2016 年;1 个动荡时段,1998—1999 年,动荡时段不超过 4 年。

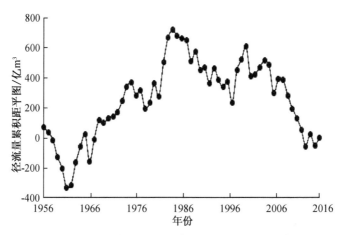

图 5　重庆市年径流量累计距平年际变化(亿 m³)

4　水资源变化趋势分析

采用线性回归方法对重庆市的降水量、径流量进行趋势分析[4-5]。从图 6 可以看到采用线性回归方程拟合重庆市降水量和径流量与时间系列的关系,降水量系列线性方程为 $y = -0.597\ 7x + 2\ 360.1$,$R^2$ 为 0.007,R 为 0.084,径流量系列线性方程为 $y = -0.816\ 3x + 2\ 175.5$,$R^2$ 为 0.020 9,R 为 0.145,线性方程的斜率为负值,表明重庆市降水量、径流量呈减少趋势[6],其减少的速率分别为 5.98 mm/10a、8.16 亿 m³/10a。为进一步定量分析年降水量和年径流量减少趋势的可靠性,采用 Mann-Kendall 法[7]和 Spearman 法[8-9]两种非参数秩次法进一步检验,见表 4,重庆市降水量序列的检验统计量 $U = -0.48$、$T = -0.52$;径流量序列的检验统计量 $U = -1.01$、$T = -1.04$,其绝对值均小于各自统计量的临界值,在 95% 置信水平下趋势不显著,这表明重庆市年降水量和年径流量变化呈不显著减少趋势。

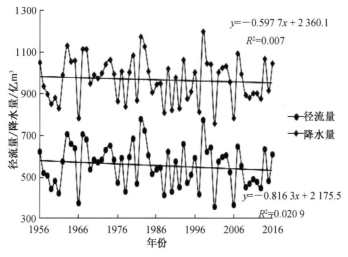

图 6　重庆市水资源量趋势图

表4 重庆市水资源量变化趋势显著性检验统计表

项目	Mann-Kendall 法		Spearman 法		变化率	趋势性	趋势显著性
	统计值 U	临界值 U_a	统计值 T	T_a			
降水量	−0.48	1.96	−0.52	2.01	−7.92	下降	不显著
径流量	−1.01	1.96	−1.04	2.01	−0.82	下降	不显著

5 结论

（1）重庆市多年平均降水年内分配不均，呈现由东向西呈递减的趋势，连续四个月最大降水量占年降水量的 53.8%～62.3%，岷沱江区、汉江区的连续四个月最大降水出现在6—9月，其余二级区出现在5—8月；年际变化较大，年变化率范围为 −26.0%～47.3%，最大年降水量与最小年降水量极值比为1.58。

（2）受降水特征的影响，水资源量多集中在5—9月，年际变化较大，年变化率范围为 −44.7%～89.3%，最大年径流量与最小年径流量的极值比2.20，在长时段内出现偏丰水年、偏枯水年的概率相当，但在短时段内却出现持续的丰水年和持续的枯水年变化。

（3）重庆市径流量演变具有明显的阶段性，1956—2016年，出现1个连续丰水期、3个连续枯水期、1个动荡期，动荡期持续时段较短，这是受降水与人类活动的综合影响所导致的。

（4）采用线性回归方程拟合重庆市降水量和径流量与时间序列的关系，降水量系列线性方程为 $y = -0.597\ 7x + 2\ 360.1$，径流量系列线性方程为 $y = -0.816\ 3x + 2\ 175.5$，这表明降水量和径流量与时间呈弱负相关性；采用 Mann-Kendall、Spearman 两种方法进行检验，结果表明重庆市降水量和径流量变化趋势基本一致，下降趋势不显著。

参考文献：

[1] 张建兴,马孝义,屈金娜,等.晋西北黄土高原地区径流变化特征及动因分析——以昕水河流域为例 [J].水利水电技术,2007(10):1-5.

[2] 胡兴林.甘肃省主要河流径流时空分布规律及演变趋势分析[J].地理科学进展,2000(5):516-521.

[3] BOBROVITSKAYA N N,KOKOREV A V,LEMESHKO N A. Regional patterns in recent trends in sediment yields of Eurasian and Siberian rivers [J]. Global and Planetary Change,2003(39):127-146.

[4] 凌卫宁,范继辉.广西水资源近年来变化趋势及可利用水资源潜力分析[J].广西水利水电,2011(4):45-48+90.

[5] 邓敬一,方荣杰,牛津剑,等.2001—2012年郑州市水资源变化趋势分析与相关对策[J].水资源保护,2016(1):148-153.

[6] 高云明,王勇,汤欣钢,等.1954—2013年漳河上游流域降水演变规律分析[J].海河水利,2015(5):1-3.

[7] LIBISELLER C,GRIMVALL A. Performance of partial Mannal-Kendall test for trend detection in the presence of covariates [J]. Environmetrics,2002,13(1):71-84.

[8] 郭鹏,陈晓玲,刘影.鄱阳湖湖口、外洲、梅港三站水沙变化及趋势分析(1955—2001年)[J].湖泊科学,2006,18(5):458-463.

[9] 赵丽娜,宋松柏,郝博,等.年径流序列趋势识别研究[J].西北农林科技大学学报(自然科学版),2010,38(3):194-198+205.

ArcGIS 在绘制量算等值线中的应用

林金龙,余赛英

(福建省水文水资源勘测中心,福建 福州 350100)

摘 要:等值线图的绘制量算属于水资源数量评价工作,是检查核对水资源数量的重要环节之一。该文提出了用 ArcGIS 自动绘制年降水量等值线、量算区域面平均雨量的具体方法与步骤,既克服了传统人工方式的不足,又提高了工作效率与计算精度,取得了较好效果。

关键词:绘制;等值线;量算;面平均雨量

传统绘制量算等值线是将各站点及相关数据标在纸质或 BMP 格式图上,通过手工绘制等值线,利用求积仪量算面积,其工作效率低,也影响了数据信息的图形化及分析研究。随着科学可视化技术的发展,等值线的绘制已经形成比较完善的理论体系,而对于等值线量算还没有比较完整的描述。本文提出以 GIS 为平台,阐述了 1956—2016 年系列多年平均年降水量等值线自动绘制、人工修正、分割量算及数据比对的方法及具体过程。

1 准备工作

1.1 资料准备

(1)基础底图

基础底图原则上采用全国统一下发的图件,包括省界、行政分区、河流水系、水资源分区等。坐标系可采用 CGCS2000 地理坐标系统。

(2)水文资料

福建省第三次水资源调查评价中水资源分区汇总表;福建省各县市区划图;福建省所选用的雨量站信息表及与相邻省份浙江、广东、江西相邻省份省界附近雨量站信息表。本次共收集到全省 538 个雨量站及与相邻省份省界附近 73 个雨量站资料。

1.2 原始数据检查

原始数据质量检查严格以源数据为依据,采用手工或人机交互的方式进行数据质量检查。具体检查内容见表1。

作者简介:林金龙(1974—),男,大学本科,工程师,从事地下水监测管理及水资源分析评价工作。

表 1　原始数据检查项

质检元素	检查项	描述
基本检查	完整性检查	检查矢量数据是否有缺漏
	坐标体系检查	检查所采用的平面坐标系是否存在且是否符合标准要求
属性检查	结构检查	检查要素类中属性字段的名称、类型等
	空值检查	检查属性字段值是否为空或无效
图形检查	结构检查	检查各类要素的名称、内容、几何类型等
	空间关系检查	检查各类要素的空间相互关系是否存在自相交、打折、重叠等

2　绘制等值线

2.1　站点矢量化

雨量站信息表是表格数据，按照水利部水规总院关于第三次全国水资源调查评价有关附图绘制要求完善相关信息；站点坐标值要先统一换算成度为单位，利用 ArcGIS 软件添加工具，完成站点矢量化，如图 1 所示。

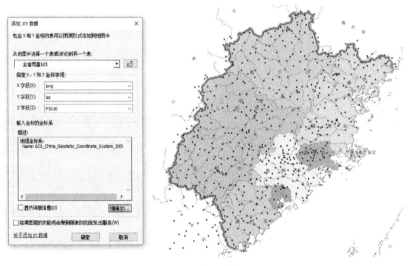

图 1　站点矢量化

2.2　插值分析

全省雨量站点矢量化后，对其进行栅格插值。利用 Spatial Analyst 工具中插值分析，选用克里金法或反距离权重法，设置好周围可选点数、最大距离、处理范围及输出坐标，形成栅格图形(图 2)。再通过等值线工具，设置好等值线间距及起始等值线值，自动生成等值线，如图 3 所示。

图 2　栅格图形成

图 3　等值线生成

2.3　人工修正

自动生成的等值线要根据地理位置、地形、气候等因素进行综合分析、人工修改。修改后等值线应呈现以下特征：①年降水量高值区主要分布在武夷山和闽中大山带，低值区主要分布在沿海一些海岛、内陆夷山与闽中大山间的河谷地带；②年降水等值线趋势基本上与两个大山系分布一致，呈西南走向，沿海地区基本与海岸线平行，呈东北向。

考虑到与相邻省份省界附近的站点资料，生成的等值线会延展到省外，需要对延展的等值线进行裁剪，只保留省内区域的等值线。最后对等值线进行平滑、标注等。

3　量算等值线

根据福建省水资源分区及地市县行政区划，利用 1956—2016 年系列多年平均年降水量等值线分割、量算全省四级区套县区域面平均降水量。各县（区）面平均降水量按下式计算：

$$p_{均} = \frac{\sum_{i=1}^{n} f_i p_i}{F} \tag{1}$$

式中：f_i 为相邻等值线间的面积；p_i 为各相邻等值线深的平均值；F 为县（区）总面积。

3.1　分割

利用 ArcMap 加载 1956—2016 年系列多年平均年降水量等值线和省行政区面数据；编辑器对省行政区面图层进行编辑，使用拓扑工具中分割面工具来分割全省行政区，并对降水等值线条带（块）进行赋值，如图 4 所示。

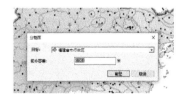

图 4　等值线分割

3.2 叠加

通过标识工具,将分割处理好后的等值面与水资源分区四级区套县数据叠加,得到等值面叠加四级区套县的数据,详见图5。

图5 两数据叠加

3.3 计算

等值面叠加四级区套县的数据属性表含有等值面数据与四级区套县数据两个数据的属性,再将属性表导入 Excel 中进行各县(区)面平均降水量的计算,如图6所示。

三级区	四级区	市名称	县名称	实际面积(km²)	分区降水量(亿m³)	县(区)面积合计(km²)	县(区)降水量合计(亿m³)	县平均降水深(mm)
闽江中下游	闽江中下游	福州市	鼓楼区	35.478	0.532	1027.70	15.35	1494.0
闽江中下游	闽江中下游	福州市	仓山区	76.131	0.990			
闽江中下游	闽江中下游	福州市	仓山区	70.306	1.055			
闽江中下游	闽江中下游	福州市	台江区	8.859	0.115			
闽江中下游	闽江中下游	福州市	台江区	8.251	0.124			
闽东诸河	敖江片	福州市	晋安区	75.906	1.139			
闽东诸河	敖江片	福州市	晋安区	299.249	5.087			
闽江中下游	闽江中下游	福州市	晋安区	26.137	0.340			
闽江中下游	闽江中下游	福州市	晋安区	130.751	1.961			
闽江中下游	闽江中下游	福州市	晋安区	20.372	0.346			
闽东诸河	敖江片	福州市	马尾区	4.217	0.063			
闽江中下游	闽江中下游	福州市	马尾区	6.681	0.073			
闽江中下游	闽江中下游	福州市	马尾区	225.792	2.935			
闽江中下游	闽江中下游	福州市	马尾区	39.569	0.594			
闽东诸河	敖江片	福州市	闽清县	5.245	0.079	1495.49	23.25	1554.5
闽东诸河	敖江片	福州市	闽清县	43.447	0.739			
闽江中下游	闽江中下游	福州市	闽清县	1082.472	16.237			
闽江中下游	闽江中下游	福州市	闽清县	364.329	6.194			
闽东诸河	敖江片	福州市	闽侯县	275.594	4.685	2128.59	35.20	1653.5
闽东诸河	敖江片	福州市	闽侯县	102.989	1.957			
闽江中下游	闽江中下游	福州市	闽侯县	10.547	0.137	✕		
闽江中下游	闽江中下游	福州市	闽侯县	588.154	8.822			
闽江中下游	闽江中下游	福州市	闽侯县	1140.094	19.382			
闽江中下游	闽江中下游	福州市	闽侯县	11.212	0.213			
闽江中下游	闽江中下游	福州市	长乐市	16.268	0.179	733.94	9.39	1278.9
闽江中下游	闽江中下游	福州市	长乐市	272.779	3.546			
闽江中下游	闽江中下游	福州市	长乐市	15.035	0.226			
闽南诸河	龙江片及海岛	福州市	长乐市	78.578	0.864			
闽南诸河	龙江片及海岛	福州市	长乐市	348.801	4.534			
闽南诸河	龙江片及海岛	福州市	长乐市	2.477	0.037			
闽江中下游	闽江中下游	福州市	福清市	142.960	2.430	1901.73	25.56	1344.0
闽南诸河	龙江片及海岛	福州市	福清市	455.375	5.009			
闽南诸河	龙江片及海岛	福州市	福清市	817.841	10.632			
闽南诸河	龙江片及海岛	福州市	福清市	335.341	5.030			
闽南诸河	龙江片及海岛	福州市	福清市	104.430	1.775			
闽南诸河	木兰溪片	福州市	福清市	6.218	0.081			
闽南诸河	木兰溪片	福州市	福清市	35.273	0.529			
闽南诸河	木兰溪片	福州市	福清市	4.292	0.073			

图6 部分县(区)面平均降水量计算过程

3.4 比较

将等值线量算结果与全省各雨量站数据计算的相应区域面平均降水量进行比较。如两者相差超过±5%,需对等值线进行微调,即高(低)值等值线向低(高)值区微调,再重复上面的3.1～3.3节步骤,直至两者误差在±5%以内。

4 结论

等值线绘制与量算是水资源分析计算的重要环节之一，工作量大。本文提出的利用ArcGIS自动绘制等值线，并对自动生成的等值线进行修正、微调及量算，既提高了工作效率，又降低了误差。

ArcGIS 在地表水水质评价工作中的应用

徐玮,余赛英

(福建省水文水资源勘测中心,福建 福州 350100)

摘 要：从分析评价地表水水质评价工作中的实际需要,ArcGIS软件的实用性出发,利用 ArcMap 完整的绘图、编辑、显示和输出的集成环境,绘制地表水水质时空分布可视化图,充分发挥计算机在实际工作中的作用。

关键词：ArcMap;地表水水质;时空分布

1 概述

1.1 研究背景及意义

水资源作为极为重要的自然资源和经济资源,对保障社会经济可持续发展具有不可替代的作用,它主要分布在地表的江、河、湖、海中,还有一些则是以地下水或者冰川的形式存在。其中,存在于地壳表面的地表水资源因暴露在大气中,容易遭受污染,同时广泛应用于社会生产生活中,对人们的生存与发展又起到了决定性作用[1],因此地表水资源的质量至关重要。地表水资源质量主要是通过布设一定监测断面,按照 GB 3838—2002《地表水环境质量标准》进行监测,根据选定的评价方法、评价指标和评价标准,对河流、湖库的水体质量及其用途进行定性或定量的描述,依据水质评价方法及水质分级分类标准进行评价,客观反映水质状况[2]。

几十年来,随着工业化和城市化进程的飞速发展,水资源安全不断受到各种冲击,水资源短缺、水污染严重、水生态恶化等问题十分突出,特别是城市的水质恶化问题愈加严重[3]。为此,国家相继实施最严格水资源管理制度和河湖长制度,明确“三条红线”目标,确实保障水资源质量。随着河长制、湖长制在全国全面推行,部分省市已经取得了比较明显的成效,河湖面貌得到改善,部分河流区域水质得到提升,但饮用水安全仍是河湖治理的主要问题,饮用水源保护不到位、水污染问题没有得到有效解决,这些都影响着人民群众的身体健康与安全。因此,要妥善解决饮用水安全问题,首先要实时掌控水质动态,实时评价,对症下药,及时做出防护措施[4]。然而,目前各地、各机构主要还是以人工监测为主,以文字表格的形式报送地表水水质状况,很难直观地反映指标数据间的空间分布特征和内在联系,而且报送时间滞后,不利于管理部门及时采取措施。因此,利用地理信息系统(GIS)技术将包含大量

作者简介:徐玮(1984—),女,研究生,从事水文水资源监测工作。

的、种类繁多的基础环境信息和水质监测信息整合,实时、直观地展现在地图上以供决策者参考,显得十分必要。

1.2 ArcGIS 介绍

地理信息系统(GIS)通过采集各种形式的空间数据,将其转化为同一坐标体系下的栅格或矢量数据,并对数据进行综合管理、分析和可视化。ArcGIS 桌面软件是美国 ESRI 公司开发的一个一体化的高级的 GIS 应用平台,从 ArcView,ArcEditor 到 ArcInfo,功能由简到繁。所有的 ArcGIS 桌面软件都由一组相同的应用环境构成:ArcMap,ArcCatalog 和 ArcToolbox。通过这三个应用的协调工作,完成从简单到复杂的 GIS 操作[5]。ArcMap 是 ArcGIS 桌面软件中一个主要的应用程序,具有基于地图的所有功能,包括制图、地图分析和编辑。它提供两种类型的地图视图:数据视图和布局视图。在数据视图中,它可以对地理图层进行符号化显示、分析和编辑 GIS 数据集;在布局视图中,它可以处理地图的页面,包括地理数据视图和其他数据元素,比如图例、比例尺、指北针等。

在水文水质工作中,水文站断面、雨量站站点、水情信息站点、水质监测站点等布设的合理与否,水功能区覆盖范围的大小,都直接影响着区域监测结果的准确度和精度[6]。而 ArcGIS 的出现,使这些工作实现起来更加得心应手,我们不仅可以运用 ArcGIS 来显示站点的位置信息,还可以对其数据进行加工处理和分析应用。国内学者已将 ArcGIS 应用于水质评价中,为管理部门提供科学决策依据。王天洋等[7]应用 ArcGIS 可视化显示功能对北京市大兴区地下水质量等级进行区域划分;朱希希等[8]基于泰州市环境监测数据,探讨 Excel 的函数功能与 ArcGIS 相结合制作专题图;殷绪华等[9]应用 ArcGIS 结合遥感技术,模拟南京市方便水库汇水区各子流域的污染源强度和空间分布,结果可直观反映其汇水面积和污染状况。

1.3 区域概况及评价对象

福建省位于我国东南部,简称闽,地处东经 115°50′~120°40′、北纬 23°33′~28°20′,东隔台湾海峡与我国台湾地区相望,北邻浙江省,西连江西省,南与广东省接壤,素有"八山一水一分田"之称。福建省水系密布,河流众多,河网密度达 0.1 km/km²,有闽江、九龙江、晋江、交溪(赛江)、汀江、木兰溪等几大河流,全省河流除交溪(赛江)发源于浙江省,汀江流入广东省外,其余都发源于境内,并在本省入海,流域面积在 50 km² 及以上的河流有 749 条。

分析评价以 2016 年为现状代表年,以 2000—2016 年的水质监测数据为主要依据,对闽江、交溪(赛江)、金溪—富屯溪、建溪、大樟溪、晋江、九龙江、汀江等 8 个重点流域、717 个水质监测站点、580 个水功能区、125 座水库、106 个地表水集中式饮用水源地、258 个水质浓度变化趋势测站开展地表水资源质量评价,并在制作水质图时运用 ArcGIS 中 ArcMap 完整的绘图集成环境,绘制地表水水质时空分布可视化图,直观地体现了福建省地表水资源质量情况。图 1 为 ArcMap 界面。

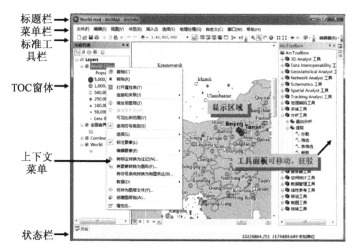

标题栏 →
菜单栏 →
标准工具栏 →
TOC窗体 →
上下文菜单 →
状态栏 →

显示区域

工具面板可移动、驻驻

图 1　ArcMap 界面

2　ArcGIS 软件操作

2.1　水质监测站点的显示

2.1.1　准备工作

（1）收集福建省 717 个水质监测站点的基本信息，包括站名、站址、坐标（经、纬须以十进制为单位）、监测频次、水资源分区、流域、水系、所在河流等，存储成 Excel 数据格式的水质监测站点信息表。

（2）准备福建省河流水系矢量图层。

2.1.2　制作水质监测站点分布图

启动 ArcMap，将福建省河流水系图层导入，点击菜单栏"文件"，打开"添加数据"—"添加 XY 数据"，加载水质监测站点信息 Excel 表，X 字段、Y 字段选择经、纬度坐标，坐标系可依据要求自主选择地理坐标系和投影坐标系，也可通过工具栏 🔲（ArcToolbox）中的"数据管理工具"—"投影和变换"来进行设置修改。本次采用地理坐标系 CGCS2000。

Excel 表加载完成后，ArcMap 将新增一个事件图层，右击事件图层，打开"数据"—"导出数据"，选择需要导出的要素和存储位置，导出事件图层的 shapefile 格式（简称 shp 格式），加载水质监测站点图层。打开工具栏中的 🛈（识别）按钮，点击某一站点图标，可查看该站点的基本信息。也可通过右击水质监测站点图层，打开属性表，查看和编辑站点基本信息。水质监测站点绘制流程见图 2，图 3 为水质监测站点分布图。

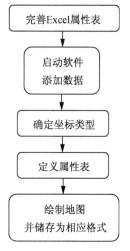

图2　水质监测站点绘制流程图

流程图内容：
完善Excel属性表 → 启动软件 添加数据 → 确定坐标类型 → 定义属性表 → 绘制地图 并储存为相应格式

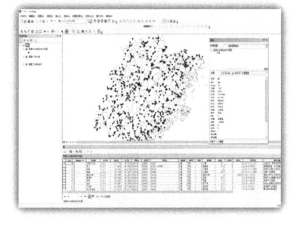

图3　水质监测站点分布图

2.2　地表水矿化度分布图和总硬度分布图的制作

2.2.1　准备输入数据

（1）水质监测站点矢量图层。

（2）福建省河流水系矢量图层。

（3）福建省区域矢量图层。

2.2.2　绘制地表水矿化度分布图和总硬度分布图

启动 ArcMap,点击菜单栏"文件",打开"添加数据",加载福建省区域图层、福建省河流水系图层和水质监测站点图层,右击水质监测站点图层,打开属性表,在属性表中单击选项按钮,选择"添加字段",在对话框中填写矿化度的字段属性。单击工具栏"编辑器"—"开始编辑",选择矿化度字段,输入各站点的监测数值并保存编辑。

点击工具栏 ▨ (ArcToolbox),选择"Spatial Analyst 工具"—"插值分析"—"反距离权重法",打开对话框,"输入点要素"选择"水质监测站点图层","Z 值字段"选择"矿化度","输出栅格"填写保存位置和名称,"输出像元"改为提示值的一半,点击确定,输出矿化度栅格分布图。

点击工具栏 ▨ (ArcToolbox),选择"Spatial Analyst 工具"—"重分类"—"重分类",按矿化度的分级分类标准设置分类条件,输出符合分级标准的矿化度栅格文件。

点击工具栏 ▨ (目录),选择"系统工具箱"—"Conversion Tools. box"—"由栅格转出"—"栅格转面",打开对话框,输入上一步导出的栅格和字段,设置输出面的保存位置,方法选择简化面,输出矿化度矢量分布图。

点击工具栏 ▨ (目录),选择"系统工具箱"—"Cartography Tools. box"—"制图综合"—"平滑面",打开对话框,输入上一步导出的矿化度矢量分布图,设置输出面的保存位置,平滑算法选择"BEZIER_TNTERPOLATION",输出平滑处理后的矿化度矢量分布图。

点击菜单栏"视图",打开"数据框属性"—"数据框"—"裁剪选项"—"裁剪至形状",指定形状选择相对应的要素图层(福建省区域图层),即可输出福建省地表水矿化度分布图。地表水总硬度分布图的制作同理操作。地表水矿化度绘制流程见图4,图5为地表水矿化度分布图。

启动软件 添加数据

编辑完善属性数据

插值分析

重分类

栅格转面

平滑处理

裁剪成图

图 4　地表水矿化度绘制流程图　　　　　　图 5　地表水矿化度分布图

2.3　水功能区河长和水质监测站点河长的表示

2.3.1　准备工作

(1) 收集福建省 580 个水功能区的基本信息,包括水功能区名称、起始断面名称与坐标、终止断面名称与坐标(经、纬须以十进制为单位)、河流长度、代表水质站名称等,存储成 Excel 数据格式的水功能区信息表。

(2) 启动 ArcMap,根据"2.1 水质监测站点的显示"的操作步骤绘制水功能区起始断面和终止断面矢量分布图层。

(3) 准备福建省河流水系矢量图层。

2.3.2　水功能区河长的表示

启动 ArcMap,点击菜单栏"文件",打开"添加数据",加载福建省河流水系图层,置于图层最底层,其上依次加载水功能区起始断面图层和终止断面图层,单击工具栏"编辑器"—"开始编辑",选择福建省河流水系图层,启动编辑,可通过以下两种方法进行河长的截取。

(1) 单击编辑菜单栏 ▶(编辑工具),在福建省河流水系图层上选择要截取的水功能区所在的河流,单击编辑菜单栏 ✕(分割工具),在起始断面和终止断面截断河流,即可获得水功能区表示的河长。

(2) 在电脑相应存储位置建立新文件夹,单击菜单栏 ⬚(目录)—"文件夹链接",链接到刚建立的新文件夹,右击新文件夹,选择"新建 Shapfile(s)",弹出对话框,创建新图层名称,"要素类型"选择"折线",空间参考选择与福建省河流水系图层一致的坐标系,建立新图层。点击菜单栏"文件",打开"添加数据",加载福建省河流水系图层,置于图层最底层,单击编辑菜单栏 ▶（编辑工具），选择新图层,单击编辑菜单栏 ⬚（创建要素），选择构造工具"线",在新图层上沿着福建省河流水系图层上的河流走向结合水功能区起始断面及终止断面的位置绘制水功能区的河长。水功能区绘制流程见图6,图7为水功能区区划图。

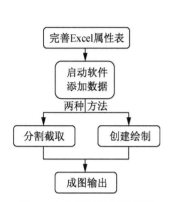

图6　水功能区绘制流程图

图7　水功能区区划图

2.3.3　水质监测站点河长的表示

　　现有水质监测站点大部分属于水功能区的代表水质站,所以可直接在获取的水功能区河长图层上利用编辑菜单栏 ✂（分割工具）截取相应的代表河长,只有一个代表水质站的,水功能区河长即为代表水质站河长,如有几个代表水质站,根据代表水质站的个数利用编辑菜单栏 ✂（分割工具）平均或按实际测量的河长依据地图比例分割水功能区河长。其他不是水功能区代表水质站的水质监测站点河长依据 2.3.2 节方法(2)获取河长。图8为水质监测站点河长表示图。

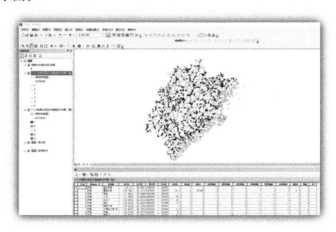

图8　水质监测站点河长表示图

2.4 流域分布图的展示

2.4.1 准备输入数据

无凹陷的福建省数字高程模型(DEM)数据。

2.4.2 制作流域分布图

启动 ArcMap,点击菜单栏"文件",打开"添加数据",加载福建省 DEM 数据,点击工具栏 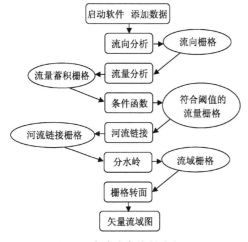(ArcToolbox),选择"Spatial Analyst 工具"—"水文分析"—"流向",输入 DEM 数据,输出流向栅格;选择"Spatial Analyst 工具"—"水文分析"—"流量",输入上一步导出的流向栅格,输出流量蓄积栅格;选择"Spatial Analyst 工具"—"条件分析"—"条件函数",输入上一步导出的流量蓄积栅格,输出符合阈值流量的栅格;选择"Spatial Analyst 工具"—"水文分析"—"河流链接",输入上一步导出的符合阈值流量的栅格和流向栅格,输出符合条件的河流链接栅格;选择"Spatial Analyst 工具"—"水文分析"—"分水岭",输入流向栅格和河流链接栅格,输出流域栅格;选择"系统工具箱"—"Conversion Tools.box"—"由栅格转出"—"栅格转面",输入流域栅格,输出流域矢量图,再对各流域属性表进行编辑,添加属性。流域分布绘制流程见图 9,图 10 为流域分布图。

图 9 流域分布绘制流程图

图 10 流域分布图

2.5 测站监测项目变化趋势的体现

2.5.1 准备输入数据

(1)福建省河流水系矢量图层。
(2)水质监测站点河长表示图层。

2.5.2 项目变化趋势的体现

启动 ArcMap,点击菜单栏"文件",打开"添加数据",加载福建省河流水系图层和水质监测站点河长表示图层,右击水质监测站点河长表示图层,打开属性表,在属性表中单击选项按钮,选择"添加字段",在对话框中填写氨氮项目的字段属性。单击工具栏"编辑器"—"开始编辑",选择氨氮字段,输入其中 258 个水质浓度变化趋势测站的氨氮趋势变化值并保存编辑。

右击水质监测站点河长表示图层,选择"属性",打开图层属性对话框,选择"符号系统"—"类别"—"唯一值",在值字段中选择氨氮项目,点击"添加所有值",单击所有值前的图标,设置各类型值的相应颜色,升高用红色表示,下降用蓝色表示,无变化用绿色表示,点击确定,显示测站氨氮项目变化趋势的效果图。高锰酸盐指数、总磷和总氮的变化趋势图同理操作。水质监测站点项目变化趋势绘制流程见图 11,图 12 为水质监测站点氨氮项目变化趋势图。

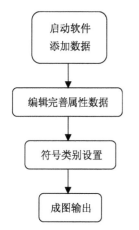

图 11　水质监测站点项目变化趋势绘制流程图

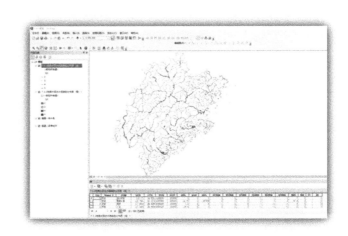

图 12　水质监测站点氨氮项目变化趋势图

2.6　地图输出

2.6.1　制图版面设置

启动 ArcMap,点击菜单栏"文件",打开"添加数据",加载已编辑的图层,点击菜单栏"视图",打开"布局视图",右击布局视图图层,选择"属性"—"大小和位置",设置图层大小和位置;选择"格网"—"新建格网"—"经纬网",设置图层的坐标格网。

点击菜单栏"插入",选择"标题",命名图层标题;选择"图例",插入图层属性内容所代表的说明;选择"指北针",说明图层方向;选择"比例尺",设置图层比例;其他如有需要说明的问题,可通过选择"文本"插入说明文字。

2.6.2　地图打印输出

点击菜单栏"文件",选择"导出地图",设置导出地图的类型和大小,可保存地图的电子版本。

点击菜单栏"文件",选择"打印",设置打印机或绘图仪及其纸张尺寸和输出质量,然后进行打印预览,通过打印预览可以发现是否完全按照地图编制过程中设置的那样,打印输出硬拷贝地图。如果可以,直接打印;如果不可以,可分幅打印或强制打印。

地图输出流程见图 13。

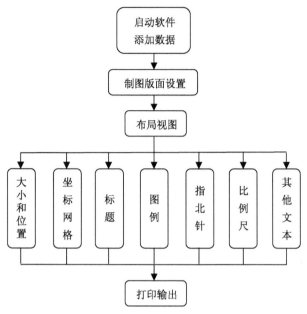

图 13　地图输出流程图

3　结语

通过 ArcMap 绘制的地表水水质时空分布可视化图,可以清晰直观地了解福建省河流水质在时间和空间上的变化和分布特征,对水质趋势评价和水资源管理起到了积极重要的作用。ArcGIS 地理信息系统的推广和在实际工作中的应用,改变了过去以使用纸质地图和文档为主的传统工作模式,为水质信息展示和数据分析工作提供了一个科学、准确、直观的平台,提高了我们的工作效率和灵活性,使水质评价信息由单一走向生动,有利于实现资源共享及成果发布。

参考文献:

[1] 周红蝶.地表水环境质量评价及原因分析[J].化工管理,2018(2):120-121.

[2] 汪凌佳.杭州市近十五年主要地表水水环境质量状况研究[D].浙江:浙江大学,2018.

[3] 赵颖.模糊综合评价法在地表水质量评价中的应用[J].环境与发展,2017,29(5):122-123.

[4] 杨春蕾.基于 ArcGIS 的村镇饮用水源地水质时空变化分析[J].水利科技与经济,2016(10):27-30.

[5] 李春,丁新军,全波.利用 Arcgis 8 desktop 地理信息系统描绘水质站点和数据分析[J].黑龙江水利科技,2008(6):128-130.

[6] 丁新军,李春,苑红洁.Arcgis 8 desktop 地理信息系统在水文水质工作中的应用[J].黑龙江水利科技,2008(6):181-182.

[7] 王天洋,诸伟.基于 Arcgis 的北京市大兴区地下水水质评价研究[J].能源与环境,2016(2):9-10+16.

[8] 朱希希,卜伟,朱宇芳,等.ArcGIS 和 Excel 在生态环境状况评价工作中的应用[J].安徽农业科学,2016,44(5):309-311.

[9] 殷绪华,朱亮,陈琳,等.ArcGIS 在水源地污染源强度空间分析中的应用[J].河海大学学报(自然科学版),2018,46(5):395-401.